# 高尔夫球场规划与设计

梁树友　编著

中国农业大学出版社

# 作者简介

**梁树友**，高尔夫球场设计师。

1964 年生于内蒙古赤峰市。

1987 年毕业于内蒙古农业大学，本科。

1990 年毕业于甘肃农业大学，硕士。

1993 年涉足高尔夫行业，从事高尔夫球场设计与建造。

1998 年至今，任北京长青岭高尔夫技术开发有限责任公司总经理。主攻高尔夫球场设计与建造，已规划与设计高尔夫球场20多个。

已出版的著作：《高尔夫球场建造与草坪管理》，1999年。

已发表的论文：高尔夫设计技术、高尔夫设计艺术性等10余篇。

# 内容简介

本书共分4章，主要介绍了高尔夫设计发展史、高尔夫球场规划与设计理论、高尔夫球场选址与规划、高尔夫球场施工图设计。其中，对如何进行高尔夫球场的规划与设计予以了详细的论述，从高尔夫设计理论到具体的高尔夫球场规划与设计直至球场工程施工图设计都予以了详尽的论述，内容涵盖了高尔夫球场规划与设计的方方面面，包括了球场建造所有工程图纸的设计。

本书是作者多年从事高尔夫球场设计和建造的理论和实践的积累，既有丰富的理论，又有大量的实际经验，内容丰富、翔实，实用性强，对高尔夫从业者会有很多启迪和帮助。本书可以作为高等院校高尔夫课程专业教材。

# 前　　言

自1993年涉足高尔夫行业以来，十多年的高尔夫球场设计、建造和打球经历，使我与高尔夫结下了不解之缘，高尔夫成了生活中难以割舍的一部分。

本人作为中国高尔夫从业者中的一员，一直不敢忘记为中国高尔夫的发展做些事情。1999年，本人编著出版了《高尔夫球场建造与草坪管理》一书，为当时非常稚嫩的中国高尔夫球场建造和管理产业介绍一些实用的技术和经验。从那以后，又九年的时间过去了。这九年来，中国的高尔夫同中国的经济一样发生了翻天覆地的变化，球场的数量从当时的几十个发展到现在的300多个，从业人数也由当初的几万人发展到现在的几十万人。球场数量的快速增长极大地带动了整个高尔夫产业的发展，从球场的建造工程到球场的管理乃至高尔夫赛事都取得了很大的进步。尤其让人高兴的是中国本土的球场设计师的设计水平也有了很大的提高，并开始崭露头角。

本人作为一名一直执著于高尔夫球场设计的设计师，也有幸赶上了中国高尔夫快速发展的年代，深感受益匪浅。九年来，本人本着边设计边施工，边打球边学习的工作轨迹，在球场设计、建造和管理等方面都做了很多工作，自认为在这个过程中积累了很多丰富和实用的理论和经验。我总想这些东西对热爱高尔夫的同行们会有所帮助，这一直鞭策着我想把它们写出来，与同行们共享。于是，在设计和施工的闲暇之余，便提笔写上一些，经过几年的不懈努力，今天，它终于汇集成本书与读者见面了。在我的第一本高尔夫专著出版后的第九个年头，我的第二本高尔夫专著能再与读者见面，实在让我感到欣慰，这也算是我对中国高尔夫的发展尽上的一份微薄之力吧！

就像高尔夫设计是一种遗憾的艺术一样，本书肯定也存在很多不足和错误之处，望读者不吝指教。

梁树友

2008年7月25日于北京

# 作者简介

**梁树友**，高尔夫球场设计师。

1964 年生于内蒙古赤峰市。

1987 年毕业于内蒙古农业大学，本科。

1990 年毕业于甘肃农业大学，硕士。

1993 年涉足高尔夫行业，从事高尔夫球场设计与建造。

1998 年至今，任北京长青岭高尔夫技术开发有限责任公司总经理。主攻高尔夫球场设计与建造，已规划与设计高尔夫球场20多个。

已出版的著作：《高尔夫球场建造与草坪管理》，1999年。

已发表的论文：高尔夫设计技术、高尔夫设计艺术性等10余篇。

# 高尔夫球场规划与设计

梁树友　编著

中国农业大学出版社

# 目　　录

第一章　高尔夫设计发展史……………………………………………………………(1)
第一节　早期萌芽……………………………………………………………………(2)
第二节　黄金时期……………………………………………………………………(7)
一、黄金时期高尔夫设计特点………………………………………………………(7)
二、黄金时期高尔夫设计的发展历程………………………………………………(8)
三、黄金时期的美国本土高尔夫设计………………………………………………(23)
第三节　沉寂时期……………………………………………………………………(30)
第四节　现代时期……………………………………………………………………(32)
一、现代时期的高尔夫设计发展历程………………………………………………(32)
二、现代时期的高尔夫设计师………………………………………………………(35)
三、现代时期的高尔夫设计流派……………………………………………………(42)
四、现代高尔夫设计特点……………………………………………………………(44)
五、现代科技对高尔夫设计的影响…………………………………………………(45)
第二章　高尔夫球场规划与设计理论……………………………………………(52)
第一节　高尔夫设计的艺术性………………………………………………………(52)
一、高尔夫设计艺术与高尔夫运动…………………………………………………(53)
二、高尔夫设计艺术的特点…………………………………………………………(54)
三、影响高尔夫设计艺术的主导因素………………………………………………(55)
四、高尔夫设计艺术境界……………………………………………………………(58)
五、高尔夫设计艺术与中国园林艺术………………………………………………(60)
第二节　高尔夫球场设计的基本要素………………………………………………(61)
一、运动要素…………………………………………………………………………(62)
二、景观要素…………………………………………………………………………(63)

三、管理要素……(64)
第三节　高尔夫球场设计基本原则……(66)
一、安全性……(66)
二、变化性……(68)
三、公平性……(69)
四、节奏性……(70)
五、流畅性……(70)
六、平衡性……(71)
七、自然与美观性……(71)
八、管理的方便性与经济性……(72)
第四节　高尔夫球场特征区域设计原则……(72)
一、球洞……(72)
二、发球台……(80)
三、果岭……(84)
四、球道……(92)
五、障碍……(94)
六、沙坑……(96)
七、水面……(108)
八、高草区……(111)
九、树木……(113)
十、地形……(117)
第三章　高尔夫球场选址与规划……(121)
第一节　高尔夫球场选址……(121)
一、场址立地条件……(121)
二、资料与信息收集……(123)
三、项目可行性评估……(124)
第二节　高尔夫球场规划……(126)
一、球场风格的确定……(126)

二、球场规划与布局原则……(132)
三、球场规划流程……(140)
四、球道布局类型……(150)
五、高尔夫地产与球场规划……(150)
**第四章 高尔夫球场施工图设计……(155)**
**第一节 高尔夫球场土方与造形类图纸设计……(156)**
一、球场造形图……(156)
二、球场土方平衡图……(165)
三、球场测量定位图……(168)
四、球场清场图……(168)
五、果岭详图……(169)
六、沙坑详图……(180)
**第二节 高尔夫球场排水系统设计……(184)**
一、主排水系统设计……(184)
二、渗排水系统设计……(192)
**第三节 高尔夫球场喷灌系统设计……(198)**
一、喷头布置……(198)
二、喷灌管道布置……(202)
三、确定管道尺寸……(204)
四、喷灌控制系统设计……(207)
五、泵站设计与泵组选择……(208)
六、喷灌系统施工详图设计……(211)
**第四节 高尔夫球场水域详图设计……(219)**
一、水面边坡处理形式……(219)
二、水面防渗……(225)
三、水面溢流……(225)
四、水面跌水……(227)

第五节　高尔夫球场景观与园林植物配置设计……(228)
一、球场造景艺术要素……(228)
二、球场园林植物的种类选择……(237)
三、球场园林树木的布置形式……(241)
四、球场园林植物配置的艺术手法……(245)
五、球场不同区域的园林植物配置设计……(249)
参考文献……(259)
后记……(261)

# 第一章　高尔夫设计发展史

现代的高尔夫运动发源于苏格兰的海滨地带。苏格兰海滨所特有的海风长期吹袭形成的连绵起伏的草丘、优良的天然植被条件以及和风细雨的气候条件，为高尔夫运动的孕育提供了天然的温床。高尔夫运动一经到此，便找到了它适于生长的土壤，从此在苏格兰安家落户、繁衍生息，并依靠其强大的生命力逐渐成长壮大，向世界其他地方传播、蔓延（图1-1）。高尔夫运动在诞生后，历经500多年的风雨沧桑，发展到今天，已经成为了在世界范围内被广泛接受的高尚的体育和休闲运动，成为了越来越多的现代人追逐的一种生活时尚。

作为高尔夫运动的附庸，高尔夫设计也伴随着高尔夫运动的发展，历经磨砺、亦步亦趋地走到了今天，发展成了一门独特的设计艺术形式。

与高尔夫运动相比，高尔夫设计发展得相对较晚，仅有100多年的历史。尽管时光短暂，但高尔夫设计也经历了4个发展阶段：早期萌芽、黄金时期、沉寂时期和现代时期。

图1-1　苏格兰海滨球场风貌

# 第一节 早期萌芽

苏格兰被公认为是现代高尔夫运动的发祥地，但高尔夫运动首次出现在苏格兰没有准确的时间记载，最早的文字记载可以追溯到14世纪中叶。关于世界上第一个高尔夫球场是哪一个已是无从考证，谁是第一位高尔夫球场设计师也是无人知晓，但世界上最早的高尔夫球场肯定不是由人类设计而来的，它一定一直就存在在那，人类只是发现了它，并在那里开展了高尔夫运动。

由于苏格兰的海滨具有开展高尔夫运动得天独厚的优越条件，因此，当这项运动传播到此，便找到了适宜的生长环境，在那里开花结果，逐渐向外地蔓延。由于当时的球场都选在海滨地带，因此，早期的高尔夫球场都被称为林克斯球场（Links）。这种几乎纯自然造就的球场堪称是高尔夫的鼻祖，它为后人设计和建造球场给予了不尽的源泉。非常幸运的是，这些古老的林克斯球场迄今在苏格兰、英格兰和爱尔兰等地还存留下很多，使后人能有幸一睹她们的芳容。这其中，最典型的当属苏格兰圣·安德鲁斯的皇家古老高尔夫球场（图1－2）。

图1-2 苏格兰圣•安德鲁斯老球场风貌

苏格兰圣·安德鲁斯的皇家古老球场是现存最古老的高尔夫球场，它距今已有几百年的历史了，但仍几乎保留着原始的风貌。海风长期吹袭形成的绵延起伏的草丘，大自然和风细雨滋养的细软的草地、色彩绚丽的金雀花灌木，牛羊长期踏卧形成的天然沙坑，所有这些在苏格兰海滨形成的自然条件组成了老球场的主体风貌。老球场自然得就像是从来没有被人触摸过一样，在那片苏格兰的海滨草滩上静静地仰卧了几百年，等待后人去揭开它神秘的面纱。没有人知道是谁设计了这座球场，如果一定要找到它的设计者的话，那就只能是大自然的鬼斧神工造就了它，是大自然赋予了它古朴自然的风貌，是大自然成就了它秘而难宣的神韵。现代的高尔夫运动始于这种早期原始的球场，最早的高尔夫球场的设计就在自然母亲之手的抚育下面世了。老球场是自然留给人类的一笔财富，为后人设计与建造高尔夫球场提供了典范。

圣·安德鲁斯的老球场堪称是高尔夫的一部宝典，它历经几百年的风雨沧桑走到今天，实在是蕴育了大自然所赐予它太多的经典内涵。它身上所蕴藏的无穷价值和散发的古朴自然的魅力为一代又一代高尔夫设计师们所景仰。现今，老球场已经成了高尔夫爱好者朝拜的圣地——“麦加”，成为了高尔夫球场设计师们汲取创作灵感、挖掘高尔夫真谛的一座宝库，现今的很多高尔夫理论都是在它的基础上去伪存真、剥茧抽丝而提炼出来的。世界上很多高尔夫球场设计师都是从这里汲取营养，将之融入到自己的设计风格中，成为了举世闻名的设计大师。

圣·安德鲁斯的老球场作为球场的雏形和向导，为后来的球场设计师们指引着前进的方向，供给着营养。高尔夫球场设计就这样伴随老球场成长的脚步和高尔夫运动的不断发展，在老球场的瞩目下徐徐地拉开了序幕。

尽管高尔夫运动是一项古老的运动，但真正兴起是19世纪后期的事。高尔夫运动起初只限于苏格兰特殊的海滨地带。在1850年，苏格兰只有17座高尔夫球场，直到马来树胶球替代了羽毛制球之后，受这种更价廉和更耐用的高尔夫球的推动，高尔夫运动才在苏格兰地区拓展开来。其后，在19世纪后期向外扩展到英格兰，并取得了相对快速的增长，高尔夫球场的数量从17个增加到43个。再后来，由于英国维多利亚时代后期经济的大发展和工业革命的推动，高尔夫得到了加速发展，高尔夫球场数量在1880—1900年的20年时间里，增加了150个。正是在这一时期，高尔夫运动真正开始兴起，也正是在这一时期，高尔夫设计开始萌芽。

图1-3　早期的苏格兰高尔夫球手

在19世纪后半叶，随着高尔夫运动的快速发展，需要在新地方建造更多的球场以满足打球的需求，这就需要有人来布局新的球场。但当时几乎没有人从事过这项工作，这在当时还是一件新鲜事物，而从事这项运动的职业球手们，最熟悉这项运动的特点，因此，他们也就理所当然地成为了布局新球场的首要人选，成为了最早的高尔夫球场设计师。这对当时的职业高尔夫球手们（图1–3）应该是一个很大的挑战，因为古老的林克斯球场都是自然造就的，不是由人类设计而成的，高尔夫球场的设计还没有先例，当时的球手们对这些自然的林克斯球场仅有有限的介入和了解，但现在却被要求去设计一个全新的球场，这对于他们是一个很大的挑战。高尔夫设计就是在这种情况下开始萌芽，第一代高尔夫球场设计师就是在这种历史背景下开始了他们的球场设计尝试。

图1-4 Allan Robertson

据史料记载，最早的高尔夫球场设计师主要有Allan Robertson、Tom Morris和Tom Dunn等人。但在当时他们都不被称为高尔夫设计师，而被称为职业球手或草坪养护员（Greenkeeper）。由于早期的高尔夫运动主要在苏格兰开展，因此，这些第一批高尔夫设计师自然都是苏格兰人。在19世纪90年代以前，他们是最主要的几位高尔夫球场设计师。

**Allan Robertson**（图1−4） 据说他是最早进行球场布局的高尔夫设计师。Robertson是高尔夫职业球手第一人，在1840年就成为职业球手，但在当时，职业球手还不能依靠打职业比赛赚取奖金来生活，因此，在作为职业球手的同时，他还自己制作高尔夫球和球杆，并担任球场的养护员。

在1848年，当时作为球场养护员的Allan Robertson被指派对圣·安德鲁斯的老球场做一些改进，他所做的第一项工作就是将原有的球场中的球洞数量减少，以加长某些球道的长度。由此，他将老球场原有的11对往返球道减少为9对，从而使老球场原有的22个球道减少成18个球道。正是当时的这一举措，为后来球场布局的球道数量的组成奠定了基础，并最终成为一个标准球场由18洞组成的准则。Allan Robertson在加长球道距离和减少球道的同时，还将老球场的部分球道加宽成为具有战略性的双球道，有的球道从原来的40码加宽到100码，从而使部分球道变成具有多条可供选择的打球路线的战略性球道。他的这一举动开创了球道战略性设计的先河，为球场从早期的惩罚性向后来的战略性转变打下了基础。但这一变动却在很长时间里没有受到多少关注，从而使得惩罚设计理念向战略性设计理念的转变进程十分缓慢，以致在 60年之后战略性设计理念才被后来那些一流的设计师们所接受，成为最受欢迎的球道形式。

图1-5 Tom Morris

**Tom Morris**（图1−5） 在高尔夫界以“老汤姆”而著称，现今世界高尔夫设计最高荣誉奖（Old Tom Morris）就是以他的名字命名的，足以说明他在高尔夫设计领域的影响，他堪称是高尔夫设计的鼻祖。尽管在当时他在高尔夫设计方面是

Allan Robertson的学徒，但他在高尔夫设计方面的成就要远远胜过他的老师。Tom Morris在当时作为威名赫赫的职业球手，曾5次获得英国公开赛冠军，他至今仍然保持着英国公开赛冠军年龄最长者的记录（46岁）。他不仅在高尔夫运动方面成就卓越，而且在高尔夫球场养护和设计领域也做了大量工作。他一生布局了很多球场，在英格兰、苏格兰、爱尔兰和威尔斯等地都有他的作品。在他设计的球场中，保留至今的主要有：圣·安德鲁斯的新球场和Jublee球场，苏格兰的Lundin球场和Machrihanish球场，北爱尔兰的Royal County Down球场（图1-6）、Donorch球场和Muirfeild球场等。

图1-6　Tom Morris设计的Royal County Down高尔夫球场

**Tom Dunn**　是19世纪后期一位最活跃的高尔夫球场设计师。尽管他的名声没有老Tom Morris那么显赫，但他所布局的球场数量却很多，在海滨和内陆的石楠地都布局了大量的球场。他还是最早在内陆布局球场的设计师。

早期的球场设计师们究竟设计了多少个球场已经无从考证了，那些早期的球场绝大部分已经随着历史长河的磨砺消失了，即使存留下来也大都几经改建，失去了原有的风貌。

尽管早期的这些球场设计师们进行了很多球场设计方面的尝试，也设计了不少球场，但早期的球场设计实在差强人意。在后人看来，这些早期高尔夫设计师的作品大都令人失望，没有体现出古老林克斯球场所拥有的自然、古朴的品质。之所以如此，究其原因，这与当时设计师们所处的历史背景和当时人类的审美品味是息息相关的。

早期的这些设计师们，在没有球场设计先例的情况下，被迫去设计新的球场，他们不可能在很短的时间里认识和领会到那些古老林克斯球场的本质和真谛，也不可能从那些自然的老球场中学习到太多的精华，尽管他们都土生土长在那些古老球场生长的土地上。另外，当时设计师布局球场的手段和方法也非常简单，古老的林克斯球场是经过几个世纪的洗礼形成的，而当时的设计师在非常短的时间内就完成了一个球场的布局，有的甚至不到一天的时间，几乎不花什么功夫，也没有投入多少精力和心思。有的球场甚至在爬山和越野跑的过程中就完成了布局，这种简单的设计过程很难成就一个伟大的作品。

19世纪中期人类的审美品味也是导致早期高尔夫设计作品比较差的原因之一。当时西方的审美观点是以机械、直线和规则的几何形状为标准的，生活在那个时代的球场设计师们必然要受到当时的人们审美品味的影响，他们的想象力很难逃脱俗套，致使他们设计的作品极为人工化，与那些已存在的经过若干年自然雕琢的流畅的林克斯球场背道而驰、相去甚远。

新设计的球场的沙坑都是一成不变的长条形、圆形和方形；球道沙坑都是清一色的横亘在球道中央的直线式的壕沟加土埂式的壁垒，横向贯穿在每个球道落球区的正前方，几乎通过数这种沙坑的个数就可以知道这个球道的标准杆数（图1－7）；球道两侧除了树木障碍，没有侧面沙坑障碍；场地中存在的任何突兀、古怪的景物都可以被用做打球的障碍（图1－8）；所有的障碍都正对着打球的线路，并尽量产生更多的盲点；果岭都是清一色的方形和圆形的规则形状，果岭前区都非常平坦。诸如此类的这些人工化的设计，无论在当时新建的海滨球场还是在内陆球场都非常普遍，它们背离了古老林克斯球场的传统精神，背离了自然。

图1-7　横亘在球道中央的土埂壕沟式的沙坑

总之，19世纪90年代以前的高尔夫球场设计是非常肤浅而薄弱的，球场设计和建造都处于一种原始状态，设计手段简单、粗糙。由于高尔夫运动开展的局限性，对于球场设计理论的交流也很少，因此，早期也基本没有形成多少高尔夫设计理论。

图1-8　早期球场中怪异的障碍

早期的球场设计师们与自然相悖的人工化的设计，不应全部归咎于他们自身，他们不可能超越他们所处的时代。但不管怎样，他们在前无古人的情况下，对高尔夫球场设计进行了大胆的尝试，他们在高尔夫球场设计上的探索为后人提供了宝贵的经验，为高尔夫球场设计从早期的萌芽走向其后的黄金时代奠定了基础。

# 第二节 黄金时期

19世纪末，高尔夫运动伴随着英国殖民的脚步开始向世界其他地方传播，大约在1872年进入加拿大，10年后传入美国，尤其在传入美国后，这项运动得到了快速的发展，高尔夫球场的数量成倍地增长。在20世纪初，美国球场的数量已经超过了英国本土的球场数量达到1 000多块，高尔夫运动也很快变成了美国的运动，伴随着美国经济的快速增长一同快速发展。

高尔夫在英国本土以外的快速发展，大大促进了高尔夫设计的发展，使得英国本土的设计师们有了更广阔的发展空间和更多的创作机会。另外，球场数量的快速增长，使得海滨地带已经不足以满足建造更多的新球场，球场不得不从海滨向内陆地带转移。由于内陆球场很难具有与海滨地带相媲美的自然流畅起伏的地形，需要对场址进行更多的改造以形成高尔夫运动所需要的地形，这样一来，球场的设计就变得尤为重要了，不能再像以前那样，在现场进行简单地布局就可以形成新的球场，它需要设计师通过更多的设计手段去改造原始的地形，以使场地满足高尔夫运动的要求，这对设计师提出了更高的要求。

高尔夫球场从海滨向内陆转移给设计师提出了更多、更高的挑战，它激发设计师们去开拓思路来创作适合新地形的球场。这一过程使得高尔夫设计的理念得以不断丰富和创新，高尔夫设计也从此得到飞速发展，渐渐地进入了它的黄金时期。

就在时光运转到20世纪之际，高尔夫设计迎来了新的纪元，从19世纪的早期萌芽时代步入了它的黄金时期，高尔夫球场设计开始了它崭新的一页，呈现出了春意盎然、朝气蓬勃的发展生机，高尔夫设计进入它的第一个春天，高尔夫设计的黄金时期来临了。

有关高尔夫设计的黄金时期，历史文献中没有一个准确的时间年限记载。Tom Simpson在他1929年出版的高尔夫著作中首先使用了“黄金时期”一词，用于描述当时的高尔夫运动的发展盛况，但使用“黄金时期”描述高尔夫设计是后来的事。Donald Steel在1976年出版的高尔夫著作中首先将“黄金时期”用于诠释高尔夫设计。高尔夫设计黄金时期的具体时间划分没有一个权威的定论，但有一个大体的时间框架，即20世纪初的前30年，从1900年至1930年。

## 一、黄金时期高尔夫设计特点

黄金时期是高尔夫设计的一个盛况空前的时代，在黄金时期的30年时间里，高尔夫设计得到了前所未有的发展，当时的高尔夫设计界人才辈出，称得上是百花齐放、百家争鸣。这一时期之所以被称为高尔夫设计的黄金年代，主要因为它具有如下的一些鲜明的特点。

1.涌现了一大批优秀的高尔夫设计师

黄金时期的高尔夫设计师可谓人才济济、英才云涌，在短短的30多年的时间里就涌现出了20多位著名的高尔夫设计大师，如此空前的盛况不仅在此前没有过，就是在其后的高尔夫设计界也还没有再出现过，其中一些设计师堪称是高尔夫设计的巨匠，是他们开创了高尔夫设计的先河，为高尔夫设计创造了一笔宝贵的财富，成为后人所景仰的楷模。

黄金时期前期，Willie Park、Herbert Fowler、Harry Colt和John Abercromby是最负盛名的4位高尔夫设计师，他们是最早实现从勘察现场、设计球场施工图纸到监理球场建造全过程的设计师。和他们同时代的还有Charles Alison、 John Taylor、 John Low、James Braid、Harry Vardon、Henry Fownes、Charles Blair Macdonald等一批优秀的高尔夫设计师。

黄金时期后期，涌现出了Alister Mackenzie、Donald Ross两位声名赫赫的高尔夫设计巨匠，此外还有Tom Simpson、George Crump、 A.W. Tillinghast、Stanley Thompson、Seth Raynor等一批优秀高尔夫设计师。

2.创作出了众多优秀的高尔夫作品

在黄金时期，设计师们不仅创作出了大量优秀的海滨球场，还在脱离原始海滨场地的内陆创造性地设计出了诸多内陆的球场。建造于黄金时期、被保留至今的一些优秀球场主要有：Sunningdale、Royal Troon、Royal Portrush、Carnousitie、Kingston Heath、 Cruden Bay、Ganton、Wentworth、Ballybunion、Narou、Lahinch、Royal Liverpool、Walton Heath、Scioto、Shoreacres、Turnberry、Royal St. George、Royal Biekdale、Pine Valley、Cypress Point、Pebble Beach、Augusta National、Shinnecock Hills、Royal Melbourne、Oakmont Country、Merion、Seminole、Crystal Downs Country、Winged Foot、National Golf Links、San Francisco、Oakland Hills Country、The Olympia、Woodall Spa，Chicago、Oak Hill Country、Baltusrol、Portmarnock、Fishers Island、Southern Hills Country、Hirono、New South Wales、Camargo、Riviera Country、Garden City、Medinah Country、Maidstone、Quaker Ridge、Los Angeles Country、Inverness、The Homestead、Cherry Hills Country、Somerset Hills Country、East Lake球场等。在现今世界百佳的高尔夫球场中，黄金时期设计的球场仍占有很大的比例。

3.高尔夫设计理论如雨后春笋横空出世，填补了前人几乎没有涉足的高尔夫设计理论空白

黄金时期对高尔夫影响最为深刻的、贡献最大的是高尔夫球场设计理论的发展，它不仅是设计师的黄金时期，更重要的它是高尔夫设计理论的黄金时期。这一时期的高尔夫设计理论的发展称得上是诸子百家、百花齐放、盛况空前。设计理论从无到有，从肤浅到深入，从表及里，层出不穷。今天被我们作为信条而接受的大多数高尔夫球场规划和设计理论都是在那一时期形成的。

## 二、黄金时期高尔夫设计的发展历程

作为黄金时期的主角，当时的高尔夫设计师们为世界高尔夫领域做出了巨大的贡献，是他们提出了丰富的高尔夫设计理论，为高尔夫界留下了一笔宝贵的财富。现在的高尔夫设计

师们所采用的高尔夫设计理论，大多都是由黄金时期的高尔夫设计师们提出成形的，其涵盖范围之广泛、理论之深刻，以致后来的球场设计师未能在他们的基础上有多大的改进。

这一时期对高尔夫设计理论贡献最大的设计师主要有Willie Park Jr.、Herbert Fowler、Garden Smith、J.H. Taylor、John Low、James Braid、H.S. Colt、Harry Vardon、Alister Mackenzie等。他们几乎都是苏格兰和英格兰人，有的是职业球手，有的是业余球手，大部分都亲自参与设计和建造球场，他们中没有一个接受过任何有关高尔夫球场设计的专业教育，都是出于自身打球的体验和对高尔夫运动的理解以及在设计与建造球场的实践经验，提出了高尔夫的设计理念。

让我们沿着历史的足迹，伴随着设计师的脚步，品味着他们精彩纷呈、高屋建瓴的设计理论，来回顾一下黄金时期高尔夫设计的发展历程。

**Willie Park Jr.**（图1-9） 作为一名职业高尔夫球手，曾经两度夺得英国公开赛的冠军。Park于1899年开始了他的高尔夫球场设计生涯，他接手的第一个高尔夫球场设计是在伦敦附近石楠荒地上的Sunningdale球场。第一个球场还在建造中，他便于1900年开始着手设计第二个球场即Huntercombe球场。通过 2 年的建造工作， 2 个球场同时于1901年开打。这2个球场刚一建成，就得到了业界的极大好评，让当时处于萌芽时期的灰暗迷茫的高尔夫设计领域看到了黎明的曙光。Willie Park创作的这 2 个石楠地的内陆球场，称得上是当时最好的 2 个内陆球场，它彻底摆脱了高尔夫设计萌芽时期内陆球场的非常人工化的设计误区，改变了当时人们对内陆球场的印象，征服了那些认为在内陆不可能建造高品质球场的错误观点，Park的工作有力地证明了在内陆同样可以建造出与海滨林克斯球场同样好的球场。Willie Park的成就奠定了高尔夫设计的基石，具有划时代的意义；Willie Park的成就开启了内陆球场的先河，使高尔夫设计从萌芽时期的阴霾中走向了光明。

图1-9 Willie Park Jr.

在完成了Sunningdale和Huntercombe 2 个内陆球场后（图1-10），Willie Park将他的高尔夫设计拓展到了英格兰的南方，在其后的5~6年时间里，又完成了10多个内陆球场的设计。

图1-10 具有划时代意义的Sunningdale老球场

在第一次世界大战以后，Park远渡重洋到了北美，将他的设计足迹延伸到了这块新大陆。在北美8年多的时间里，Park设计和重新改造了70多个球场。

Willie Park一生设计和改造了100多座球场，为我们留下了一笔宝贵的财富。其中，Huntercombe球场、West Hill球场、Kilspindie球场、Notts球场以及在美国的Maidstone球场（图1-11）、Olympia球场等都是在当今仍负有盛名的球场。

图1-11 Willie Park设计的纽约Maidstone高尔夫球场

Willie Park不仅留下了很多优秀的作品，同时，在他身后还留下了丰富的高尔夫设计理论。他一生写了两本高尔夫著作，他是第一个提出高尔夫球场布局原则的高尔夫设计师。

他的第一部高尔夫著作——《高尔夫运动》（The Game of Golf）于1896年出版。在书中他对球场总体布局、组成球场的球洞个数和组成类型、障碍的设置等都提出了自己的见解。他认为设计一个球场绝不是一件简单的工作，需要超强的技能和判断能力以及对高尔夫运动深刻的理解。他认为一个球场应有18个球道，并将第1个洞和最后1个洞设在会馆附近，球场中应至少有2个短洞，开始的前2~3个球道应该是难度较小的中长洞。关于障碍，他认为障碍设置是一项非常艰难的工作，障碍应该是可视的，应尽量减少盲洞，障碍的位置应该具有变化性，既有打球需要穿越的惩罚性障碍，也要有保护目标的护卫式障碍，他还建议不要在球道中间特意设置那些树木、围栏和土埂等障碍。

事实上，Willie Park在出版他的第一本高尔夫著作时，只是苏格兰的一位不知名的高尔夫球手，当时，他还没有多少高尔夫设计经验，他的高尔夫设计理念还没有得到充分的发展，但他凭借他的打球经验和超强的高尔夫设计天赋，提出了上述一些合理和实用的高尔夫布局理念。

Willie Park设计理念的真正发展是在他完成著名的Sunningdale和Huntercombe内陆球场之后，在此后的高尔夫设计实践中，他对高尔夫球场设计有了更深刻的理解，设计理念更加丰富和深入，这在他后来写作的另外一本高尔夫著作中有明显的体现。他在书中论述道："高尔夫设计师必须具有一个绝对开放的思维，布局一个球场时，不要给自己事先设定一个固定的框架模式，要到场址中去发现球道。应将土地的自然特色应用到极致，自然的东西更能胜出人工的创造，更能达到令人满意的结果，设计师必须去迁就自然。”

Willie Park在当时人类的审美还在追求机械性、对称性和人工艺术性的时候，能够将自然的海滨林克斯球场所具有的变化性、战略性和自然性等超凡的品质有机地引入到内陆球场设计中，不能不说他在高尔夫设计领域具有超前的思想，富有极强的创造力和想象力，他的成就在高尔夫设计领域占有举足轻重的地位，应该说Willie Park为高尔夫设计带来了一场革命。

Herbert Fowler（图1–12） 黄金时期初期4位最著名的高尔夫设计师之一，一名业余高尔夫球手，一位高尔夫球场设计的热衷者。受到Willie Park在内陆成功地创作了2个球场的鼓舞，他于1902年迈出了实现高尔夫球场设计梦想的第一步。在那一年，他获得了一个难得的机会，受邀去设计Walton Heath球场。Fowler非常珍惜这次机会，在经历了长达几个月的场址勘查和研究后，才确定了球场的布局，球场充分利用了场址的每一处地形地貌，布局自然和谐。Fowler的认真细致的工作也因此得到了回报，在球场于1904年建成开打时，立即引起轰动，获得了极大的好评。

图1-12 Herbert Fowler

随着第一个球场设计的成功，在以后的几年时间里，Herbert Fowler又在英国完成了6~7个球场的设计，其中包括Saunton的2个海滨球场和Berkshire的2个内陆球场（图1–13）以及与Tom Simpson合作设计的Cruden Bay球场，这些球场都受到了业界的一致好评。

图1-13 Berkshire高尔夫球场

在第一次世界大战以后，像Willie Park一样，Fowler也将他的设计才华带到了美国，在美国的东海岸和西海岸都设计了很多优秀的作品。在东海岸，他设计的Chatham乡村球场是其中的杰出代表，该球场后来更名为Eastward Ho！球场（图1–14）；在西海岸，他也设计了一些非凡的作品，主要代表是Crystal Springs球场。他在加利福尼亚州设计了Del Paso和Sequoyah球场，并与George Thomas合作设计了洛杉矶乡村球场。

在Herbert Fowler设计的球场中，Walton Heath（图1–15）和Saunton是最让人难忘的2个球场。 Fowler的作品在当时得到了高尔夫界的普遍认可，称Fowler是最大胆、最原汁原味的设计师，具有独特的目光，尤其对障碍的惩罚性设计具有独到之处，甚至称赞Fowler设计的球

图1-14　Herbert Fowler设计的美国Eastward Ho! 球场

场是最能激发球手斗志的场地。

Fowler虽在球场设计方面成就显赫，但却没有留下多少高尔夫设计理论，他从来没有写过高尔夫著作，但时常为《乡村生活杂志》（Country Life Magazine）供稿，也在《高尔夫果岭和果岭养护》(Golf Greens & Green Keeping) 中写过一些关于高尔夫设计的文章。透过他的一些文章论述，我们也能体会到他在高尔夫设计领域的造诣和对高尔夫设计理论的见解。

图1-15　Walton Heath高尔夫球场

在他的文章中，他论述道:“球道不仅要设置惩罚剃头球的横穿式沙坑障碍，更要设置惩罚右旋球的沙坑障碍，避开障碍要较穿越障碍的难度更大；好的球洞应在开球和击球上果岭时具有相当的难度，障碍的设置应使开球好的球手在下一次击球时获得更多的利处；果岭应具有进球的通道，通道两侧的沙坑障碍不应对称布置，应有一定的错落和变化，使它们看上去更自然。”

Harry S. Colt（图1–16）　黄金时代初期 4 位伟大的高尔夫设计师之一。作为英国当时知名的业余球手，Colt曾在Willie Park 设计的Sunningdale球场担任了3年的秘书，尽管他身为律师，却对高尔夫设计情有独钟。Colt第一次尝试高尔夫球场设计是在1894年，在Douglas Rolland 的协助下设计了Rye球场，但他不像Park 和Fowler在开始时就取得了辉煌的成就，

图1-16　Harry S.Colt

他的发展相对平稳，但很持久。在1907年以后，他的事业明显加快了脚步，从“一战”以后，Colt成为了当时最繁忙的高尔夫设计师，设计和重新改建了50多个高尔夫球场（图1–17）。1911年，Colt将他的设计带到了北美，先后设计了10多个高尔夫球场。在1928年，他与Charles Alison和John Morrison合作成立了高尔夫设计公司，专门从事高尔夫球场设计和建造监理，后来又与Charles Alison和Alister Mackenzie组成三人合作伙伴设计球场。据估计，Colt一生设计了110多个球场。直到1951年去世，Colt一生从事球场设计达30年之久，他一生专注着高尔夫事业，对高尔夫设计艺术和设计理论以及高尔夫球场建造都做出了杰出的贡献，他的成就为后人所景仰。Colt除了在英国本土设计了很多球场之外，他的设计足迹还遍及了美国、加拿大、阿根廷、乌拉圭、德国、法国、意大利、荷兰、瑞典、西班牙、比利时、澳大利亚、新西兰、南非和日本等地，这在当时的交通条件下，是非常难得的。他设计的著名球场主要有：Royal Porthcawl 、St. Georges 、Royal Wimbledon、Royal Winchester、Rye 、Royal Portrush、Eden 、 Swinley Forest 、The Berkshire 、Wentworth、California、Colony 等。Colt不仅是一位杰出的高尔夫设计师，还是一个多产的高尔夫作家，他一生自己编著和与他人合著了5本高尔夫著作，还为高尔夫杂志写了大量关于高尔夫设计方面的文章。以下是他在高尔夫设计上的一些观点论述。

他认为球场布局的首要工作是确立会所位置，并建议将第1洞和第10洞的发球台设在会所附近。关于从上一洞果岭到下一洞发球台的连接编排，他认为应该是自然顺畅的，而不应该像他那个年代大部分是向回走。他的这一观点对于球场设计是一个新的贡献，以致后来大多数球场都采用了他的观点。他也认为一个球道要设置多个发球台，以提供更多的打球线路，增加变化性。

图1–17　Colt设计的Sunningdale新球场

关于果岭设计，他的观点更加具体详细，他强调果岭周边的障碍和造形应丰富而富有变化性，他认为果岭边的沙坑不应是对称的，也不应与打球线路垂直，果岭周边应该设置草坑、斜坡和草丘等，以增加打球的难度和球位的变化性。他还建议在球场布置一些野花、小灌木等增添球场的景观效果（图1–18）。

关于对场地自然地形的应用，他认为球场设计最重要的是利用场地每一处自然的景物，

图1－18　Colt设计的北爱尔兰Royal Portrush球场

最小程度地加入人为的因素，这样才能创作出充满乐趣的球场。如果需要加入人为因素，新引入球场的人工要素都应自然，人工修建的草坑、草丘和沙坑等形状应尽量做成自然的形式，像海滨自然形成的地形一样流畅。沙坑的设置不仅要注意其位置的重要性，更要使之显得自然，以不破坏场地自然的美观。他极力反对将果岭和发球台建成呆板的规则形状，他认为这样的标准化毁灭了高尔夫一半的乐趣。

H.S. Colt的观点中最突出的是对球场变化性和灵活性的论述，从球道布局到果岭、发球台和障碍的设计，他认为都应该具有变化性。他的这一论断，体现了“变化是高尔夫永恒的主题”的高尔夫现代理念。Colt的另一个突出的观点是充分利用好原有的场址是建造一个好球场最重要的因素，这体现了高尔夫球场创作的最根本的原则。

**Garden Smith**　作为一名业余高尔夫球手，他和哥哥于1878年创办了Aberdeen大学高尔夫俱乐部，后来，还成为了著名高尔夫杂志——《高尔夫图示》(Golf Illustrated)的编辑。在经过了30多年的高尔夫运动经历之后，他对高尔夫有了很深入的理解，并提出了很多独道的见解。

在1889年，Smith编著出版了《高尔夫世界》( The World of Golf )一书，内容涵盖了高尔夫历史、高尔夫概述和高尔夫旅游等方面，尽管他的有些设计观点与Willie Park相仿，但也有很多是他自已的创意和更加成熟的理念。

对于球场的布局，他的观点更加详细，对于如何确定会所的位置，如何确定果岭位置都提出了更细致的见解。他认为布局一个球场不是一个简单的数学游戏，球道的布局应根据它们适于高尔夫运动的特性来决定，而不是仅利用几条简单的原则就能完成的。

关于障碍的设置，他对于惩罚剃头球的见解反映出当时惩罚性设计的流行和残酷。他认为剃头球是最应该受到严厉惩罚的，尤其在发球台上开球时，因此，他建议在第1洞发球台前方60码之处设置横穿式的沙坑、草沟或篱笆墙等障碍，使剃头球受到严重的惩罚，不能使剃头球从障碍中滚出到球道中而免受惩罚。

对于其他障碍的设置，他认为对于击球距离远而方向性差的击球，也应该给予惩罚，建议在球道两侧大力球手的落点区域设置防御性障碍，以体现球道的奖惩性。他的这一观点被延续至今，成为了现代高尔夫设计的一个理念。

关于障碍的形式，他也有自己的见解。他认为内陆球场的障碍要较海滨球场更难以建造，因为缺少自然的沙坑和野生植被，只能设置一些篱笆、明沟等一些人为的障碍。但他认为无论设置什么障碍都应使之具有公平性、趣味性、富有变化性，看上去要自然。但事实上，由于这些人为障碍物的本身的不自然性，不可能取得他所说的那样的障碍效果。

关于短洞的设计，他的观点非常新颖，后来成为了一种流行趋势。他认为短洞应具有体育竞争特点，果岭应被沙坑包围，像是沙漠中的绿洲，或者使果岭前的打球通道变得非常狭窄，只有将球直接攻上果岭才能逃脱惩罚。

关于发球台的设计，他的观点要较Willie Park更富有新意，也更符合今天的设计理念。他认为发球台距前一洞果岭不能太近，要有一定安全的距离，同时也不能太远，以免徒走距离过长，适宜的间距为30~40码。他提出发球台应具有一定的宽度和一定的面积，以使发球台可以变换发球区域，给予草坪恢复生长充裕的时间。对于发球台的朝向，他认为应与飞行线的角度相一致，避免使球手开球产生错觉。另外，他还对当时人们忽视发球台草坪的现象给予了批评，他认为发球台的草坪状况应该是较好的，应该受到像果岭草坪一样的养护，以便给球手在开始打球时就留下一个很好的印象。

**John Low**　圣·安德鲁斯高尔夫协会会员，于1903年出版了《关于高尔夫》(Concerning Golf)一书，后来又编著了《高尔夫年鉴》（Golf Year Book）一书。

在他的著作中，他对海滨球场赞赏有加，而对当时的内陆球场给予了尖刻的批评。诚然，当时的内陆球场的自然环境条件无法与海滨球场相比，其建造和管理水平也没有海滨球场那么高，绝大部分内陆球场的品质不如海滨球场是很自然的事。

他的关于高尔夫对球手考验方面的设计理念堪称经典，成为了现代高尔夫的设计理念。他认为：击球力量和击球准确性有效的结合应该作为考验球手的首要条件，而让球手尽可能体验各种各样的挥杆是所有考验中最好的考验。

他对高尔夫体育精神的论述对于球场设计也具有很好的借鉴。他认为高尔夫的最高境界应该是风险的竞争，应鼓励高水平的球手每次击球都应充满旺盛的斗志去追求打球的距离和准确性，尽其所能，将球打得更远、更准；水平不佳的球手应努力超越自己，情愿冒着陷入障碍的风险也要从障碍中打出一条生路来，以充分发挥自己的潜能。

关于球场难度，他的观点非常鲜明。他认为高尔夫运动的核心在于从一种状况到另一种状况的准确击球，一个完美的开球应该使以后的击球减小难度，良好的下一杆击球只有在上一杆完美的击球后才有可能获得。打球过程中每一步都应是障碍重重，球场应非常难打，障碍应丰富。显然，他的这一观点过分强调了球场设计的难度。

关于沙坑障碍，他的观点实在精辟，就现代的设计理念而言，也无法超越他的精彩论断。他认为：好的沙坑应具有鲜明的特点，应拒绝被忽视，应坚持它的存在，它可以不在乎被球手避过，但绝不能被球手所忽略。

关于短洞设计，他的观点也很富有战略性和思想性。他认为，短洞不应该太长，太长会使球手尽全力去开球，从而失去了选择球杆和选择不同打球策略的变化性。另外，他还认为，短洞应具有良好的可视性，使球手从发球台上能看到果岭面和周围障碍的情况，用以配合短洞在距离上的打球变化性。

John Low的关于球场设计的这些观点应该说是非常经典，在一个世纪后的今天，他的这些观点依旧那么鲜活，甚至现代的很多球场设计都还没有做到他所说的那么好。John Low改造设计的苏格兰Working球场见图1-19。

图1-19　John Low改造设计的苏格兰Working球场

John H. Taylor（图1-20）　一名顶尖的职业高尔夫球手，是19世纪末和20世纪初的高尔夫三巨头之一，曾5次获得英国公开赛冠军。Taylor是“英国职业高尔夫球手协会”创始人之一，并首任该协会主席。在作为职业球手的同时，他也参与高尔夫球场的设计，在1907年他在英格兰南部设计了Andover 球场。他在获得第三个英国公开赛冠军后，于1902年编著了《泰勒高尔夫》（Taylor of Golf）一书。在书中，他以自己职业顶尖高手的权威对于球场设计提出了见解，他对球场设计的观点要较他的前辈们更加温和与折衷。他认为高尔夫运动是一项友善而温和的运动，要适于体力弱的球手。他反对加长球道的长度，认为3杆洞长度应保持在140~150码，4杆洞长度应为320~330码，5杆洞保持在470码比较合适，不宜再加长。对于障碍的设置，他反对惩罚性太强的障碍，反对将球道设计得太难和太刁钻。

图1-20 John H.Taylor

Taylor在制定这些球道长度时，怎么也无法想象现代科技对高尔夫的影响是如此剧烈，影响速度是如此之快，以致他在当时为职业球手们提议的球道长度在当今只能作为低水平业余男子或女子球手的球道长度了。看来，他的确是太温和了。

James Braid（图1-21）　20世纪初期高尔夫球手三巨头之一，曾经5次获得英国公开赛的冠军。James Braid不仅是一位顶级的高尔夫球手，还是一位多产的高尔夫球场设计师。据说他设计和改造的所有球场的球道长度总和要较英国大不列颠国土周长还要长。据统计，

图1-21　James Braid

他一生设计与改造了200多座球场，但从未到美国去设计过球场。他的著名作品主要有英格兰的Kingswood球场、Mapperley球场、Hunstanton球场、Childwall球场、Henley球场、Enfeild球场、Arkley球场、Verulam球场、苏格兰的Braid Hills球场、Golspie球场、Mortonhall球场、Rothesay球场、Turnhouse球场、Brora 球场（图1－22）、威尔士的Pennard球场，等等。他还改造过Carnoustie、Royal Troon、Lundin球场、Prestwick和Bally Bunion等球场。

James Braid于1908年编著了《高级高尔夫》(Advanced Golf )一书，在该书中，他提出了很多关于球场设计的观点，以下是他的比较有代表性的一些见解。

他认为球场应该尽量利用自然障碍，相同杆数的球道长度应具有变化性，沙坑的设置应具有指示打球的功能，每个球道最好设置多条可供选择的打球线路，应设置多个发球台以供替换打球，球场的上、下半场应平衡等。

他对于球道的编排顺序和球道的长度也有自己的观点，他认为球道总长度应为6 000~6 400码，应包括2个长洞、4个短洞，其余为中洞，长洞距离最长可达到550码，中洞长度应为320~420码。

图1-22　James Braid设计的苏格兰Brora球场

对于果岭起伏和沙坑的设计，他认为果岭应具有不同的形状，果岭大小和起伏应具有一定的变化性。沙坑应自然，沙坑越自然，球场就显得越有趣。

James Braid的很多观点都被后人所接受，成为了现在高尔夫的设计理论。

图1-23　Harry Vardon

Harry Vardon（图1-23）　20世纪初期高尔夫球手的三巨头之一，在职业生涯中，曾获得6个英国公开赛冠军，1个美国公开赛冠军。在晚年，他开始涉足高尔夫球场设计，并在英国设计了几个球场。他于1912年编著了《如何打高尔夫》(How to Play Golf）一书。就高尔夫设计而言，他是一个传统主义者，尽管在橡胶球问世后，横亘于球道中间的横穿式障碍已失去惩罚的意义，逐渐退出历史的舞台，取而代之的是位于球道两侧的斜插式的沙坑和障碍，但他不顾这种不可阻挡的潮流，依旧钟情于球道中间的障碍，这主要是因为他喜爱马来树胶球，他认为马来树胶球要较后来的橡胶球更能打出好成绩。但Vardon对沙坑的设计却有很好的建议，他认为球场应设计得尽量看上去自然，沙坑位置应以运动内涵本身为指导，其形状和造形是一种艺术，果岭前方不应该设置直壁式沙坑。

对于球道的长度和球道组成，他建议：5 杆洞长度在420~500码之间，不应超过600码，4杆洞中应有5个洞长度在400码左右，有4个洞在330~370码之间，3杆洞应有一个是极短的，长度在80~120码，有 2 个 3 杆洞是适中的长度（120~160码）'，还要有2个3杆洞是比较长的，需要全力挥杆才能击球上果岭。他的这一观点反映了球道长度应具有丰富变化性的现代球场设计理念。

以上是在黄金时期早期，著名高尔夫设计师和职业与业余球手们对高尔夫设计的论断，其中大部分堪称经典，成为了我们现今的高尔夫设计指南，但也有些观点在今天看来却显得生涩和令人费解。但不管怎样，是他们将高尔夫设计从萌芽时期的迷茫中拯救了出来，使之步入了黄金时期。

图1-24　Alister Mackenzie

在黄金时代的后期，在这些著名的高尔夫设计师前辈之后又涌现出了Alister Mackenzie、Donald Ross、Tom Simpson、Fred Hawtree等一批蜚声高尔夫界的著名高尔夫设计大师。

Alister Mackenzie（图1-24）　被认为是黄金时期最有影响力的设计师之一，这主要因为他不仅在欧洲而且在欧洲之外创作了很多优秀的球场，尤其是在美国和澳大利亚等地。由于Mackenzie在高尔夫设计领域的伟大成就，2005年他被选入了高尔夫名人堂，荣获终身成就奖，他是历史上第一位被列入高尔夫名人堂的高尔夫设计师。

Aliste Mackenzie出生、成长在英格兰，受其父亲的影响进入了医药领域，并成为了一名医药学博士。但让人惊奇的是，在1907年他从非洲战争结束退役后，却深深地被高尔夫所吸引，竟然放弃了医药学转而进入了高尔夫设计领域。不料，就是他的这一举动，造就了一位高尔夫设计巨匠。

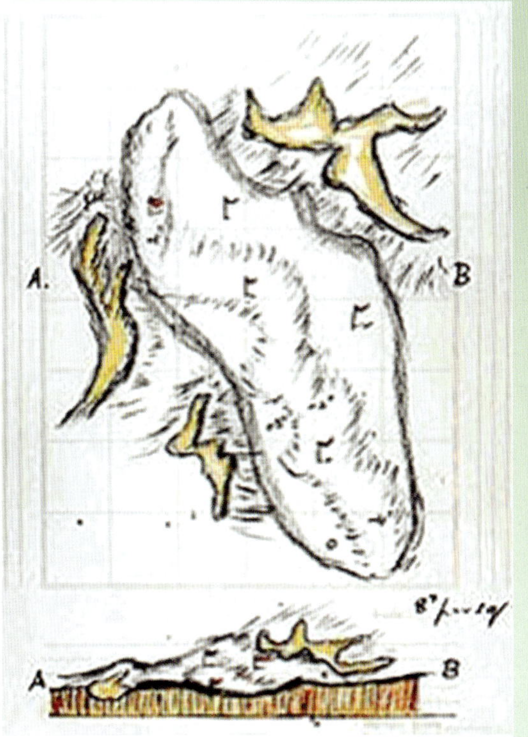


图1-25　Mackenzie的设计手稿

在进入高尔夫行业之初，Mackenzie与著名的高尔夫设计师H.S. Colt合作设计与建造球场，不久，他就编写了《高尔夫设计》（Golf Architecture）一书。在进入高尔夫行业后，他一直坚持崇尚自然的设计理念，为了达到对自然形状惟妙惟肖的模仿效果，他甚至将在战争中学到的军事伪装术应用到球场建造中，还亲手制作果岭模型向工人解释其设计意图。Mackenzie的设计手稿见图1-25。

在开始高尔夫球场设计没多久，由于战后高尔夫市场的不景气，Mackenzie便结束了与Colt的合作，并于1922年离开英国远赴美国和澳大利亚等地去发展。在离开英国后的2年的时间里，他设计了包括Royal Melbourne球场与Cypress Point球场（图1-26）等8个球场。伴随着这些作品的成功问世，Mackenzie在高尔夫设计界开始显露头角。

图1-26　Mackenzie设计的美国Cypress Point球场

正是由于Mackenzie在球场设计上的非凡表现，使得一代球王Bobby Jones聘请他作为Augusta National球场的设计师，结果Mackenzie造就了一个伟大的球场；Augusta National成为了高尔夫四大赛之一——大师赛的故乡。

Mackenzie一生设计与改造了400多座球场，大部分在美国，他的作品每年都有近10个入选世界百佳球场，其中最杰出的作品主要有Royal Melbourne、Cypress Point和Augusta National 3个球场。

Mackenzie不仅创作了很多优秀的高尔夫作品，而且对高尔夫设计理论发展也做出了杰出的贡献。除了早期编著的《高尔夫设计》（Golf Architecture）一书外，他后来又编著了《圣·安德鲁斯精神》（The Spirit of St. Andrews）一书，以阐述他对高尔夫球场设计的理念。在他的著作中，我们能体会到他对高尔夫的深刻理解和对高尔夫的热爱，他论述道：高尔夫球场是一个国家的一笔财富，尽管占用部分农田，但人们在物质条件得到充分满足后，健康、新鲜的空气和优美的环境将备受关注，高尔夫运动对于国民的健康和社会的进步都是极其重要的。

他对圣·安德鲁斯的老球场推崇有加，他曾多次对老球场进行深入的研究，以期获得球场设计的真谛。他曾受雇于圣·安德鲁斯皇家高尔夫俱乐部对圣·安德鲁斯老球场进行勘测，他花了一年的时间完成了球场的实地测量，绘制了一份老球场平面布局图，他对老球场的每一寸土地都非常熟悉。对老球场的不断的深入研究成为了他设计灵感的源泉，实际上他的很多球场设计理念正是来源于对老球场去伪存真的研究。

他关于球场造形起伏、障碍的设置、球道的战略性和球道的布局等的设计理念都非常精辟。Mackenzie一直坚持战略性的设计流派，认为任何障碍的设计都应该有思想性，不应设计对打球没有影响的障碍；他认为球手在遇到障碍时，应出现两种状态：一是至少有一条不冒险的安全打球线路，供那些不愿冒险的球手去选择；二是愿意冒险的球手若能成功穿越障碍，必须予以一定的奖励。他认为，一个真正伟大的球场应该是让尽量多的球手享受到尽量多的快乐，它应该给普通的球手公平竞争的机会，同时也要给一流的好手最强烈的挑战。

在《高尔夫设计》一书中，他还阐述了设计高尔夫球场的13条原则。

（1）如果可能，应将球场规划为 2 个循环的半场，每个半场9个洞。

（2）球场中应至少包括4个3杆洞，2~3个5杆洞，其余为4杆洞。

（3）从上一洞果岭到下一洞发球台间的行走距离不应太长；每个球道都应预留有一定的空间，以便日后可以加长球道距离。

（4）果岭和球道应该具有足够的起伏，但最好不要有长距离爬坡。

（5）每个球道都要有自身与众不同的特色。

（6）每个球道攻球上果岭的一杆应该尽量避免盲洞。

（7）球场应具有优美的景观环境，所有人工景物应该与周边环境相协调，统一成一体。

（8）球场应该有数量充足的冒险性的球道，但同时也应为弱力球手提供可以选择的安全击球线路。

（9）球道应富有变化性，使球手可以体验各种挥杆和击球。

（10）不应存在因为找球而引起球手烦躁的情况。

（11）球场应具有刺激性，即使高手也能被不断激发热情去提高他们的球技，体验从未尝试过的击球。

（12）球场的设计应使低水平球手甚至初学者能够体验高尔夫运动的快乐，尽管他们的成绩可能较差。

（13）球场无论在夏季还是在冬季都应保持良好状态，果岭、球道的草坪状况都应是比较好的，果岭前区的草坪状况应与果岭一样好。

Mackenzie提出的这些球场设计原则，既具有理论性，又非常具体，具有很好的可操作性，其中绝大部分已经成为了我们现代高尔夫的设计理念。

Donald Ross（图1–27） 黄金时期后期又一位杰出的高尔夫设计大师。从1912年直到1948年去世，Ross一直都是高尔夫设计领域的领军人物。他是“美国高尔夫设计师协会”创始人之一。在他去世几十年后的今天，“美国高尔夫设计师协会”以他的名字设立了一个高尔夫设计奖项，用以奖励在球场设计领域做出杰出贡献的设计师。

图1-27 Donald Ross

Ross生长在苏格兰，在去美国之前他一直是一位职业球手，同时也从事球杆制作工作。尽管Ross是苏格兰人，但他在本国的国土上从未尝试过高尔夫球场的设计，他的作品绝大部分都在美国。

1899年，Ross受邀去美国传播高尔夫。到达美国后，首先在Oakley俱乐部做一名职业球手并参与球场的建造工作。在那之后不久，开始尝试球场设计，从此他的设计才华展现锋芒，尤其在1910年他成为职业高尔夫设计师以后，他的业绩更是一发不可收拾。他一生设计了400多座球场，其中最著名的要属在美国的Pinehurst的第二球场（图1–28）和Seminole球场。现今，他设计的球场每年都有近10个入选世界百佳球场和美国百佳球场行列。

在他的那个年代，Ross称得上是最成功的球场设计师，不仅设计的球场多，从中赚取的利益也很大。在一年时间里，他设计和施工的球场就多达45个，从中获利30 000美元，而当时一个顶尖的职业球手一年的巡回赛收入却仅为1 000美元。

Ross的设计思想的形成也经历了一个很长的发展过程，他的早期作品显得比较粗糙，但在1910年他回家乡苏格兰旅行，仔细研究家乡的伟大的球场之后，他的设计有了明显的进步。随着设计作品的不断丰富和经验的不断积累，Ross逐渐形成了自己的设计理念，冠状隆起式和龟背式的果岭是Ross作品中最突出的特色。他还被认为是战略性高尔夫球场设计理念的典型代表，他认为：任何球场应使各种球手打球感到快乐，而不是单调乏味，好的球场应

图1－28 Ross设计的Pinehurst球场

该能够使短杆技术好的弱力球手与长打手有同等的机会，不应该仅靠增加球道长度来增加球场的难度。他对球手的推杆技术非常重视，认为推杆是较开球杆和劈起杆更值得研究的一门技术。关于沙坑障碍，他认为沙坑应具有一定的起伏造形，而不应是在地表挖一个坑，填上沙子了事。

对于Ross被称为战略性设计人物的代表，也有人提出疑义，认为这可能是一个错误，因为Ross非常爱好使用沙坑，并且有很多沙坑应用得非常随意，在有的球场沙坑达到200~220个之多，就是在他的杰作——Seminole球场，沙坑数量也达到了189个。

尽管Ross一生设计了大量的球场，但却没有留下什么高尔夫著作，这可能与他的设计项目繁多，没有时间写作有很大关系。我们现今能够看到的他关于球场设计方面的论述也仅限于发表于杂志上的一些零散的文章，但Ross为我们留下了一笔宝贵的物质财富，我们能透过他的那些现存的大量的实际作品体会到他的那些伟大的设计思想。Ross对美国高尔夫乃至世界高尔夫的发展的贡献是有目共睹的，他那些鲜活的作品就是有力的佐证。

**Tom Simpson** 作为黄金时代后期一位著名的高尔夫设计师，尽管他的成就没有Mackenzie和Ross那么显赫，但对高尔夫设计也做出了很大贡献。在他的设计生涯中，一直高举战略性高尔夫设计艺术理论的大旗，坚持摆脱早期盛行的惩罚性设计理念。他的作品大都完成于20世纪20年代，其中比较有代表性的作品主要有：位于英格兰的新西兰高尔夫球场（图1-29），位于法国和比利时的Chantilly、Morfontaine和Royal Antwerp球场，位于爱尔兰的Carlow球场等。

Simpson于1929年同Wethered合著了《高尔夫设计侧论》（Architectural Side of Golf），书中阐述了他的高尔夫设计理念和思想。他认为高尔夫设计是一种防御新技能、新球具和球的

图1-29　Simpson设计的位于英格兰的新西兰高尔夫球场

进攻的工作，当然，这种防御绝不是被动消极的。他的关于果岭设计的论述十分精辟，据说，他设计的果岭十分出色，从来没有被后人改造过，他认为在同一球场中，果岭都不应该一样，不应该去抄袭那些著名的果岭，而应该尽可能地利用自身的地形特征去创造果岭；果岭不应该是规则的圆形或方形，果岭应具有足够的平坦的空间，以用于更换球洞，果岭3/4的面积应该是较平坦的；对于短洞果岭面应该是全部可视的，但对于长于400码的中、长洞则没有必要，因为长洞是以旗杆为攻击目标，而不是果岭上的洞杯。他的关于果岭的这些观点对于我们今天的高尔夫设计依然非常实用。

## 三、黄金时期的美国本土高尔夫设计

在20世纪之初，尽管美国球场的数量已经在世界占据首位，但球场设计依旧是英国设计师的天下。就在英国的设计师们在美国这片新大陆上展示他们才华的同时，美国的职业和业余球手们也不甘寂寞，开始了他们学习和尝试球场设计的征程。作为美国高尔夫本土设计的先行者，他们为美国高尔夫设计的发展走出了艰难的第一步，他们的成就对于美国高尔夫具有划时代的意义。在他们之中，最令人称道的当属Charles Blair Macdonald。

图1-30　Charles Blair Macdonald

Charles Blair Macdonald（图1-30）　这位生于加拿大，成长在芝加哥，毕业于苏格兰圣·安德鲁斯学校的高尔夫球手，在结束了自己的业余球手生涯后，便着手计划为美国打造一座最好的海滨球场。于是，他多次到苏格兰和英格兰等地考察著名的球场，潜心研究成功球场的设计；同时，在国内寻找建造球场的理想场址。他的不懈努力终于在1911年得到了回报，在那一年他设计的美国国家林克斯高尔夫球场在纽约长岛落成开打，球场在当时引起了极大的轰动，刚一面世，便跻身当时的世界最佳球场之列。

在设计国家林克斯球场之前，Charles Blair Macdonald还设计过芝加哥球场（图1-31），这也是他的处女作，是在1895年他从苏格兰回到家乡后进行的首个设计。

他一生设计了20多个球场，尽管数量不多，但每个球场都是他付出心血的杰作。他的所有作品都渗透着他对英国球场潜心研究的成果，很多球道都是对英国那些著名球道的拷贝，流露着英国球场的风格。他对著名球道的第一手拷贝，使美国的同行们很容易见识和理解那些听上去非常生涩难懂的球道名称，为美国本土设计师的快速成长奠定了良好的基础。Macdonald的著名作品主要有：芝加哥球场、国家林克斯球场（图1-32）、小溪球场和管石球场。这些球场都是美国百佳球场的常客。

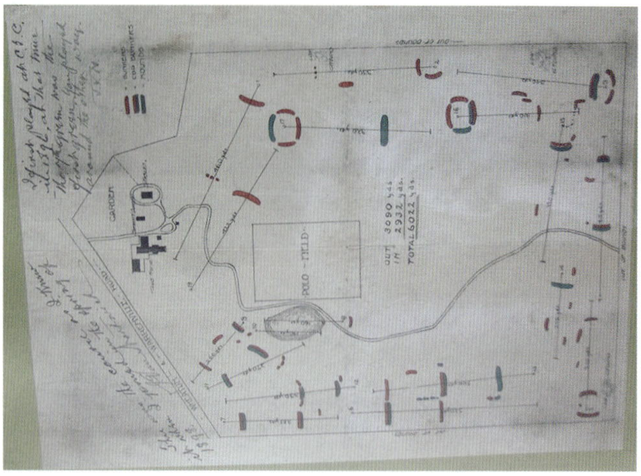

图1-31　Macdonald的芝加哥球场设计手稿

尽管在那个人才济济的高尔夫设计黄金时期，Charles Blair Macdonald没有多大名气，但他的不懈努力为美国高尔夫设计开创了先河，他对美国高尔夫的贡献是史无前例的，因此，他被后人尊称为“美国高尔夫设计之父”。据说，是他创造了英文“高尔夫设计”(Golf Architecture)一词。

在Macdonald之后，北美在黄金时期还涌现出了一些著名球场设计师，如George Crump、Seth Raynor、A.W.Tillinghast、Stanley Thompson等。

图1-32　Macdonald设计的国家林克斯球场

George Crump（图1-33）　于1920年主持设计了松树谷球场(Pine Valley Golf Club)（图1-34），该球场在当时获得了很多著名设计师的好评，其声誉甚至超出了Macdonald设计的美国国家林克斯球场。该球场在20世纪后期被评为世界百佳球场，在现今的世界百佳球场排行榜中也是名列前茅。

图1-33 George Crump

Seth Raynor（图1-35） 黄金时期美国本土最多产的高尔夫设计师。作为一名土建工程专业的工程师，于1903年受雇于Charles Blair Macdonald监督国家林克斯球场的建造工作，Raynor从此步入了高尔夫领域。此后不久，他开始尝试高尔夫球场设计，同Macdonald一道研究当时英国成功的球场和著名的球洞，然后加以拷贝。他和Macdonald一样，以拷贝著名的球道而著称，在他设计的很多作品中都能找到拷贝球洞的影子。Raynor在拷贝模仿过程中也不忘创新，并逐渐形成了一些自己的风格，如富有动感的大果岭、具有陡峭草面的平底深沙坑等，他后期

图1-34 George Crump 设计的Pine Valley球场

图1-35 Seth Raynor

设计的作品中明显体现了他的这些创新（图1-36、图1-37）。

Raynor一生设计了50多座球场，他的作品遍布了整个美国，从夏威夷、加利福尼亚到佛罗里达，都有他设计的球场。他设计的著名作品主要有Camargo球场、芝加哥球场、Fishers Island球场、Saint Louis球场、Shoreacres球场、Yale球场、Westhampton球场、Yeamans Hall球场等。他的作品每年都有几个入选世界百佳或美国百佳球场。

Stanley Thompson（图1-38） 加拿大有史以来最伟大的高尔夫

图1-36　Seth Raynor设计的风格鲜明的沙坑

图1-37　Seth Raynor在Lookout Mountain球场拷贝的来旦球洞

球场设计师，他一生为加拿大设计了100多座球场，同时，还在美国、加勒比地区和南美设计了一些球场，其中最著名的2个作品是Banff Springs球场（图1–39）和Jasper Park球场。在每年评选出的世界百佳球场中，Thompson设计的球场都会榜上有名。

Thompson设计生涯开始于黄金时期末期，尽管在17岁就参与过高尔夫球场建造，但直至1921年第一次世界大战结束从部队退役后，他才成立了自己的设计公司，全身心地投入到高尔夫球场设计中。他虽然是一名加拿大设计师，但与美国设计师有着良好的合作关系，有很多美国的球场设计师都是从他那里学习了球场的设计后开始了他们自己的设计生涯，他们中最著名的是Robert Trent Jones Sr.，他从20世纪30年代中期直到Thompson去世前，都一直是Thompson的合作伙伴。Thompson还是“美国高尔夫设计师协会”的创始人之一。

图1-38 Stanley Thompson

Thompson的设计以性格鲜明的沙坑为突出特色，他具有建造与自然地形相融合的大沙坑的艺术手法。他对球场的艺术性和球场障碍的设计具有独到的见解，这可以通过他的作品和他发表的著作中得以体现。

他在1930年出版的《关于高尔夫球场建造与管理》（About Golf Course, Their Construction and Upkeep）一书中，对他的球场规划和设计的思想予以了详细的阐述。他认为“自然艺术”是他设计理念的根本，高尔夫设计是将人工化的高尔夫地形与周边的环境、自然的景物和迷人的美景和谐地融为一体的过程。

图1-39 Stanley Thompson设计的加拿大著名的Banff Springs球场

Thompson对水面障碍喜爱有加，他认为水面不仅能创造出考验球手智慧的真正障碍，而且，如果处理得好的话，还可以创造出极好的景观效果。小溪、池塘甚至是一条明沟，如果处理适当的话，都可以创造出很多打球的变化性和景观的变化性。实际上，对于我们现代球场设计来说，水面一直是值得推崇的一个设计元素。

关于果岭设计，他的理论更加详细，他认为果岭的位置和表面的造形应融入到周边的环境中，果岭面的70%应可以设置洞杯。果岭面应朝向打球的方向，无论出于何种原因，都不应该使果岭面背向打球方向。

Albert Tillinghast（图1-40） 一位天才高尔夫设计师。起初，他以一名业余高尔夫球手进入高尔夫行业。在1906年，由于他对高尔夫的一些了解，便被朋友邀请去设计在宾西法尼亚州的一个球场。但在此前，Tillinghast没有受过任何球场设计训练，没有任何高尔夫设计背景。在完成了这个球场的设计之后，Tillinghast发现自己具有高尔夫球场设计专长，于是便成立了自己的设计公司，成为了全职的高尔夫设计师。此后，他便开始在美国各地设计球场，尤其在完成了Baltusrol球场设计之后，他在美国高尔夫设计界名声大噪，从而在美国高尔夫设计领域拥有了一席之地。

图1-40 Albert Tillinghast

从他开始设计第一个球场，直到经济大萧条时期他退出高尔夫设计舞台前的20年的时间里，他在美国共设计了60多座球场，其中不乏优秀的作品，如Winged Foot球场、Baltusrol球场、旧金山球场、巴尔的摩球场、Somerset Hills球场、Ridgewood球场、Bethpage球场和Quaker ridge球场等（图1-41、图1-42）。这些球场几乎每年都被评为美国百佳球场和世界百佳球场。

Tillinghast作为一名美国本土高尔夫设计师，在当时高尔夫界的名气和设计成就都无法与同期的Mackenzie、Ross等设计大师相比，但他的作品也有自己的个性，他的设计的一个主要特点是艺术性，即将球场设计与当时的园林设计理念相结合，创作具有优美景观价值的球场。他的这一设计理念在他的很多作品中都有很好的体现，如Winged Foot球场和Baltusrol球场。Tillinghast作品的另外一个特点是丰富的变化性，这主要体现在他后期的作品中，他的早期作品实际上是非常单调的，如平直的球道、圆形的果岭、规则几何形状的沙坑充斥在他的

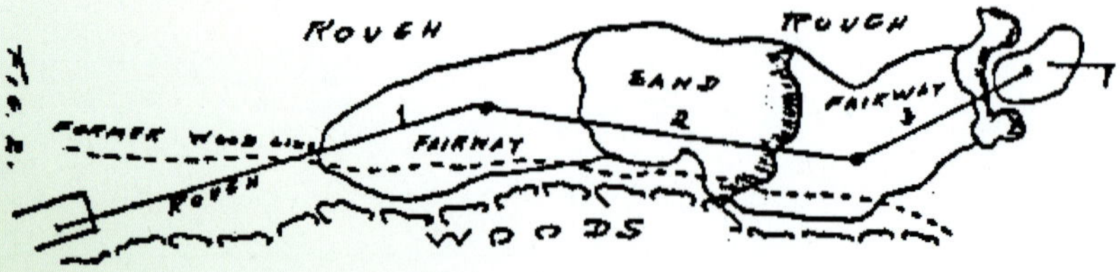


图1-41 Albert Tillinghast的设计图纸

图1-42　Albert Tillinghast设计的Bethpage(Black)球场

早期的作品中，但他的后期的作品则多是我们所熟悉的富有变化性和艺术性的杰出的作品。

在黄金时期，尽管美国本土的高尔夫设计师人数尚少，处在当时英国设计师耀眼的光环之下，显得微不足道，但毕竟美国本土的设计师从此开始了自己的设计历程，并在黄金时期末期小有辗获，这为后来美国的高尔夫设计的发展打下了良好的基础。

纵观黄金时期的高尔夫球场设计理念的发展历程，从1900年到1930年，从Willie Park 将他的高尔夫设计带到内陆，燎原于伦敦的西部和南部，到高尔夫从英国走出国门，到达美国，传向世界，诞生了诸多杰出的高尔夫设计大师。在短短的30多年时间里，高尔夫设计理论得到了惊人的发展，这一时期形成的大量高尔夫设计理论，后来成为了现代高尔夫设计的基石，其理论之丰富、内容之精辟，以致后来的球场设计师们没能较他们的前辈们提出更多、更深刻的理论。

在黄金时代的设计师们提出的理论中，有的是由前人衍生而来的；有的是他们自己的观点；有的观点相互印证；有的观点则是背道而驰。但也正是这些诸子百家的言论和百家齐放的争鸣，才使高尔夫设计理念在这一时期有了突飞猛进的发展，从而成就了高尔夫设计这个伟大的黄金时期。

## 第三节 沉寂时期

就在高尔夫正如火如荼发展的时候，世界经济却出现了大萧条，这对高尔夫运动和高尔夫设计都是一个非常沉重的打击。尽管Alister Mackenzie、 Donald Ross、 A.W.Tillinghast、Stanley Thompson等伟大的高尔夫设计师将高尔夫设计的黄金时期延续到了20世纪30年代早期，但无情的世界经济大萧条将他们的画布从画架上撕了下来，高尔夫设计从此进入了沉寂时期。

从1930年的世界经济大萧条到“二战”结束，世界经济发展几乎处于停滞状态。受经济发展的制约，这一时期的高尔夫运动也几乎没有什么发展，不仅新球场的增加速度极慢，而且很多原来的球场因无法继续经营而关闭。据统计，在高尔夫沉寂时期的近20年时间里，在美国仅有1 000座新球场建成，这与黄金时期每年建成300座新球场无法比拟，而且在同一时期，美国有600多座球场被迫停业，因此，这一时期高尔夫球场的数量几乎没有什么增长。

球场数量增长缓慢只能算是高尔夫发展的一个很小的挫折，而更大的损失是在黄金时期建成的一些优秀作品遭遇灭顶之灾。在大萧条以前，美国大部分高尔夫球场都是从银行贷款建造起来的，并随着股市一路向上爬升，呈现出一派生机勃勃的景象，当时的高尔夫俱乐部已不再是那些精英们的专利品，但这种繁荣是建立在空虚基础上的泡沫，当银行运转出现故障向球场索回贷款时，悲剧发生了。有的球场被迫停业，有的球场被遗弃荒芜，更糟糕的是有的球场彻底消失了，C. B. Macdonald设计的Lido球场就是其中的一例，它在当时是美国最好的3个球场之一，但由于高额的银行贷款的压力，最终成为了大萧条的牺牲品（图1－43）。

高尔夫球场极其缓慢的发展速度使得设计师们的发展空间变得非常狭窄，导致这一时期高尔夫设计几乎没有多少发展。

图1-43 黄金时期建成的Lido球场

它在大萧条时期被毁灭。

在这一时期，黄金时期的高尔夫设计师们大都相继去世，只有为数不多的年轻设计师们开始步入球场设计行列中，但由于身处当时的历史环境，年轻的球场设计师们也很难有所作为。这一时期出现的知名设计师主要有：S.V. Hotchkin、C.K.Hutchison、Guy Campbell、Perry Maxwell、Eric Apperly、Dick Wilson、Robert Trent Jones等。

S.V. Hotchkin、C.K.Hutchison、Guy Campbell 是当时的高尔夫三巨头，他们不仅在打球方面功绩显赫，在球场设计上也做了大量工作。Hotchikin在英国本土和南非设计了很多球场，其中，最值得一提是Woodhall Spa球场（图1-44），据称该球场是英国最好的内陆球场。另外，他主持设计和建造的Leeds Castle球场也称得上是极品。

图1-44　Hotchkin设计的Woodhall Spa球场

Guy Campbell设计了West Sussex球场（图1-45）和Killarney球场，他在1923年还写了《高尔夫初学者》(Golf for the Beginner)一书。在该书中提出了有关球场建造的一些指南，同时也涉及了一部分球场设计理论，但他的观点没有多少新意，只是前人观点的重复。

美国设计师Dick Wilson和Robert Trent Jones也在这一时期尝试球场设计工作，在他们的前辈Macdonald、Tillinghast、Seth Raynor和Stanley Thompson相继去世或退出设计舞台之后，他们开始担当美国本土高尔夫设计师的主角，他们成了这一时期比较活跃的高尔夫设计师。与他们同期的美国设计师还有Geoffrey Cornish、Robert Bruce Harris、James Harrison、William Gordon等。尽管他们在这个时期设计了一些球场，但都还没有很深的造诣，没有超过他们前辈们的水平，但他们的努力工作和经验的不断积累为他们后来成为美国乃至世界的一流高尔夫设计师奠定了基础。

在今天看来，这一时期的作品整体上令人失望，无法与黄金时代相比拟。虽然每年都有专业设计师执笔的新球场诞生，但大多缺乏个性，过分地依赖球道长度增加球场的挑战性，没有创作出令人振奋的作品。这在现今的球场评比中，就有极好的佐证，在每年评选出的百佳高尔夫球场中，几乎没有这个时期的作品出现在百

图1-45　Hutchinson与Campbell合作设计的West Sussex球场

佳球场的名单中。

这一时期高尔夫设计理论的发展也是一潭死水，几乎没有什么创新，关于球场设计理念的探讨少之又少，球场设计只是在前人的理论下徘徊。

尽管在这一时期高尔夫设计没有多大的发展，但用于球场建造和管理的机械却有了极快的发展，大型土方搬运机械逐步应用到球场建造工程中，不仅加快了球场的建造速度，而且更利于设计师在地形上做更大的变化。草坪喷灌设备也有了很大发展，极大改善了球场的打球条件，球场的草坪管理设备也较以前更加先进，为创造更好的打球场地提供了条件。这些都为后来高尔夫的快速发展打下了良好的基础。

## 第四节 现代时期

### 一、现代时期的高尔夫设计发展历程

#### （一）“二战”后的复苏

第二次世界大战以后，世界经济开始缓慢复苏，高尔夫也随同经济重新获得新生，慢慢从沉寂时期走了出来，逐渐地活跃起来。在沉寂时期被荒芜的球场被重新修整，再次营业，新的球场项目也逐渐增多。尽管开始时的恢复速度很慢，但高尔夫又重新走向了跑道的起点，为以后的加速发展做好了准备。

#### （二）20世纪50~70年代的高速发展

1950年以后，高尔夫运动得到了空前的发展，随着世界各国经济的快速发展，高尔夫运动迅速向世界各地蔓延，在世界各地建成了大量的高尔夫球场。其中，尤以美国发展速度最快，1950—1970年的20年间，美国高尔夫球场猛增了6 000座，从50年代的5 000多座增长到70年代的12 000多座，平均每年增长300多座，其增长速度可谓惊人，基本上与黄金时期相当。迄今为止，美国球场数量已经达到20 000多座。

高尔夫运动的发展同时还体现在从事高尔夫运动人数的剧增和开展区域的扩大，高尔夫运动越来越普及，逐步从贵族运动走入普通人的生活，从“二战”后被人遗忘的角落走到令人瞩目的舞台。目前在美国打球人数已经增长到2 400万，在日本已达到1 000多万。

高尔夫运动的快速发展，在很大程度上促进了高尔夫设计团队与组织的发展，使得高尔夫设计也更加专业化，尤其对美国高尔夫设计团队的促进更加明显。美国高尔夫球场项目的急增，催生了一大批美国的高尔夫设计师，设计师的数量逐步超出英国乃至整个欧洲，成为了高尔夫设计领域的主导，高尔夫设计领域的格局从此发生了改变，由黄金时代的英国设计师一统天下的局面让位于美国设计师占主导地位的局面。在1946年，世界上第一个高尔夫设计专业组织——美国高尔夫设计师协会成立，Robert Bruce Harrit当选为首任主席，Donald

Ross为名誉主席（图1-46）。1971年，英国高尔夫设计师协会成立。

尽管这一时期高尔夫运动发展速度很快，但非常遗憾，它并没有为高尔夫设计艺术的发展带来多少益处，相反，高尔夫设计艺术受到了极大的损害。这可以在我们今天每年评选出的世界百佳球场以及全美百佳球场的名单中得以体现，在世界百佳球场中，很少有这一时期的作品。

在这一时期，大量的新的高尔夫项目为设计师们创造了大量的实践机会，为创作更好的艺术作品提供广阔的舞台，但不幸的是，这一时期的设计师们却没有抓住这个机遇，创造出让世人瞩目的艺术作品。他们被应接不暇的项目冲昏了头脑，他们更关注的是如何赚取更多的金钱，而不是设计艺术本身。那个年代大概是美国高尔夫设计师最忙碌的时代，由于高尔夫发展的速度过快，原来经验丰富的球场设计师已经不能满足需求，因此，从来没有设计过球场的职业球手和有打球经验的业余球手加入了球场设计的行列，这使得球场的设计水平和作品的质量令人失望。很多球场成为了纯粹的进行高尔夫运动的场地，没有任何艺术性可言。球场为了迎合打球距离的增长，一味以增加球场的长度来加大打球的难度，球场就失去了应有的战略性。

在美国，更是出现了将高尔夫球场标准化的论调，目的是将高尔夫球场像其他体育设施一样予以标准化，如统一的发球台、统一的果岭、同样宽度的球道等等，“二战”后出现的“高速路式”的球道形式就是这种现象的一个反映。“高速路式”球道的主要特点是：发球台是规则的长方形或正方形，直对着笔直的球道；果岭为统一的椭圆形，在两侧各设置一个椭圆形的沙坑；球道笔直，没有障碍，仅在球道两侧布置一些树木、灌丛、景观石和一些距离标示牌等。这样的球道没有任何战略性，球手在这样的球道打球不需要思考，只要大力挥杆就可以了。这种“高速路式”球道比较适于当时人们对球场的快速增长的需求，这样的球

图1-46　美国高尔夫设计师协会（ASGCA）创始成员

共13人，3人未出席，左四Donald Ross，左六Stanley Thompson，右二Robert Trent Jones Sr.。

道设计简单，没有战略性，建造也相对容易，管理也非常方便、节省资金，更重要的是它可以加快打球的速度，可以为俱乐部创造更高的效益。然而，这种失去了艺术性的球场，充其量只是一个进行高尔夫运动的场地，永远也不会成为杰出的高尔夫作品，这样的设计理念必然被人们所摈弃。实践证明，对高尔夫球场的标准化是对高尔夫运动乐趣的抹杀，它必然要走向灭亡。

当然，这一时期的高尔夫设计领域也不全是令人沮丧的消息。Robert Trent Jones Sr. ，这位从沉寂时期走来的设计师，为这个混乱的设计时期带来了一丝新意。这位勇于革新的设计师，没有被当时混乱的局面冲昏头脑，一直高举革新的大旗，不倦地追求着高尔夫设计艺术，不懈的努力最终获得了回报。他提出的极富创意的第三种球道设计理念——“冒险性”球道的设计理念对高尔夫设计是一个具有革命性的创新，为当时混沌的高尔夫设计领域注入了新鲜的活力。他的这一设计理念是对已有的2种球道设计理念（惩罚性球道和战略性球道）的补充，丰富了球道的设计形式。这可能是20世纪50~70年代高尔夫设计领域的最大收获，也是自黄金时代以后高尔夫设计理论的最大收获。

### （三）20世纪80年代后的回归

高尔夫运动在20世纪80年代以后，仍然发展得很快，它不仅在欧美持续发展，而且快速向世界其他地区扩展，尤以在亚洲和澳洲的发展速度最快，在澳大利亚、日本、韩国、泰国和中国等地，球场数量剧增，打球人口也成几何倍数增长，呈现出一派繁荣的景象。

高尔夫设计师虽然没有20世纪50~70年代那么繁忙，但也有很多新的项目等待他们去设计，美国和欧洲的设计师们不仅在本土设计球场，也将他们的设计带到了日本、泰国、韩国、中国等一些高尔夫的新兴地区。澳大利亚的设计师不久也将他们的设计才华带到这些高尔夫的新兴地区。美国的高尔夫设计师仍旧主导着高尔夫设计领域，是高尔夫设计的主要力量。最近10多年，日本、韩国、中国等高尔夫新兴地区，也开始涌现出一些本土设计师，为高尔夫设计领域增添了新鲜血液，使高尔夫设计大家庭更加丰富多彩。

在20世纪80年代以来，高尔夫设计在经历了20世纪50~70年代的混乱局面后，很多设计师开始反思高尔夫设计艺术，尤其在20世纪70年代后期，高尔夫发展相对缓慢的时候。这一时期高尔夫项目的减少，使得一些不称职的设计师退出了设计行列，在很大程度上净化了高尔夫设计市场；另外，高尔夫项目的减少也使设计师有更多的精力致力于钻研高尔夫设计艺术，提高设计水平，创作出富有艺术性的作品。整个高尔夫设计界充满了追求设计艺术的风尚，不再像20世纪50~70年代那样浮躁、空洞，设计师们开始不断地追求作品的风格、个性和艺术性，有很多设计师重新走向崇尚自然的道路，设计出与自然相生相融的球场，战略性的设计理念又重新受到重视，不断地出现在很多设计师们的作品中。

自20世纪80年代至今的20多年的时间里，尽管在高尔夫设计理论方面没有太大发展，但高尔夫设计师们在世界各地创作出了很多个性鲜明的、富有艺术价值的杰出作品，在高尔夫设计史上写下了辉煌的一页。

## 二、现代时期的高尔夫设计师

尽管现代时期的高尔夫运动取得了快速发展，现代科技对高尔夫运动产生明显的影响，但高尔夫设计理念的发展与黄金时期相比却显得变化不太明显。虽然前人提出的高尔夫设计基本理论没有多大变化，但现代时期高尔夫设计领域的格局却发生了明显的变化，高尔夫设计由以前的英国本土设计师领衔，让位于美国设计师主导潮流。

20世纪50年代以后，在美国涌现出了一大批优秀的高尔夫设计师，他们中最著名的当属Robert Trent Jones Sr.和Pete Dye。

Robert Trent Jones Sr.（图1−47） 可以称得上是20世纪50~60年代高尔夫设计领域的领军人物。作为一名非职业球手，在有了作为Stanley Thompson著名高尔夫设计师学徒的经历之后，他于20世纪40年代开始了自己的职业高尔夫设计生涯，凭借他的高尔夫设计天赋和对高尔夫的潜心研究与大量的实践，使他后来一跃取代了英国的设计师成为了世界知名的设计大师。

图1-47 Robert Trent Jones Sr.

他第一个提出的“冒险型”球道设计理念，丰富了球道设计形式。他的设计理念——“高尔夫运动应该是一个难度和目的性的考验”统治了20世纪四分之一时间的高尔夫设计领域。他的设计理念“每个球洞应该是难‘Par’（标准杆），易‘Bogey’（高于标准一杆）”，被后来很多设计师所接受传承。他的这一设计理念将他那个时期的高尔夫设计带到了一个新的高度。这一理念的中心思想是：为职业球手和低杆差的业余高手创造了应有的挑战，鼓励球手打出既有力量又有准确性的击球，并因此在后续的打球中受益。但也有人对他的这一理论提出了质疑，认为他的设计理念使战略性选择受到了限制，更有利于大力球手，而技巧性的球手则受到制约，将高尔夫运动过多地变成了一种纯粹的空中运动，而不是利用地形引导打球的运动。

图1-48 Robert Trent Jones Sr.设计的Spyglass Hill球场

不管怎样，Jones对高尔夫设计的贡献是有目共睹的，尽管他现已离我们而去，但在他身后，留给我们的是分布世界各地的450多座高尔夫作品，他设计的球场每年都有多个被选入世界百佳球场之列。另外，他还将他的高尔夫设计打造成了家族品牌，使他的事业得以传承。他的2个儿子Ree Jones和Robert Trent Jones Jr. 都是今天高尔夫设计领域著名的设计大师。Jones Sr.的著名作品主要有：Spyglass Hill球场（图1-48）、Peachtree球场、Congressional球场、Hazeltine球场和Dunes Golf and Beach球场等。

图1-49　Dye设计家族

前Pete Dye、Alice Dye，后P. B.、Perry。

Pete Dye（图1-49） 是继Robert Trent Jones Sr.之后，在20世纪60年代以后高尔夫设计领域出现的又一名极具影响力的设计大师。作为一名多次获过高尔夫业余赛冠军的业余球手，Pete Dye自20世纪50年代开始了高尔夫设计。在1963年以前，他在美国中西部地区设计了很多低成本的球场。在此后他去了苏格兰考察，研究那些古老的林克斯球场。在他完成考察回国后，他的设计风格有了明显的变化，铁路枕木护壁的沙坑、荒废沙地等不断地出现在他的作品中（图1－50），由此，Dye的设计有了自己的标示，形成了自己的设计流派。但与此同时，他的这些另类设计在当时也引来了很多非议和批评。

在最近几年，Dye的设计风格似乎又有了一些新的变化，在他的新的作品中很少再见到枕木护壁，而多了很多自然的鸟巢式的沙坑和更加多变的起伏造型（图1－51）。

Dye的设计成就令高尔夫设计界所景仰，他在世界各地设计了大量非常著名的球场，现

图1-50　Pete Dye设计的天津滨海湖球场的枕木沙坑

图1-51　Pete Dye于1998年设计的Whistling Straits球场

大量的鸟巢式沙坑簇拥在球道两侧，明显减少了枕木的痕迹。

在每年他都有新的作品问世，他设计的球场每年都有几个甚至十几个入选世界百佳球场之列。在美国和世界百佳球场行列中，他的作品数量在现代高尔夫球场设计师中都名列前茅，其中最著名的作品主要有：Harbor Town 球场、Sawgrasss的TPC 球场、 The Honors球场、Long Cove球场、 Blackwolf Run球场、Whistling Straits球场、Oak Tree球场、Kiawah Island球场等。2006年，Pete Dye设计了他在中国的第一个球场——深圳观澜湖的北戴球场（图1-52），使我们有幸目睹他的设计才华在中国得以展现，也使我们再一次看到他的枕木风格又出现到他的作品之中。

Dye在高尔夫设计领域的成就也引导他的家族成为了高尔夫设计世家，他的妻子Alice Dye是Dye在事业上的合作伙伴，也是最早的著名女性高尔夫设计师之一，她提出的女子双发球台体系的设计理念是使高尔夫运动更适于女性的一项革新，现已被很多设计师所采纳。Dye的儿子P. B. Dye、Perry O. Dye都是活跃在现代高尔夫设计舞台的知名设计师，也设计有很多著名的作品。另外，曾经为Pete Dye工作或与Dye合作的很多球场设计师，在今天的高尔夫设计领域也开始崭露头角，成为了著名的设计师，如Jack Nicklaus、Bill Coore、Tom Doak、Tim Liddy等。

除了这两位著名的高尔夫设计大师之外，在20世纪60年代以后，在美国还涌现出了诸

图1-52 Pete Dye在中国的处女作——观澜湖北戴球场

Dye的枕木风格又回到了他的作品中，只不过这一次不只是出现在沙坑中，还出现在发球台和球道边，第18洞球道右侧的16节枕木火车箱，使Dye的设计风格以气势磅礴之势得以再次展现。

多成就斐然的高尔夫设计师，如Jack Nicklaus、Tom Fazio、Arnold Palmer、Bill Coore、Ben Crenshaw、 Tom Weiskopf、Jay Morrish、Tom Doak、Ree Jones、Michael Hurdzan、Geoffrey Cornish等。

Jack Nicklaus（图1–53） 这位20世纪60~80年代高坛的风云人物，是迄今为止获得过高尔夫大满贯单项比赛冠军头衔最多的高尔夫球手。在其职业生涯中，共计获得大满贯赛事冠军18次，其中包括4次美国公开赛冠军，3次英国公开赛冠军，5次美国PGA锦标赛冠军，6 次穿上大师赛绿夹克。另外，还获得过10次其他重大国际比赛的冠军。

图1-53 Jack Nicklaus

除了他卓越的高尔夫运动成就之外，他在高尔夫设计方面的成就也是可圈可点，堪与运动成就相媲美。Nicklaus的高尔夫设计生涯始于20世纪70年代，在还是一位职业球手时，就曾与Pete Dye合作设计了Harbor Town球场，从那之后不久，他亲自执笔设计了他的处女作——美国俄亥俄州的Muirfeild Village球场。从此，他的球场设计事业便平步青云，一路攀升。

迄今为止，Nicklaus已在世界各地设计了200多座高尔夫球场，其中的30多座球场在美国国内和国际上多年被评选为百佳球场。其中，最著名的球场主要有：Muirfeild Village球场、Shoal Creek球场、Castle Pine球场、Mayacama球场、Lake Las Vegas球场、Valhalla球场等。

Nicklaus的作品以宽广宏大的气魄著称，宽大的球道、巨大的沙坑是他的设计标志（图1－54）。由于Nicklaus在高尔夫设计领域表现突出、成就卓越，他于1999年被美国《高尔夫文摘》评选为最富有活力的高尔夫设计师。

图1-54　Jack Nicklaus设计的May River球场

图1-55　Tom Fazio

**Tom Fazio**（图1－55）　现代高尔夫设计的一位极具代表性的人物，他的作品以美轮美奂的景观效果和富有可打性与挑战性而著称。

Tom Fazio是在他的叔叔George Fazio引导下步入高尔夫设计领域的。George Fazio作为一名职业球手，在退役后与Tom一起合作设计球场。在George退休后，Tom开始了自己的独立设计，但Tom Fazio在高尔夫设计领域的成就要较他的叔叔辉煌得多。

自从20世纪70年代开始高尔夫设计工作以来，经过20多年的奋斗，Tom Fazio在现今的高尔夫设计界已经是声名显赫，曾3次被美国《高尔夫文摘》评为最佳现代高尔夫设计师。在1995年，Tom Fazio成为历史上第二位被美国高尔夫设计师协会授予的高尔夫设计最高荣誉——老汤姆·毛瑞思奖的获得者。

迄今为止，Tom Fazio已设计球场100多座，他设计的球场每年都有多个被评为世界百佳球场，并且在百佳球场中占据的数量呈逐年上升趋势。Tom Fazio的著名作品主要有：World Woods球场（图1–56）、Wade Hampton球场、Black Diamond Ranch球场、Palbo Creek Club球场、Estancia Club球场、Shadow Creek 球场等。

图1-56　Tom Fazio设计的World Woods球场

**Bill Coore, Ben Crenshaw, Tom Doak**　古典风格球场设计的3个最具代表性的人物。在现代的高尔夫设计时期，他们可谓是独树一帜，以现代风格球场的设计眼光来看他们作品似乎属于另类。他们的设计理念是以最少的土方移动和最少的人为景观植入来建造与周边环境完全相融合的球场。

图1-57　Bill Coore和Ben Crenshaw

Bill Coore与Ben Crenshaw是一对球场设计搭档（图1–57），Bill Coore自20世纪70年代供职于Pete Dye的高尔夫设计公司，开始了他的高尔夫球场设计生涯。Ben Crenshaw是一位曾11次获得高尔夫大赛冠军的职业球手，其中包括2次美国大师赛冠军。他们都对古典的球场情有独钟，通过多年对古典球场的研究，逐步形成了他们的古典自然的球场设计风格（图1-58）。两人于20世纪80年代合作设计球场，迄今已完成几十个作品。

图1-58　Bill Coore和Ben Crenshaw设计的Hidden Creek球场

Tom Doak（图1-59）曾于20世纪80年代与Pete Dye合作设计球场，但在离开Dye后，他并没有将Dye的设计风格延续到自己的作品中，而是通过自己对古典苏格兰球场的潜心钻研，形成了自己现在的设计风格。

图1-59　Tom Doak

追求古典风格的设计师们尽管势力单薄，但在现代派设计作为主流的设计领域中，他们用自身的成就证明了自己的存在，在现代高尔夫设计舞台占据着一席之地，并且越来越受到人们的关注。他们的很多作品也曾多次入选美国和世界百佳球场，如Ben Crenshaw和Bill Coore设计的Sand Hills 球场、Cuscowilla球场、Kapalua球场、Hidden Creek球场、Chechessee球场等；Tom Doak

设计的Pacific Dunes球场、Last Dunes球场、Barnbougle Dunes球场（图1-60）和Stonewall球场等。

图1-60　Tom Doak设计的澳大利亚Barnbougle Dunes球场

## 三、现代时期的高尔夫设计流派

在现代的高尔夫设计领域存在着两个流派：一是古典派，也可以称为传统派或自然派；二是现代派，也可称为革新派。

古典派秉承了原始自然的理念，他们认为高尔夫球场只能建造在适于建造球场的场址上，不希望通过大兴土木来打造一个球场，设计以利用场址自然地形原貌为主，尽量减少土方移动。他们偏爱简单、朴实而不失优雅的风格，一切都依赖于自然天成。

古典派的代表人物主要有Tom Doak、Bill Coore、Ben Crenshaw、Ken Tomlinson等。其中有代表性的作品主要有：Tom Doak的High Pointe球场、Pacific Dunes球场、Last Dunes球场和Black Forest球场等，Tomlinson的Musgrove Mill球场，Bill Coore和Bill Crenshaw的Sand Hills球场（图1-61）、Cuscowilla球场、Kapalua球场、Hidden Creek球场、Chechessee球场等。

现代派则与古典派的观点大相径庭，他们认为在任何场址都可以打造出球场，对于球场的场址并无苛刻的要求，甚至不惜建造成本打造他们喜爱的作品。尽管在设计中也充分利用原有的地形地貌，但也喜爱通过大量的土方移动对不适宜的地形进行大量改造，以适于其设计理念的要求。革新派设计师的理念是以自然和人工的结合来建造球场，赋予球场更多的人工因素。如Arnold Palmer设计的Aviara球场，处处都是人工精心雕琢的美景，令人叹为观止。它与古典派的球场形成了鲜明的对比（图1-62）。

现在的高尔夫设计师的绝大部分属于现代流派，其中比较著名的有Robert Trent Jones Sr.、Pete Dye、Tom Fazio、Jack Nicklaus和Arnold Palmer等。

现代派是当今高尔夫设计的主流派，这主要因为在高尔夫运动快速发展的今天，需要建

图1-61　Coore与Crenshaw设计的Sand Hills球场

球场的整体风貌古朴自然，近乎天成。

图1-62　Arnold Palmer设计的Aviara球场

处处都是人工精心雕琢的美景，令人叹为观止。它与古典派的球场（图1-61）形成了鲜明的对比。

造更多的球场来满足打球的需求，不得不在那些不具有适宜地形的场地上建造球场，因此，对场地进行大量的改造来建造新球场也是在所难免的。

尽管现代派设计师是主流，但一些著名的现代派的设计师也开始逐渐注重自然派的一些设计理念，也试图通过尽量减少对原地形地貌的改造来完成球场的建设。目前，也有更多的高尔夫设计师加入到古典派的行列中。

不管是现代派还是古典派，他们都是现代高尔夫设计大家庭的重要的成员，不同设计流派的同时存在和共同发展对促进现代高尔夫设计健康地发展具有十分重要的意义。

## 四、现代高尔夫设计特点

尽管现代高尔夫设计理论与早期的高尔夫设计理论没有很大变化，但由于现代科技对高尔夫的作用，使得现代高尔夫设计和球场的表现形式却与黄金时代的古典球场有了明显的变化，这主要体现在以下几个方面。

### （一）球道长度增加

由于球具的发展，现代球场的球道长度较古典的球场加长了很多，黄金时期古典球场的球道长度一般都在6 300~6 500码，而目前普通的球场的球道长度都达到了7 200码，有的球场为适应未来的发展，球道长度达到了7 800码，甚至8 000码。

### （二）果岭和发球台面积增大

现代球场的果岭和发球台面积的增大主要是为适应打球人数的大幅度增长，打球人数的增长速度超出了所需球场的增长速度，现代的球场不得不加大果岭和发球台的面积来接纳更多的打球人数。

### （三）人为因素作用增强

早期的球场，尤其是古典的林克斯风格的球场，无论从球场的造形到植被的种类、质地、色泽和球场障碍的形式，都与其所处的周边环境完全吻合，几乎看不到多少人工的痕迹，如圣·安德鲁斯的老球场、Royal Troon球场、Royal County Down球场等，它们就像是天然地土生土长在那里，球场本身看不出与周边的环境有多少差别，球道中是与球场外一样流畅起伏的草丘，球道边是与球场周边相同的金雀花灌木和野草，就连沙坑也像是海风长期吹袭后形成的凹陷于地面之下的自然的沙窝。

古典球场的这些特点的形成有其历史的原因。一方面是因为早期的高尔夫运动就是在苏格兰具有自然流畅起伏和良好植被的原始的草地上进行的；另一方面是因为早期的器械和科技发展的制约，使得人们很难在球场中介入更多的人为因素来改变场址原有的面貌，包括场地的造形、草坪的状况和园林景观植物等。

现代的球场与古典球场在表观上却有了很大改变，人为因素的作用在大多数现代球场中有着鲜明的体现。现代科技的发展使得现在的施工机械移动土方变得非常容易，改变球场原有的地形是轻而易举的事情；现代草坪业的发展可以使草坪的质地、色泽、高度等方面与野生的草地完全不同；现代园林艺术创造出了更多的造景手法和造景元素，所有这些都使现代的球场设计师不再过多受地形和环境的制约，可以通过加入更多的人为因素来建造球场。这也使得大部分现代球场产生了与古典球场在表观上的巨大差别。

大多数现代的球场在球场造形、植被、园林景观、障碍等方面都与其周边的环境具有鲜明的反差和强烈的对比，只要设计师愿意，可以在平坦的场址上建造剧烈的起伏造型，可以从坡度很大的山地推出平缓的球道，球场内的草坪与周边的野草具有明显的反差，球场中的园林植被也可能都是异地新品，人工精心修饰的湖面、曲线流畅而富有动感的沙坑障碍与周边环境形成了强烈的对比。

现代的球场设计师们通过这些现代科技的手段，可以创作出与周边环境形成鲜明反差的美丽绝伦的作品，如位于美国佐治亚州的Augusta National球场和位于Las Vegas的Shadow Creek球场是其中的典型范例。

Augusta National球场经过多年的人工修饰，已经成为了一座美轮美奂的球场。在球场建成之后，有350多个品种的8万多棵树木被不断地栽植到球场中。球场中精心配置的树木、鲜花及质地细腻、色泽亮丽的草坪，使得球场简直就成为一个色彩斑斓、美不胜收的风景胜地，已全然不是其原始的模样。

Tom Fazio于1990年设计的位于美国拉斯维加斯的 Shadow Creek球场，在平坦的沙漠中通过堆山造景、修建湖面、瀑布、植入外来的景观植物，斥资4 000万美元，最终将一个144公顷的平坦沙漠建成了一座美丽如画的高尔夫球场。球场中潺潺流动的小溪，精致而富有动感的湖面，飞流而下的瀑布，婀娜多姿的树木，色彩纷呈的花草，组成了一幅幅优美动人的画卷，简直就是一座世外桃源、人间仙境，根本找不到球场原始风貌的影子（图1-63）。

我们现在来看早期的古典球场和现代的球场，其区别在某种程度上就像是看黑白电影与彩色电影的区别。黑白电影色彩单调，视觉效果单一，但这并不影响它那情节丰富、曲折动人的故事内容，对观众同样具有很大的吸引力。例如古典的苏格兰的Royal Dornoch球场，没有任何人工景观痕迹，却与自然浑然一体（图1-64）；而彩色电影不论其内容如何，首先从它那缤纷的色彩上就可以吸引观众，如果再有动人的故事情节，那将是一个优秀的作品。当然，如果只有色彩而内容乏味，它同样是一个拙劣的作品。

尽管现代的高尔夫球场与古典的球场在表观上大相径庭，在风格上各有千秋，但它们都是高尔夫大家庭不可或缺的组成部分，也正是因为这些风格不同球场的存在，才使得高尔夫变得多姿多彩，才使得高尔夫运动充满魅力，更加富有生命力。现今的球场设计师们无论是主流的现代派，还是追溯传统的古典派，都在不懈努力，为世界创造精彩的高尔夫艺术作品。

## 五、现代科技对高尔夫设计的影响

现代时期的高尔夫设计在很大程度上受到了现代科技的影响，现代的高尔夫已经被深深

图1-63　Tom Fazio设计的拉斯维加斯Shadow Creek球场

球场尽显人工造景之能，简直就是人间仙境。

图1-64　Royal Dornoch球场

古典的苏格兰球场几乎没有任何人工景观痕迹，与自然浑然一体。

地打上了现代科技的烙印。自1950年之后的现代时期的高尔夫设计受现代科技的影响尤为明显，其影响主要表现以下几个方面。

## （一）现代施工机械与养护机械对高尔夫设计的影响

大量施工机械的发明和在球场施工中的应用，使得球场施工的土方搬运变得更加容易。在20世纪50年代以前，高尔夫球场的土方施工主要依靠马匹托运工具和人工完成，球场施工的土方量一般都很小，因此，球场一般选址比较适于建造球场的具有适宜起伏地形的海滨地带和平缓的丘陵地带。设计师们一般也主要依靠原有的地形进行球场设计，不进行大量的地形变动（图1–65）。

图1-65　马匹和人工搬运是早期球场土方施工的主要手段

现代球场的建造则大有不同，由于现代的土方工程机械可以在很短的时间内(几个月)搬运几十万甚至几百万土方量，使得球场也不再拘泥于具有适宜地形的地块，场址的选择范围更加宽广。不管是在一马平川的平原，还是在坡度较大的山地或是沼泽地、废弃垃圾山都成了设计师表演的舞台。在现代施工机械的帮助下，现代的设计师可以使一个平原场址变成具有落差在几米甚至十几米的起伏很大的球场，可以将坡度很大的山地场址变成平坦的球道，可以使废弃的加工厂和垃圾山变成美丽如画的球场。

现代施工机械的介入，使得设计师在改造球场造形的手段更加增强，这要求设计师在改造地形方面的能力也更强了，设计师不仅需要具有在适于建造球场的场址设计球场的能力，同时也需要将具有不适于建设球场的场地转化成球场的潜质，这对他们在设计球场方面的能力，尤其是地形改造方面的能力提出了更高的要求。

现代的球场养护机械对高尔夫球场的设计也具有明显的影响，为了适应现在大型球场养护机械的要求，球场中的沙坑普遍被加大，早期球场中的面积很小的锅底沙坑已经很少再出现在现代的球场中（图1–66、图1–67）。果岭沙坑也不再紧靠近果岭，而是离开果岭一定的距离，以利于剪草机的操作。球场中的造形起伏没有以前那样突兀和细碎，变得更加顺滑流畅，以利于剪草机械的修剪。像 James Braid设计的Boat of Garnet球场中如此细碎的球道造形在现代球场中很少能再见到（图1–68）。由于现代草坪机械的更加良好的性能，球场草坪的质地较以前更加细腻，高度更低，果岭的球速更快，这也为球场的设计创造了更新的条件，需要现代的高尔夫设计师在进行球场设计时予以认真对待。

图1-66　早期球场中面积很小的沙坑

图1-67　现代球场大面积的沙坑

图1-68　James Braid设计的Boat of Garnet球场造形

## （二）现代园林艺术发展对球场设计的影响

随着现代园林艺术的发展，园林景观更多地应用于球场中。在20世纪30年代以前的球场，主要应用场址原有的植被作为球场景观的主体，尤其是早期的球场更是如此，在球场中没有多少人为景观的痕迹。但在现代园林艺术应用到球场之中后，情况就大不相同了。在现代的球场中，设计师们应用更多的园林手法，将更多的园林因素植入到球场中，使现代的球场更像是一幅人工绘制的美丽画卷。人工精心修砌的大面积的湖面、精雕细刻的起伏流畅的沙坑、巧妙配置的色泽丰富的树丛和鲜花、精心修剪的质地与颜色不同的草坪等构成了球场中美不胜收的景观环境，同时，也使球道本身与其外部环境形成了视觉上的强烈反差。大部分现代球场不仅强调球手在打球过程中对高尔夫运动本身的体验，而且还使球手在打球过程中享受更多的景观刺激，让球手在接受高尔夫运动本身挑战的同时，得到更多的视觉愉悦，从而充分体现高尔夫运动的娱乐性和刺激性。

与早期的高尔夫球场相比较，现代高尔夫设计理念更多地体现了高尔夫运动和园林艺术的结合，这一方面是高尔夫设计理念自身发展的一个结果；另一方面也得益于现代科技的发展。从某种程度上来说，现代的高尔夫设计已经深深打上了现代科技的烙印。草坪新品种的研究和开发，为球场提供了更耐低剪和质地更细致的草坪品种，给球场创造了质地更加细致、视觉效果更好的草坪；现代球场喷灌设备和草坪养护设备，为养护更美观引人的球场创造了良好的条件。这些现代科技的发展为设计师创作景观更佳的球场提供了更好的条件。

### （三）现代球具发展对球场设计的影响

现代科技的发展对高尔夫设计的影响也不全是正面的，现代科技发展对高尔夫球具的影响对高尔夫设计已经产生了极大的挑战。现代科技的发展使得球具材料的革新和制作工艺的更加先进，使得高尔夫球的飞行距离更远、飞行状态更加稳定，使得高尔夫球杆也具有更好的击球性能，击球距离更远（图1－69）。球具的发展的直接结果就是使得球道的长度不断增加，从而对球场的设计产生了极大的影响。

1848年，马来树胶球问世时，开球距离大约为140码；

1902年，橡胶球发明时，开球距离大约为190码；

1945年，最远平均开球距离大约为230码；

20世纪80年代，最远平均开球距离增长到270码；

2002年，美国公开赛最远开球前10名球手的平均开球距离为282码；

2006年，美国公开赛最远开球前10名球手的平均开球距离为308码。

通过这一组职业球手平均开球距离的数据，我们可以看到球具对打球距离的影响越来越强烈。尽管以前的开球距离也呈不断上升的趋势，但目前的开球距离的增长速度比以前任何一个时期都更快了，从2002年到目前的短短几年的时间里，开球距离竟增长了26码，并且还

图1-69　高尔夫球的发展过程以及相应的开球距离

有不断快速增加的趋势。名人赛的举办地Augusta球场，在近些年一再地加长球道的距离以适于职业比赛的要求，就是一个很好的佐证。

在高尔夫设计黄金时代，380码的4杆洞已经是非常长的球道，400码以上的4杆洞更是非常少见，普通的5杆洞多在500码左右；而现今，430码以上的4杆洞已经非常常见，600多码的5杆洞也不在少数。举办过美国PGA锦标赛的Southern Hills球场的第12洞和第18洞2个4杆洞，长度分别被加长到了458码和455码，而作为4杆洞的第16洞则更是被加长到了507码，与早期球场的5杆洞长度相当。举办过英国公开赛的Carnoustie球场，在所有13个4杆洞中，超过460码的就有7个洞，并且第12洞被加长到了499码，第18洞则是由原来的5杆洞改为现在的499码的4杆洞（图1－70）。如此的球道长度和增长的速度在以前都是难以想象的，这些老球场一再地被改造增加球道的长度，都是为了适应现代球具下进行职业比赛的要求，这也是无奈之举。

打球距离的快速增长带来的最直接的后果是球场占地面积的加大，从而导致球场建造和管理费用的增高，进而使得打球费用不断提高。开球距离的增加，使得球道不得不一再被加长，在20世纪50年代以前，一个标准18洞球场，球道的总长度达到6 800码已经是非常长的球场了，而到了20世纪80年代，球道总长度增加到了7 000码，目前球道长度达到7 200码已变得很普通了。另外，开球更远意味着球偏离目标的偏差更大，导致了以前被认为是比较安全的球道边界，目前却变成了一个大问题，球道不得不被加宽来实现打球的安全性，这些因素都使得球场的占地面积不断地增加。据统计，在最近10多年中，一个标准18洞球场的占地面积已经增长了10%，而由此引起的球场养护费用相应地增长了17%。

图1-70　改造后的Carnoustie球场的第18洞

该洞现被改造为499码的4杆洞，据称是所有球场最难的球洞。

打球距离的快速增加对球场障碍的设计也产生了很大的影响。尽管设计师们在最初进行球场沙坑设计时，尤其是设计球道沙坑时，对其战略性予以了充分考虑，以便增加对高水平球手的挑战性，同时，尽量减少对弱力球手的惩罚性，然而，现代球具的发展使得这一切在不长的时间内就发生巨大变化。20年前，甚至10年前用于挑战高水平球的障碍，如今看上去却形同虚设，反而变成了惩罚弱力球手的障碍。开球距离的快速增加，使得那些老球场不得不不断重新调整球道长度和球道障碍，以跟上现代球具发展的步伐。

现代科技导致的打球距离的增加，成为人们越来越关注的问题，也是球场设计师们感到十分棘手的问题，它对现代高尔夫设计是一个挑战，对老球场更是灾难性的打击。据统计，在英国的所有球场中，有58%的球场的球道长度低于6 300码；介于6 300~7 000码的球场占38%；仅有3%的球场的球道长度在7 000码以上，这些老球场在现代科技面前显得那么无助。

事实上，目前打球距离的增加，更多的是依靠现代科技的发展，而不是球手技术的明显提高。高尔夫运动本身的意义并不是看谁能打得更远，而应该是鼓励球手去思考和选择，考验球手的各种打球的技能。从这一点来说，凭借高科技增加打球距离对于高尔夫运动来说，并不没有多少实质意义。

现在应该到了我们对此进行认真思考的时候，高尔夫业界应该对此予以足够的重视，尽早限制这种趋势的进一步发展。

纵观高尔夫设计的发展历程，从高尔夫球场设计开始萌芽到今天也只是100多年的时间。在这100多年的时间里，高尔夫设计理念形成主要是在高尔夫设计黄金时期的30多年时间中，现代的高尔夫设计理念基本都是源于黄金时期形成的基本理念，总体没有多少改变。有关高草区是否为障碍的问题仍然悬而未决，关于短洞应该有多短、长洞到底应该多长适宜、树木障碍是否公平、盲点沙坑障碍是否合理等设计悬念仍然没有定论。也许正是这些悬念的存在使得高尔夫设计充满了变化性，使得高尔夫球场异彩纷呈、各有千秋，成就了高尔夫设计这门独特的艺术。

# 第二章　高尔夫球场规划与设计理论

## 第一节　高尔夫设计的艺术性

一个优秀的高尔夫作品应该同时具有双重属性：运动功能和艺术价值。运动功能是高尔夫球场的最基本属性，而艺术价值是依附在基本属性下的附加属性，二者在任何一个优秀的高尔夫作品中都是不可或缺的，同时二者也是相互作用，相得益彰的。

失去高尔夫运动规律的球场，没有了高尔夫的最基本的属性，算不上是高尔夫球场，即使有一身漂亮的外表，也只是一个没有灵魂的躯壳，失去了作为高尔夫球场的意义。同样，一个没有艺术价值属性的球场，也只是一个单纯的进行高尔夫运动的场地，不能成为一个艺术作品，算不上是一个好的高尔夫球场。

尽管艺术价值属性是一个球场的附加属性，但它却是隐藏于球场基本属性背后的关乎球场品质的一个极其重要的属性。它不仅影响到球场能否成为一个艺术作品，而且还可以作用于球场的基本属性——球场的运动功能。

任何一个好的高尔夫球场都是球场的运动功能属性和球场的园林艺术属性相互作用、相互融合的结果。球场本身就是一幅富有艺术价值的园林艺术作品，而高尔夫是在这幅艺术作品上进行的一种运动，因此，作品本身的艺术性对运动人员的运动感觉、运动乐趣和运动成绩都会产生显著的影响。一个富有园林艺术性的球场和一个缺少艺术价值的球场给球手带来的运动感觉是完全不同的，具有较高艺术价值的球场可以给运动于其中的球手带来美的享受，带来视觉的刺激，从而激发他们的运动激情和旺盛的斗志，打出更好的成绩；相反，一个缺少艺术性的球场只会使球手感到索然无味，使高尔夫运动变成一个乏味的体力运动。一个优秀的高尔夫球场对于球手应该具有趣味性、刺激性和挑战性等特性，只有将球场的运动属性和艺术属性完美地结合于一体，才能使一个高尔夫作品具有这些优良的品质。

因此，艺术价值属性是高尔夫球场中极其重要的一个属性。任何一个优秀的高尔夫球场应该是一幅艺术作品；高尔夫设计应该是一门艺术，是一门将高尔夫运动功能与园林艺术完美地融合于一体的、独特的、边缘性的艺术形式；高尔夫球场的设计师应该还是一位富有深刻园林艺术眼光的艺术家。

## 一、高尔夫设计艺术与高尔夫运动

高尔夫设计独特的艺术性是由高尔夫运动本身的特殊性所决定的，高尔夫运动的特殊性造就了高尔夫设计的特殊性。

从表观上来说，高尔夫是一项亲近大自然的户外运动，对于崇尚自然的现代都市人具有很强的吸引力；同时，高尔夫还是一项不分性别和年龄的休闲运动，适于更广泛的人群参与。但从更深层次来说，高尔夫运动是对人性本身的一个挑战，被人称之为“绿色鸦片”，很多人一旦从事了这项运动，就会爱不释手，不愿再从中走出来。高尔夫运动这种更深层次的运动特点是高尔夫运动不同于其他运动而特有的特点，其具体主要表现在以下几个方面。

### 1.高尔夫运动对球手自身的挑战性

高尔夫运动是一项没有裁判、没有竞争对手的运动，球手进行这项运动是在向大自然挑战，向自我挑战。在没有竞争对手的情况下，球手在打球过程中只能向自身的能力和水平发出挑战，挑战自己去征服未曾征服的目标，激励自己打出更好的成绩。这种挑战是球手对自我意志品质乃至性格的磨炼，是对人性薄弱处的挑战。说高尔夫运动是“绿色鸦片”，是因为高尔夫运动对于球手在某种程度上就像毒品对吸毒者一样具有吸引力。吸毒人常说：毒瘾易解，心瘾难戒，说的就是人难以战胜自我，难以克服人性的弱点，而高尔夫运动对于球手就是一种人性的挑战，是一个心瘾。因此，高尔夫运动是对球手自我的永无止境的挑战，是对球手超越自我、迈向更高水平的永恒的激励。

### 2.高尔夫运动场地的变化性

作为高尔夫运动场地的高尔夫球场，与其他的体育运动场地最大的不同就是没有一个严格的标准。世界上不存在两个相同的球场，不仅各高尔夫球场间完全不同，就是在同一个球场，各球道间也有很大的差异。一个球场的18个球道，在球道长度、难度、战略性等各方面都有很大差别，甚至不同时间的气候条件也会有很大变化，所有这些不同条件的变化性，使得球手从选杆、站位到选择击球战略、调整击球节奏都一直处于变化之中。变化对于人的生活是一种调味剂，可以让人生更加丰富多彩；而变化也是高尔夫永恒的主题，可以丰富高尔夫运动的变化性，使球手体验不同的打球技能，激发打球的兴致，丰富打球的趣味性。因此，高尔夫运动通过所独具的变化性，不断地吸引着球手来尝试和体验其运动魅力。

### 3.高尔夫运动场地的景观艺术性

将休闲体育运动与园林艺术有机地结合为一个整体，是高尔夫运动的一大特色，也是其他体育运动所不具备的。一座高品质的球场就是一幅由18个球道组成的艺术作品，蔚蓝的天空、多姿多彩的树林与花卉、碧绿的水面、绿茵茵的草坪，加上形态优美的沙坑、起伏流畅的球场造型，再附以其他园林景物的装饰，整个球场构成了一幅幅美轮美奂的立体画卷。球手的打球过程，实际上也是欣赏艺术作品的过程，球手不仅可以从运动本身找到快乐，还会为球场的景观艺术所震撼。优美的景观环境和球场的艺术价值会使球手精神振奋，斗志昂扬，迎接来自运动的挑战。因此，高尔夫球场的独特的景观艺术性，也是吸引球手不断参与这项运动的一个重要因素。

功能决定了形式，高尔夫运动所具有的上述与其他体育运动不同的特点，造就了其运动场地——高尔夫球场的独特性，也造就了高尔夫球场设计的特殊性。高尔夫运动是球手挑战自然和战胜自我的过程；高尔夫球场是设计师将人类智慧和大自然相互结合创作出的用于挑战球手的天作人合的艺术作品。

## 二、高尔夫设计艺术的特点

高尔夫设计作为一门艺术，与其他艺术形式有很多共性。一个好的高尔夫球场就像是高尔夫设计师创作的一部乐章，是设计师谱出的一曲美妙的音乐，从第1洞到第18洞，伴随着欢快的节奏娓娓道来：时而感觉似行云流水般舒缓；时而感觉似波澜壮阔一样震撼；时而又感觉如丝丝细雨般一样缠绵。一座杰出的高尔夫作品又像是一幅画作，是设计师用他们的智慧在大自然中勾勒出的一副画卷，即使历经百年的洗礼，仍能依旧保持青春魅力和永恒的价值。

尽管高尔夫设计作为一门艺术与其他艺术形式有很多相似之处，但它作为一个独特和边缘的艺术，又与其他艺术有着显著的差别，其特殊性主要表现在以下两个方面。

### （一）创作介质的特殊性

音乐家使用乐器和音符表达他们的意境，画家用画笔和色彩来创造作品，而高尔夫设计师的创造介质是土地、树木、花草和水景等大自然所给予的景物。与其他艺术创作相比，高尔夫设计师所应用的创作介质具有不易被左右和介质相对匮乏的不利之处，高尔夫设计师的材料库中的材料相对较少而单一，但这些材料却都具有独特的个性，蕴涵着丰富的感情色彩，只要予以巧妙的利用，同样可以创作出杰出的作品。

### （二）创作手法的特殊性

由于创作介质特性的显著差异，使得高尔夫艺术创作手法与其他艺术创作有着明显的区别。从某种意义上来说，高尔夫设计并不像是一种表现艺术，而更像是一种解释艺术。绘画艺术家的创作介质是染料，画家就是介质的主人，但高尔夫设计师的创作媒介是大地，自然才是它的主人。画家创作所用的介质可以由他们自由地控制，如其所愿地加应用，进行创作；而高尔夫设计师的创作介质是土地，这种介质是由自然本身控制的，而不是设计师可以左右的，高尔夫设计师在创作时尽管也可以有自由的想象空间，但必须在自然法则的约束下去解释这种艺术形式，不能随心所欲地表达他们想要表现的东西。因此，高尔夫设计师作为艺术家，在进行创作时，首先必须充分尊重创作所依存的介质，需要对创作的场地进行深入全面透彻的了解后，才能将自己的意愿反映到作品中。高尔夫设计师所要做的就是寻找一种最适宜的修饰方式，对其创作所依存的介质加以修饰和改造，形成最终的作品。因此，高尔夫设计师的创作灵感只能来源于对球场场址每一寸土地深入细致的研究和对场地的任何一处特色景物仔细的剖析，设计师的作品能否获得成功取决于对大自然的理解能力和对自然要素具有想象力的应用能力。

因此，对于高尔夫设计来说，“自然是设计之母”是一条永恒的法则。任何高尔夫设计理论和设计手法的应用都必须以这一法则作为理论基石，失去了这个根本，高尔夫设计就成了无水之源、无木之本，最终的作品也将是空中楼阁、无魂的劣作。

## 三、影响高尔夫设计艺术的主导因素

高尔夫艺术作品最终是通过自然和人为因素两个方面相互作用表现出来的，是自然与人工的对立统一体。自然是主导因素，人为因素处于次要地位。高尔夫设计师在进行作品创作时，是以大自然所赋予的介质为主导，是对自然进行的诠释和阐述，并在此基础上对介质进行人工的修饰和改造。

### （一）自然因素

自然作为主导因素，它决定了一个高尔夫作品最终的表现形式，即高尔夫球场的风格。任何一个球场的风格都是大自然本身所赋予的，自然本身所赋予的介质的差别造就了形式多样、风格不同的高尔夫球场，如林克斯球场、森林球场、沙漠球场、水乡球场、山地球场等。

其中，最典型的当属古典的林克斯型球场，它作为高尔夫运动的发祥地，完全是一个自然所赋予的产物。早期人类之所以在这种海滨场地上开展高尔夫运动，就是因为它具有进行这项运动最适宜的天然条件：海风长期吹袭形成的绵延起伏的草丘、牛羊啃食后的细软的草皮、羊群长期卧踏形成的天然沙坑障碍、和风细雨的气候条件等。因此，最早的球场不是由人类设计而来的，而是大自然造就的，人类只是发现了它的存在，并在其上指定进行运动所需的特征区域，然后开展运动。现存最古老的高尔夫球场——苏格兰圣·安德鲁斯老球场是这类球场的典型代表。球场自古就存在在那里，没有经过设计师的设计，只是人们后来对它进行了小的修饰，但它虽历经几百年的风雨沧桑，依然保持着无尽的魅力和永恒的价值。

人类后来将高尔夫运动从苏格兰的海滨拓展到内陆，在石楠地、山地、森林等地修建球场，又形成了石楠地风格、森林风格、山地风格等多种形式的球场。

### （二）人为因素

自然因素主导了球场的主体风格，但也需要人为因素的介入才能产生更富有艺术性和功能性的高尔夫作品。自然赋予了每个球场场址特有的属性，每个场地都有其自身的自然韵律，作为给场地加入人为因素的高尔夫设计师，在加入人为因素之前，应对场址的自然属性予以准确的解读，只有准确地把握住场地的固有的自然赋予的属性，才能给场地合理地植入人为的因素，进而创作天人合一的富有艺术性和审美价值的高尔夫艺术作品。

高尔夫设计师通过对场地进行全面、透彻的研究，在准确把握场地自然属性的基础上，首先将高尔夫运动要素有机地融入到场地中，使作品拥有高尔夫运动深刻的内涵，充分体现高尔夫运动的规律，同时，又将自然赋予的特色景物予以保留，将之有机地融入到运动场地中，再通过设计师的丰富灵感对场地进行巧妙的修饰和改造，最终才能形成一个具有丰富景观和艺术价值的高尔夫设计作品。

人为因素的介入可以使高尔夫作品在自然的基础上锦上添花，也可以毁灭作品的自然属性，使作品失去应有的艺术价值，这取决于一个高尔夫设计师的水平和能力。杰出的球场设计师总能准确解读自然所赋予介质的属性，并将自己的创作灵感有机地融入到作品中，创作出自然和谐的艺术作品；而拙劣的设计师则将自然的属性置于脑后，或者不能正确诠释场地的特色，任凭自己的想象随意勾勒他们的作品，最终的结果充其量是一个可以打球的运动场地，却没有任何艺术价值，更没有灵魂。

回到现实中，我们可以看到在国内有很多球场就是很好的佐证，诸如大连金石、昆明春城湖畔、中山温泉球场等一些优秀的球场，设计大师们凭借他们高超的设计技能将场址的自然地形地貌、植被和天然的景物有机地融入到作品中，创作出了自然和谐、具有丰富艺术价值的、令人仰目的艺术作品。但也有很多球场就没那么幸运了，自然赋予给球场的财富被人为地毁去，场地的自然特色全然失去——场地原有的树林植被，被看作异物一扫而光，取而代之的是异地新品；场地潺潺流淌了多年的宽阔水道被填埋用做球道；存在了上百年的天然跌水在设计中被毁掉（图2-1）；在一个平坦的平原球场上堆起几十米高的发球台以显示其与众不同。诸如此类，在我们发育较晚、尚很稚嫩的高尔夫界时有发生。这亦或是由于设计师不称职或不负责任的结果，亦或是在球场建造中出现的问题。但不管怎样，高尔夫球场的设计师都应尽力提高自己的设计水平，提高艺术和美学的修养，尽其心智于创作中，以不浪费自然赋予我们的每块土地的价值。

因此，作为给高尔夫艺术作品在自然属性基础上加入人为因素的设计师，不仅应具备高尔夫各方面的深厚功底，还应具有内涵丰富的美学修养和审美表现技能，应在尊重自然的基础上，将高尔夫球场作为艺术作品来进行创作。

图2-1　人为的遗憾

某球场场址内存在了几百年的天然瀑布，但它却在球场设计后活生生地消失了，令人婉惜。

### （三）人类的审美因素

既然人为因素是通过设计师植入到球场艺术作品之中，那么，人类的审美观点自然会对高尔夫设计艺术产生明显的影响。从美学发展历史来看，人类的审美情趣随着历史的变迁，发生过很大的变化，作为艺术作品的高尔夫球场，也随着人类审美的变化而发生着变化，人类的审美对高尔夫作品的艺术表现形式也产生了明显的影响，这是因为不同时代的高尔夫设计师为高尔夫作品注入了人为因素的结果。从另外一个角度来说，高尔夫球场艺术形式的变化，也从一个侧面反映了人类审美的变化过程。

在西方，人类早期审美观点强调的是对称、中规中矩和直线机械性，但随着时代变迁，审美品味也逐渐地发生了变化，更加追求自然和富有变化性的美学情趣。同样，高尔夫设计也伴着人类审美品味变化的节拍发生过变化。从最早的高尔夫设计师Tom Morris到后来的Willie Park，再到Donald Ross和Alister Mackenzie，直到现代的高尔夫设计大师Robert Trent Jones Jr.、Pete Dye和Tom Fazio等，不同时代的设计师的作品明显带有时代的审美观打上的艺术烙印（图2-2）。

图2-2 早期球场中线条生硬、机械的沙坑

早期的球场中人为加入的很多设计元素，明显带有早期的审美品味痕迹，显得直线化、生硬而机械：为惩罚剃头球设置的横穿球道的高土埂式沙坑，就是一条长长的深沟，极不自然；人工修建的沙坑、果岭和发球台形状很规矩，单调呆板；球场的人工造型也极不流畅。后来，设计师们受时代审美趣味的影响，逐渐地修改了这些设计，如去除球道中间的土埂式沙坑，将之移动到球道侧面，变化沙坑、果岭、发球台的形状，改变球场呆板的造型等，使球场向更加自然、流畅的形式发展。设计师赋予球场中的设计元素也明显更加自然，与周边的环境能够流畅衔接，同时也更富有变化性。随着园林艺术的发展，现代的高尔夫设计师拥有了更多的园林手段以设计出符合现代审美品味的艺术作品，新的草坪品种和园林树种不断涌现、可用于球场的园林造景方法和手段更加丰富，这些都为设计师提供了更加广泛的创作

空间和创作手法，使设计师创造出更富有欣赏价值的艺术作品。

总之，高尔夫设计是一种诠释自然的艺术形式，高尔夫设计师只有在尊重自然、尊重高尔夫运动、尊重自我的前提下，才能设计出具有艺术价值的高尔夫作品，才能成为一名称职的专业高尔夫球场设计师。

## 四、高尔夫设计艺术境界

### （一）运动功能——第一层次境界

高尔夫球场作为进行高尔夫运动的场地，首先应具备运动功能，符合球手的打球心理和高尔夫的运动规律，这是高尔夫设计的第一个层次。第一个层次的设计境界是设计师通过对球场的合理的功能性设计，使在球场中进行的运动具有挑战性、刺激性和公平性等运动特点。

### （二）视觉愉悦——第二层次境界

高尔夫球场作为一个艺术作品，应给在其中进行运动的球手一种视觉上的享受，让球手得到视觉的愉悦，这是高尔夫设计的第二个层次的境界。球场的第二个层次的境界是设计师通过园林艺术的手法在球场中创造出美的意境，并将这种美传递给球手，使球手从中体验到快乐。一个优秀的高尔夫球场设计师应该是一个高超的园林艺术设计师，他们通过对自然景物的合理利用结合人工的艺术创作，使球场成为风景优美的园林艺术作品，一个18洞的高尔夫球场就是一个品味丰富的视觉盛宴，球手徜徉其中，可以得到无穷的视觉愉悦（图2-3）。

### （三）运动乐趣——第三层次境界

在高尔夫球场具备了运动功能和视觉愉悦的基础上，如能再前进一步，让球手在进行高尔夫运动中获得更多的运动乐趣，那将是球手进行高尔夫运动最大的快乐，这是高尔夫设计的第三个境界层次，也是高尔夫设计艺术的最高层次的境界。

要使球场达到这种最高的艺术境界，需要设计师具有高超的设计水平，以下两种设计手段可以有助于实现球场的最高的艺术境界。

其一，是使球场的视觉愉悦以一种恰当的形式作用于球手的运动中，从而引发运动的乐趣。设计师通过将球场的园林艺术与球手的活动最紧密、最强烈地结合为一体，通过视觉乐趣的强烈刺激引发球手的激情，激发他们的打球斗志，使球手向自身的极限挑战，向自我挑战，发挥出超出想象和越超自身能力的水平和能力去取得更好的成绩，从而诱发出他们内心深处的快乐，更深层次地体验到高尔夫运动无穷的乐趣。

其二，是引导球手去揭示隐藏于球场中的奥秘，诱发球手的运动乐趣。当一个复杂信息的含义被正确解读时，球手就会产生一种揭示秘密的喜悦和满足感。能够揭开球场设计师的秘密信息，球手就会对球道的打球战略性有了准确的理解和把握，可以准确理解设计师的设计意图，实现与设计师的互动，从而获得较没有理解这一信息的球手更多的打球奖励，取得

图2-3 视觉愉悦境界

在如此景观如画的球道上打球，带给球手的首先是视觉震撼，它必然会激发球手的打球乐趣。

更好的成绩，球手也因此获得更多的运动乐趣和揭示秘密的快乐。优秀的高尔夫设计师总是设法在他们的作品中创造这种秘密，并通过一些细微的信息将这种秘密传递给那些善于观察和善于思考的球手们，等待他们去揭示这些奥秘。那些隐藏在球场表象背后的秘密是产生运动乐趣不尽的源泉，它会使球手在一轮的打球过程中从不感到厌倦，球手得到的将是各种各样具有成就感的挑战和揭示秘密的满足感。这样的高尔夫球场，不单单是进行高尔夫运动的场地，而是创造运动乐趣的乐土。

通过以上的论述我们看到：运动上的功能、视觉上的娱乐和运动中的乐趣是高尔夫设计的三个层次的艺术境界。高尔夫球场达到设计的第一个层次，才能算得上是高尔夫球场；达到设计的第二个层次的艺术境界，才能称得上是艺术作品；高尔夫球场若能在第二个层次境界的基础再前进一步，达到更深一个层次的境界，即实现高尔夫的运动乐趣，那它将是一个伟大的作品，这样的球场的设计堪称是杰出的设计艺术。

高尔夫设计师如果只能使球场实现第一个设计层次，他只是一个熟悉高尔夫运动规律的平庸的设计师；设计师如能够在设计第一个层次基础上，将球场设计为一个艺术作品，达到球场设计艺术的第二个层次境界，这样的设计师称得上是优秀的设计师，他需要有丰富的美学修养和高超的艺术设计水平，通过对球场中可用的创作介质的巧妙利用，将美传递给他的受众。设计师若能够将他的作品达到运动乐趣的境界，这样的设计师是伟大的高尔夫设计大师，他不仅要有高超的设计水平，还需要具有极高的创作天赋和灵感。

## 五、高尔夫设计艺术与中国园林艺术

高尔夫作为一个舶来品，在20世纪初期从西方传入我国。尽管它起源于西方，但就其艺术性来说，却与中国的园林艺术有很多相似之处，从某种意义上来说，高尔夫艺术更像是中国园林艺术，而不像是西方园林风格。这主要表现在以下两个方面。

### （一）艺术理念

中国文化崇尚的是“天人合一、顺其自然”的哲学观，中国人自古对自然的山水就情有独钟，“智者乐水，仁者乐山”，“醉翁之意不在酒，而在乎山水之间”，这些与山水比德，寄情于山水之中的儒家的审美思想是对自然美的崇尚，它对中国园林文化具有深刻的影响。中国的园林艺术追求的是天然之趣，从来都讲究“师法自然”、以“自然者为上品之上”，“虽为人作，宛如天开”为园林艺术的基本信条和艺术哲理（图2-4）。

图2-4　中国园林以变化的曲线与曲径通幽为美

西方园林的艺术理念与中国园林则大相径庭，它受数理美学思想的影响，完全排斥自然，力求体现出严谨的理性，按照纯粹的几何结构和数学关系发展，追求园林布局的图案化（图2-5）。

在高尔夫球场设计中，“自然是设计之母”是一条永恒的法则，自然和谐是高尔夫球场设计的最高理念。现已成为精典的圣·安德鲁斯球场就是大自然造就的杰作，它那自然的风貌为一代又一代的高尔夫设计师们所称道。

图2-5　西方园林以直线和规则的几何形状为主体

因此，就高尔夫设计理念而言，高尔夫设计艺术与中国园林艺术应该是不谋而合，从这种意义上来说，高尔夫设计更符合中国人的哲学思想，似乎与中国的园林艺术一脉相承。

### （二）艺术表现

在西方的园林中，视直线和几何形状为美，因为西方人信奉“天人对立、改造自然”；而中国人的哲学则信奉“天人合一、顺应自然”，在中国的园林中，视曲线为美，视直线为丑，认为自然界是没有直线的，只有曲线才能反映自然界的不规则性。

中国园林的这一艺术形式与高尔夫设计艺术也是不谋而合。在高尔夫球场中，几乎不存在直线，起伏变化的地形轮廓、弯曲多变的果岭、球道、沙坑和水面等特征区域的形状，几乎没有一个是直线的（图2-6）。在球场设计中，设计师总是力求使球场中的各种线条变化自然、流畅，富有动感，总是力求避免出现直线和生硬的死角，就连在球场中的球车道路也是顺着球道蜿蜒的曲线，也不是一条直线。在园林树木布置上，中国园林强调的是自然的布局，即自然形式的孤植、散植和群植，而西方园林强调的则是整形对植和列植，中国园林的这些特点也正与高尔夫球场的树木布置原则相吻合。

无论从艺术理念上，还是从艺术的表现形式上，中国的园林艺术与高尔夫设计艺术都非常接近，中国园林艺术的发展无疑对高尔夫设计艺术大有裨益，同样，高尔夫设计艺术的发展对中国园林的进步也会有很大的帮助。

图2-6　高尔夫球场中起伏流畅的线条、多变的轮廓形状

它与中国的园林艺术一脉相承，不谋而合。

## 第二节　高尔夫球场设计基本要素

高尔夫球场既是高尔夫运动的场地，又是一幅艺术作品，同时，高尔夫设计师的艺术作品更要依赖球场草坪总监的精心养护和不断地提高品质，才能使其青春永驻，经久不衰。因

此，高尔夫球场的设计主要包含着三大要素：高尔夫运动本身、球场景观和球场养护，即运动要素、景观要素和管理要素。

这三个要素是形成一个优秀高尔夫球场不可缺少的组成部分，它们犹如组成等边三角形的三条边，必须相互平衡、相依相伴，不能偏废（图2-7）。设计中忽略任何一方，都会使设计失衡，使最终的作品出现纰漏。

高尔夫球场作为进行高尔夫运动的场地，其设计首先应该满足打球的要求，符合高尔夫运动规律，充分体现高尔夫运动的内涵；另外，球场作为一个艺术作品，应具有极高的美学价值，设计中应体现极好的园林景观效果；同时，球场的养护对于保持设计师作品的长久魅力至关重要，设计过程中，应对球场养护的难易程度予以充分的重视，使球场易于养护，减少管理成本。在设计过程中，要真正把握这三个要素的平衡性并非易事，职业或业余球手在球场规划与设计中，常倾向于强调打球方面的因素，而忽视另外两个方面；园林设计师会优先考虑球场的景观要素；球场总监则会强调球场养护性能，但是，作为球场设计师必须能够平衡这三个基本要素，否则，整体球场或其中的一个部分不会取得真正长久的成功。

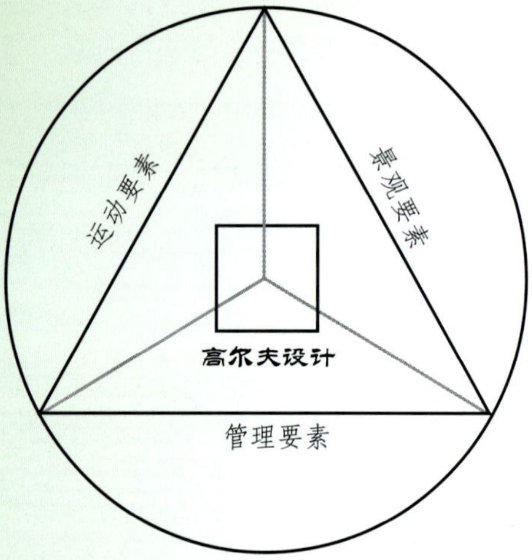


图2-7　高尔夫球场设计三要素

任何一个杰出的高尔夫球场，都是三个要素相互作用的结果，所有的高尔夫球场规划与设计原则都是从这三个要素中提炼铸就形成的。设计师对实现这三个要素的洞察力和表现力是其设计是否趋于完美的一个重要标志。

## 一、运动要素

高尔夫球场是进行高尔夫运动的场地，因此，运动要素是高尔夫球场设计的第一要素，进行球场设计首先要深刻了解球手的打球心理和高尔夫运动的特殊性，这样才能设计出以人为本、符合高尔夫运动规律的球场。

高尔夫运动作为一种体育休闲运动，与其他体育运动存在着明显的差异，高尔夫运动特有的挑战性与变化性特点，决定了其运动场地设计的特殊性。一个好的球场设计应该是使球场具有趣味性、刺激性、挑战性和变化性等多种优良的运动属性，可以吸引各种水平的球手一试身手，满足各种水平球手的需要。一个具有高水平设计的球场应使各种水平的球手，不管其球技如何，都能够充分享受到高尔夫运动带来的乐趣，感悟到高尔夫运动的魅力。

一个设计优秀的球场应让球手激发打球的斗志，尽情展示他们的球技才能，发挥出勇于拼搏的体育精神。

一个设计优秀的球场应对各种水平的球手都具有挑战性，让各种水平球手都具有挑战自我的机会，从而提高他们的球技水平。

作为一名高尔夫球设计师，在进行球场设计时，应深刻了解高尔夫运动要素所包含的这些固有的特性，并在具体设计过程予以恰当把握运用，从而设计出具有极好的运动属性的球场，也就是实现球场运动属性的人性化设计。

关于如何将运动要素所包含的这些特性融入到球场中设计出符合高尔夫运动规律的球场，将在以后的章节中予以详细阐述。

## 二、景观要素

高尔夫球场是最漂亮的园林景观场地，起伏流畅的地形、不同质地与色泽的草坪及不同种类的树木、沙子、水面等在高尔夫球场中组成了一幅幅令人窒息的美丽画卷，尤其是现代的高尔夫球场，其优美的景观更是令人心醉。高尔夫球场的优美景观效果不仅使人们在视觉上得到满足，还会对球手的运动表现产生明显的影响。一个景观优美的球场可以激发球手心灵深处的感觉，激发球手旺盛的斗志，打出更好的成绩。退一步来说，即使球手在一轮打球过程中没有取得好的成绩，如果球场具有极其丰富、美丽的景观，他也可以从欣赏球场美景中得到宽慰，享受到快乐，这也是高尔夫运动的娱乐性价值的另一种体现。相反，如果球场的景观让人沮丧，球手只会感到打球索然无味，失去打球的兴致。另外，高尔夫球场作为一个艺术作品，景观是其核心之一，没有景观价值的球场永远不会成为一个优秀的艺术作品。因此，景观要素在高尔夫设计中占有十分重要的地位，是任何一个优秀的高尔夫设计师不能忽视的一个要素。

要将景观要素与球场的运动要素有机结合起来创作出一个杰出的高尔夫作品，需要球场设计师具有良好的美学修养、丰富的高尔夫知识和技能以及驾驭整体景观的能力等多方面的才能，只有具备了这些素质的设计师才能设计出能与球手互动、进行美学交流的人性化的作品，也就是实现球场景观要素的人性化设计。只有球场实现了景观要素的人性化设计才能使更多的球手能够解读设计师的景观设计意图，体会到景观的美观性，引发他们内心深处对美的享受和因此而产生的快乐，这样才能使球场作为艺术作品的景观价值真正体现出来，更大程度地实现球场的景观价值。

实现景观要素的人性化设计是一项极其复杂而又艰难的工作，它包括以下几个方面的设计人性化。

首先，景观要素人性化设计是使球手有意识地直接体会球场景观的美学价值，感悟审美的快乐。这要求设计师要从球手的角度出发去应用那些景观符号来创造景观。球场展现的信息都是通过设计语言传达给球手的，这些语言都是由普通的符号组成的，但却蕴含着丰富的感情色彩，利用景观元素创造景观的同时，是设计师与球手的一个互动的过程，设计师通过一些对景观符号的组合手段和技巧的应用，将他们要表达的意图以很微妙或者较显著的方式传递给球手，使球手产生共鸣，共同享受景观的美丽和震撼。

其次，球场景观要素的人性化设计应设法引导球手去揭示蕴藏在球场中的审美秘密，而不全是直白将它展现给球手。“神秘产生美”，这句格言告诉了我们这个道理：当一个复杂的信息所包括的含义被球手正确解读时，就可能产生一种揭秘的震撼和对美的赏析的一种满足感。设计师通过对景观符号的巧妙的组合和恰当的运用，给球手某些暗示，引导球手通过一些细微的线索去探究更深层次的美学价值，从而获得更深刻的喜悦和震撼。这种方式的景观设计是设计师与球手更深层次的互动，需要设计师具有更加高超的设计水平和设计技巧。

最后，球场景观要素的人性化设计应该将景观要素和运动要素相互结合进行，在尊重高尔夫运动功能的前提下，运用景观元素，创造与运动要素相辅相成的景观环境。能够实现景观要素和运动要素二者共同的人性化设计，堪称是完美的高尔夫设计。使球手既享受到运动本身带来的快乐，又感悟到球场景观给予的震撼是球手最大的快乐。设计师能将二者完美地结合为一体，不仅最大限度地实现了球场的景观艺术价值，也是实现球场运动要素属性人性化设计的一个体现，最终的作品将是一个伟大的作品。

现代的高尔夫设计师在进行球场设计时，一般都不会忽视球场的景观要素，他们都会有意地想创作一个让人难忘的作品，但设计的景观能否被球手接受，能否在他们的作品中真正实现上述所阐述的景观要素的人性化设计，这取决于设计师的艺术水平。为达到这一目的，设计师必须遵循园林景观艺术设计原则，并在设计过程中予以恰当的应用。

高尔夫设计师在进行球场景观设计时常使用的景观符号包括尺度、形状和材料，创作的介质主要有土地、草、树木、水、沙、石等。高尔夫设计师在创作过程中需要按照景观艺术原则将这些景观符号合理地应用到球场中，创作出富有景观艺术价值的球场。球场景观设计中需要遵循的景观艺术原则主要有：调和与对比、比例与尺度、均衡与稳定、韵律与节奏、主体与从属等。

关于如何以景观艺术原则为指导，应用景观元素创作具有艺术价值的球场，将在以后的章节中予以详细介绍。

## 三、管理要素

球场管理是设计师在球场设计中不可忽视的一个因素，一个设计优秀的作品，需要每天精心地养护才能长期保持作品的品质。高尔夫球场无论从其作为体育设施的属性还是作为一个景观艺术的属性，都是需要每天都进行梳理打扮的。精心养护的球场不仅可以提高它的运动价值，还可以提高它的艺术品质。相反，疏于养护的球场不仅会影响它的运动功能，同时也会破坏它的艺术品质。另外，设计中对管理要素的周密考虑可以长久地降低管理成本，为球场带来更好的效益。这也是高尔夫与其他体育设施的一个很大的差异。

一个好的球场是球场设计师和草坪总监共同努力的结果，设计师需要在设计时悉心考虑球场日后管理的方方面面，为管理提供更多的方便；草坪总监需要对设计师的作品精心护理，使之锦上添花、青春永驻。因此，管理要素是高尔夫设计中十分重要的一个要素。

事实上，一个好的高尔夫球场设计师在设计过程中无时无刻不在考虑球场管理方便的因素。将球场设计的管理要素落实到具体的设计中，就是要实现球场运营的可操作性和管理的方便性两个方面的功能。如果说球场设计中对运动要素的注重是使球场实现运动以人为本的人性化设计，那么设计过程中对管理要素的周密考虑就是对球场养护管理的人性化设计。

要将管理要素渗透到球场设计的每个细节之中，实现球场运营的灵活性和管理的方便性，应在球场设计中对涉及管理要素的下列几个主要方面予以周密考虑。

1.球场总体布局

球场总体布局中，各功能区的布局应紧密结合，相互衔接自然，利于人员的合理流动和物流的合理流动，方便运营。会所区、停车场、练习场、球道区、草坪管理区等功能区以及其他功能区之间应布置合理、连接紧密，避免出现流动混乱、影响管理的现象。球场设计过程中，设计师应从打球者的角度出发进行总体布局，从球手到达球场、卸包、办理打球手续、练习场热身、出发下场打球，再到打球完毕回到会所、结账、取包离开，整个一个流程应该顺利通畅、流动合理，通过这样一个流程将各功能区合理地串连起来。

2.球道布局

一个良好的球道布局可以使球员有序流动，加快打球的速度，缩短打球用时，方便球场运营和管理。球道区和会所区应衔接自然，尤其每个半场出发和结束的球道与会所应连接紧密。球道内部布局应该流畅，球道间的连接应该自然顺畅，球道的布局应利于人员合理流向，避免因此引起打球塞车的现象和球手无序流动的现象。

3.球道细部

在设计过程中，对球道的每个局部都要考虑运营和管理的方便性 ，其中主要应注意以下几方面。

（1）球道的地形起伏应尽量利于草坪机械的操作和利于球手的方便流向。

（2）所有的草坪功能区应方便使用草坪管理机械进行管理，尤其是发球台的大小、果岭的大小和草坑大小、沙坑间的草坪区域大小等。发球台和果岭具有充裕的面积以方便使用和管理。

（3）所有的沙坑障碍区应尽量利于机械管理操作，利于球场的运营。

（4）景观植物的布置应利于管理的方便。

（5）水面障碍的设计应利于管理和运营。

4.球场草坪生长基础条件

球场设计过程中，需要考虑如何为草坪生长和草坪养护管理创造良好的基础条件，以减小日后球场草坪管理的难度和方便运营与管理，这其中最重要的是球场的排水和喷灌。设计中应尽可能为球场创造良好的地上与地下排水条件，使球场所有区域都具有通畅的地表和地下排水系统以及渗排水系统，为草坪生长提供良好的条件，以免因球场排水问题影响草坪生长和球手打球。喷灌系统是草坪生长不可缺少的一个基础条件，设计中应尽可能地为球场草坪提供全覆盖的水量充足、操作方便的喷灌系统，为球场草坪管理提供方便，减少草坪喷灌对球场运营的影响。

总之，一个合格的球场设计师，不应该是一个单纯的在图纸上工作的设计人员，还应该是一个球手，是一个艺术家，是一个悉心的草坪管理人员，是一个多种技能和素质的综合。在进行球场设计过程中，设计师应对球场运动要素、景观要素和管理要素的方方面面的因素予以细致考虑，力求设计一个在各方面都很人性化的球场。

## 第三节　高尔夫球场设计基本原则

高尔夫球场作为进行高尔夫运动的场地，应该具有趣味性、刺激性和休闲娱乐的特点。虽然高尔夫球场没有一个绝对固定的标准，但要使高尔夫球场符合高尔夫运动规律，要使球场拥有上述特性，高尔夫设计师在进行球场设计过程中，需要遵循一定的原则性和相对的标准。这些原则是在高尔夫球场设计长期发展过程中逐渐积累形成的，它们不仅在过去的高尔夫设计中起到了非常重要的作用，对我们现今的高尔夫设计也同样具有非常重要的指导意义，是我们现代高尔夫设计师的指南针。

高尔夫球场的设计原则主要有：安全性、变化性、公平性、节奏性、流畅性、平衡性、自然与美观性及管理的方便性与经济性等。

这些设计原则是对上一节所述的球场设计三要素的深化和细化。在这些原则中，安全性、变化性、公平性、节奏性、流畅性和平衡性是关于球场设计运动要素方面的设计原则；自然与美观性是有关球场设计景观要素方面的设计原则；管理的方便性与经济性是有关球场设计管理要素的。如同球场设计三要素的关系一样，这些设计原则都不是独立的，在它们之间，有很多是相互关联和相互影响的，设计师在应用这些设计原则时，应将它们统筹协调起来，不能断章取义，分立而论。

### 一、安全性

高尔夫球场作为体育和休闲运动的场地，安全性是球场设计最重要的一个原则，是设计师需要优先考虑的一个设计原则。高尔夫球场的安全性主要是指打球的安全性，需要设计师从球手的角度出发，通过合理的设计手段，减少或避免出现打球伤人的不安全的因素，为球手创造一个安全的打球环境。

就高尔夫运动来说，做到绝对的安全是不可能的，因为有的技术水平很差的球手对打球方向的控制能力有很大的偏差，但设计师可以通过对打球安全的周密考虑和合理的设计，使球手在比较正常的打球情况下处于较安全的状态，减少意外伤害事件发生的可能性。

在球场中，影响打球安全性的因素主要有以下几个方面，设计师在具体的球场设计过程中应从这些方面着手，通过合理的设计手段提高球场的安全性。

1.球道宽度与球道间距

球道宽度和间距是影响打球安全性的最重要的因素，在球道有足够的宽度和足够的间距时，打球的不安全因素就会很小。但由于土地资源有限，球道的宽度和间距不可能有那么理想，设计中需要针对具体的场地情况设置一个适当的距离。就一般情况而言，为使球道打球具有一定的安全性，全部球道的宽度（含高草区和非打球区）一般应该保持在70 m以上，两条并排球道的中心线之间的最小间距应达到65 m以上，首尾相连的两条球道间的最小距离应在45 m以上。这些参数都是一些球场设计的经验数据，不是绝对的数值。在具体球场设计过程中，设计师应该根据不同的地形情况和障碍设置的情况予以适当的调整，设置合理的安全距离。

2.球道走向

流畅、有序、合理的球道走向可以有助于提高打球的安全性，减少打球伤人的危险，相反，如果球道的线路走向不顺畅、不合理时，就容易产生不安全因素。这方面最明显的表现是使球手在打完上一洞后向回走到下一洞，这样球手会处于下一组或上一组球手的击球路线上，容易发生打球伤人的危险。球道布局走向的不合理也会导致球手对打球方向的误判，造成两条相邻球道间打球的不安全性。因此，设计师在进行球场布局时，应尽量使球道的走向自然流畅，球道间衔接自然，从而减少打球伤人的危险性。

3.球员流向

如果球场设计使球员流向产生不合理的现象，也会给打球带来不安全的隐患。例如，两条相邻球道共用同一条球车道路，这种情况会使一个球道的球手在开车打球时面对其相反球道球手的击球，容易受到打球的威胁；再比如，在球手从上一洞果岭向下一洞发球台移动时，由于某些环节设计不合理的原因，使球手走入了不安全的区域，导致产生不必要的危险因素。设计师在设计过程中，要尽量避免出现这些现象，应设法通过一些手段使球手合理流向，降低不安全因素。

4.地形

球场中的地形会导致打球的不安全性。最常见的是由于地形造成打球的盲点，使球手不能看到要攻击的目标，无法判断前一组球手的方位，造成不安全隐患。设计师在设计过程中，应通过对场地进行合理的造形设计等手段尽量减少这种盲点的出现。当然，在一些山地球场，由于地形的制约，出现这种打球盲点现象也是不可避免的，但应该尽可能地减小这种现象出现的几率。球场中不良的树木障碍设置有时也会产生这种打球的盲点，也应在设计中予以回避。

地形可以造成打球的不安全因素，它也可以帮助减小打球的不安全性，有经验的设计师可以通过场地地形的巧妙利用降低打球不安全因素。例如，利用斜坡使球弹击回球道，在球道两侧设置土丘使球道形成内凹式的球道，阻止球沿错误的方向长距离滚动等。

除上述几个方面外，设计师还可通过增设发球台、调整发球台方向和注重对球道右侧障碍设置等手段降低打球的不安全性。对于一般水平球手和低水平球手，打右旋球的机会要远多于打左旋球的机会。设计师在设计时应注意加强对球道右侧的保护，在右侧设置安全的较充裕的缓冲空间，以及通过沙坑、树木、水面等障碍物的设置，引导低水平球手的击球方向，减少对球道右侧的压力，降低右旋球的危险性；也可以通过调整低水平球手发球台的方向，减小右旋球给右侧球道造成的危险。另外，通过调整发球台的方向和增设发球台，也可以有意识地使低水平球手击球避开危险区，减小安全隐患。

对于打球的安全性，设计师除了要考虑球手间打球的安全性外，还要考虑球员打球对场内设施、人员和球场周边设施的安全性的影响，应通过合理的设计手段，减小打球给它们带来的危险。

## 二、变化性

变化是高尔夫永恒的主题，是高尔夫运动的魅力所在，是高尔夫运动娱乐性和趣味性内涵的一个重要表现，因此，变化性是高尔夫设计师在进行球场设计时应予以足够重视的一个设计原则。

高尔夫球场的变化性是使球手体验不同的打球状况和接受各种各样的挑战，激发球手发挥出处理各种击球状态的能力，从而提高高尔夫运动的乐趣。变化性在球场设计中主要体现在以下几个方面。

### 1.球道编排和长度的变化

通过对不同杆数和不同长度球道的顺序的合理编排，可以使球道顺序在杆数和长度上产生变化，变化球手的打球节奏。例如，将5杆洞和3杆洞与4杆洞穿插编排，不使5杆洞或3杆洞连续出现，这样可以增加球道的变化性，每个半场球道的最佳的编排顺序为：4－5－4－3－4－5－3－4。这样的排序使相连球道的杆数都不相同，从而最大程度地实现了球道在杆数上的变化性。当然这样的球道编排是比较理想的状态，在具体的球场设计中不一定都能实现，但它为设计师传达了通过合理球道编排可以创造球道变化性的意图。

对于相同杆数的球道，在设计时也应使它们在长度上有一定变化性，从而使球手在选择打球策略和选杆方面都有一定的变化性，以增加打球的变化性。

### 2.球道战略和难度的变化

设计过程中，应合理应用不同战略类型的球道，变化球道的打球战略，使球手体验不同类型球道的战略性和相应的变化性。3种不同战略的球道类型（战略型球道、冒险型球道和惩罚型球道）应以适当的比例合理地分配到球道布局中，增加球场的变化性。

球道的难度也应该是有变化的。进行球场设计时，应使高、中、低不同难度级别的球道合理地分布到布局中，有机地进行搭配，使球手在打球过程中体验由球道难度不同所产生的变化性。

3.地形的变化

地形的变化可以产生各种各样的打球球位，使球手面对不同的打球状态，从而使击球产生多种变化性。处理好地形和球位的关系是一项非常复杂的工作，需要设计师具有高超的设计水平和技能，合理、恰当、丰富多变的地形可以为打球创造无穷的乐趣和不尽的变化性。在这方面，圣·安德鲁斯的老球场堪称是典范。

4.景观的变化

景观的变化可以给球手在视觉上带来很大的变化，给球手带来丰富的视觉享受。景观变化对球手的刺激最直接，丰富的景观变化可以使球手打球不觉乏味，提高打球的兴致。

高尔夫运动是在广阔的场地中进行的运动，设计师有广阔的舞台来实现球场景观的变化性，经验丰富的设计师可以通过各种园林手段使球场具有丰富多变的景观效果。

## 三、公平性

高尔夫运动是一项绅士运动，应该为球手提供公平竞争的条件，因此，公平性是球场设计中非常重要的一条原则。在球场设计中，设计师应对以下几个方面的打球公平性予以充分的考虑，减小打球的不公平现象。

1.不同水平球手间的公平性

在球场设计过程中，设计师应设法为不同水平的球手提供平等竞争的条件，体现高尔夫运动的公平性。其中，战略型球道的设置就是体现这种公平性的一个实例，战略型球道为球手提供了多条可以选择的打球线路，使不同水平的球手可以根据自己的能力选择适于自身的打球线路；而与之相反的惩罚性极强的惩罚型球道则是不公平的，尤其那些需要球手大力挥杆才能穿越的正面水障碍的具有极强惩罚性的球道更不具有公平性，它对于弱力球手来说，简直就是一个非常难以征服的障碍，但不穿越这个障碍又没有第二条路可走，这有时会使弱力球手无所适从，这样的球道对于弱力球手和水平较低的球手很不公平。因此，出于球场公平性的考虑，在球场设计中应尽量少布置惩罚极强的惩罚性球道，减小惩罚型球道所占的比例。

在球道设计中使用多发球台体系也是出于创造公平性的考虑，通过设置不同打球长度和不同难度的发球台，可以使不同水平的球手有与之相对应的打球难度。设计师在进行球道障碍设计时也应充分注意打球的公平性，应使不同水平球手接受合理的挑战，不应故意难为某种身体条件或某一类水平的球手。

2.减少凭运气打球的机会，创造公平竞争的条件

好的球道设计应用于测试球手真实的打球技能，而不是球手的打球运气。要创造公平竞争的条件，设计师应尽量减少那些靠运气才能打出好成绩的机会。这种情况在球场设计中最

突出的体现就是盲洞和盲点，而那些靠运气才能进攻到的目标和靠运气才能推杆入洞的果岭也属于这种情况。这些都是由于球场设计产生的不公平因素，不利于高尔夫运动的公平竞争，应该在球场设计中予以避免。

3.通过对球手打球技能的全方位测试，实现打球的公平性

球场设计过程中，应注重对球手的综合能力和技能予以考验，使技术全面的优秀球手赢得比赛，而不是使那些单纯凭借力量大或某个单项技术好的球手赢得比赛，从而为球场创造公平竞争的条件。因此，在对球道难度和障碍进行设计时，应综合考虑各方面的打球难度，以实现对球手技能的全面考验。

## 四、节奏性

节奏是生活的艺术，节奏是艺术的生命。高尔夫也不例外，打高尔夫球就是在打一种节奏，只有在适当的节奏下才能打出好球，高尔夫球场设计在某种程度上就是在为球手创造一个流畅舒展的打球节奏。打球节奏是球场给球手的一种心理上的感受，是需要球手用心去体验的。一个好的球场就像是一首美妙的乐曲，具有让人振奋的节奏；一个精心设计、富有节奏感的球场可以调节球手的打球情绪，使之愉快地完成一轮比赛；富有节奏感的球场可以使球手的打球节奏松弛有度、收放自如，既有平缓的抒情，又有跌宕的起伏和高潮的涌动。为实现这种打球的节奏，有经验的设计师在进行球场设计时，会随着打球的进程逐渐提高球道的难度和挑战性，在最初的几洞球道显得很温和，使球手得到热身，然后逐渐增加球道的挑战性，在半场的第7、8、9洞达到一个高潮，接着在第10洞又回落到缓慢的节奏，重新开始另一轮的节奏，直到在第16、17和18洞再达到最高点。

球场的这种打球节奏特别适合于比洞赛，它可以为球手在最后的几个洞提供更多冒险取胜的机会，同时，也给领先的球手增加了很大的心理压力。在这方面，一个精典的例子就是圣·安德鲁斯的老球场，它的第17洞和18洞就是这种节奏的范例。第17洞是一个非常难的“路洞”，而第18洞是较短的4杆洞，两杆很容易将球攻上果岭，但在风向合适的情况下一杆就可以攻球上果岭，极具挑战性。有很多次大赛就是在这一洞一锤定音，嘎然而止，有很多球手就是在这一洞由于挑战成功而获胜成为英雄，也有很多的球手因为胆怯而失去了比赛，遗恨终生。这样的球洞之所以成为经典就是它在一轮比赛中所处的位置。这样的球道布局的节奏进程就像一首乐曲一样，在到达高潮时，嘎然而止。

## 五、流畅性

一个流畅合理的球场布局可以使球手在打球过程中有序、合理地流动，减少打球塞车的现象，加快打球速度，为球场的运营和管理创造良好的条件。另外，流畅合理的球道设计可以增加球场打球的安全性，也有助于给球手创造良好的打球氛围和良好的打球节奏，因此，流畅性是球场设计中一项重要的设计原则之一。

球场布局是否流畅首先取决于球道的线路走向是否合理，球道之间的连接是否自然顺畅。设计师在进行球场布局时，应仔细研究球道之间走向的关系，避免球道间在打球上产生严重的交互影响，避免球道间的连接相互抵触，应尽可能使球手的流向趋向自然、合理。设计中的不流畅性在球道布局中最突出的表现是向回走的前后球道间的连接和容易出现打球交叉与相互干扰的球道布局。

球场布局流畅与否还取决于球道编排上的合理性。有经验的球场设计师会在球场每个半场的前2个洞布置中洞或长洞，让短洞在前2洞之后出现，这样做可以大大减小打球塞车的机会，加快打球的节奏。如果在出发的第1洞就布置短洞，球手刚一出门就会遇到打球塞车现象，球手无法顺畅地流动，也影响球手的打球情绪。另外，球道障碍布置和地形等很多因素都会影响到球道的流畅性，设计师在进行具体设计过程中，应对它们予以周密考虑，使球场具有合理的流向性。

在球场管理中，也有很多措施可以增加球员合理流动，加快打球速度。但不管怎样，设计师在设计之初应对球场设计的这一原则予以足够的重视，不要给球场留下先天的不足。

## 六、平衡性

高尔夫球场的平衡性是指球道杆数、球道长度和球道难度的分布的均衡性。它包括球场2个半场间的平衡性和每个半场内球道分布的平衡性。

由于大多数球场都是由9个球道组成的2个半场，因此，常将球场依照杆数和长度分为相同的两半，使2个半场相互均衡。当然，这也不是绝对的，有很多球场的上下2个半场在杆数、球道总长度和难度上会有很大的差异，很不均衡，甚至有的球场由于地形的制约没有上下半场之分，是整体的一轮18洞球场。之所以使球场分为上、下半场并使之均衡，是出于方便球手打球和便于球场运营管理的考虑。有的球手在打球时只打半场，为了使那些只打半场的球手能够得到打18洞全场同样的挑战，则需要2个半场具有平衡性。

每个半场内球道分布的均衡性也是很重要的，它会影响到球手的打球节奏感。如果设计中使相同杆数和难度的球道连续出现，则会影响球手的打球情绪，使之感到乏味，这样的球道布局显然是不均衡的。一个具有平衡性的球道布局应使不同杆数、不同长度和不同难度的球道合理交替地分布到布局中，这样的球道布局可以调节球道的打球节奏，调动球手的打球情绪。设计师在进行球场设计过程中，应该有意识地注意球场布局的平衡性。

## 七、自然与美观性

自然是美的源泉，高尔夫球场设计是否充分利用了自然条件、是否与自然环境相协调，是评价一个球场品质的一项非常重要的指标，与自然和谐一体、浑然天成的球场是高尔夫球场的极品。因此，球场的自然性是设计师必须予以着重考虑的一个设计标准。

美观性是高尔夫球场艺术价值的一个重要体现，它在球场设计中理应得到充分的重视。

自20世纪80年代以来，高尔夫球场的景观受到越来越多的关注，具有极好景观效果的球场得到了普遍的认可，甚至成为了现代球场中的一种潮流。因此，对于现代高尔夫设计师来说，美观性似乎是球场设计中更加重要的一条设计原则。

### 八、管理的方便性与经济性

球场的养护管理是一项长期工作，球场在管理上的投入也是不间断的、持久性的，因此，球场养护管理是球场设计中必然要考虑的一个重要因素，是每个设计师不可忽视的一条设计原则。

一个好的球场设计应该使球场非常便于管理和运营，为球场节约大量的管理成本，一个有责任的设计师应该在球场设计过程中认真考虑与球场养护相关的各方面因素，从各个角度为球场日后的养护和管理创造便利条件，实现球场管理的方便性和经济性。

除了上述设计原则外，高尔夫设计师在球场设计时，还应该考虑球场建造的费用，在不影响设计原则和球场风格的情况下，尽可能地从设计角度为球场降低建造成本，如果设计师能够尽最大可能地利用场地原有的自然地形和自然景物来设计球场，可以在很大程度上降低球场建造成本。

## 第四节　高尔夫球场特征区域设计原则

高尔夫球场是以球洞为单元组成的，而球洞又是由发球台、球道、果岭和高草区等草坪区域以及沙坑、水面等障碍区构成的，它们都是组成高尔夫球场的特殊区域。本节将对这些特征区域的一些基本的设计原则予以阐述。

### 一、球洞

球洞是组成高尔夫球场的一个基本单元，一个标准的高尔夫球场是由18个球洞组成的。由于分类标准的不同，球洞有不同种类与类型，以下按不同的分类标准，对不同球洞类型的设计原则予以分别介绍。

#### （一）标准杆数球洞

标准杆数是一个与球洞水平距离相关的打球杆数的表达，标准杆数的定义是基于美国高尔夫协会按球道水平距离计算球道杆数的规定。按照标准杆数的不同，球洞可以分为3种类型：3杆洞、4杆洞和5杆洞，也分别称为短洞、中洞和长洞（图2−8）。有个别的球场也有6杆的球洞，但它不是标准杆数的球洞。

每个标准杆数的球道对应着一个相应的一个球道长度范围，现今的高尔夫球场设计所采用的球道长度标准是由美国高尔夫协会所推荐的标准。美国高尔夫协会建议的标准杆数球道

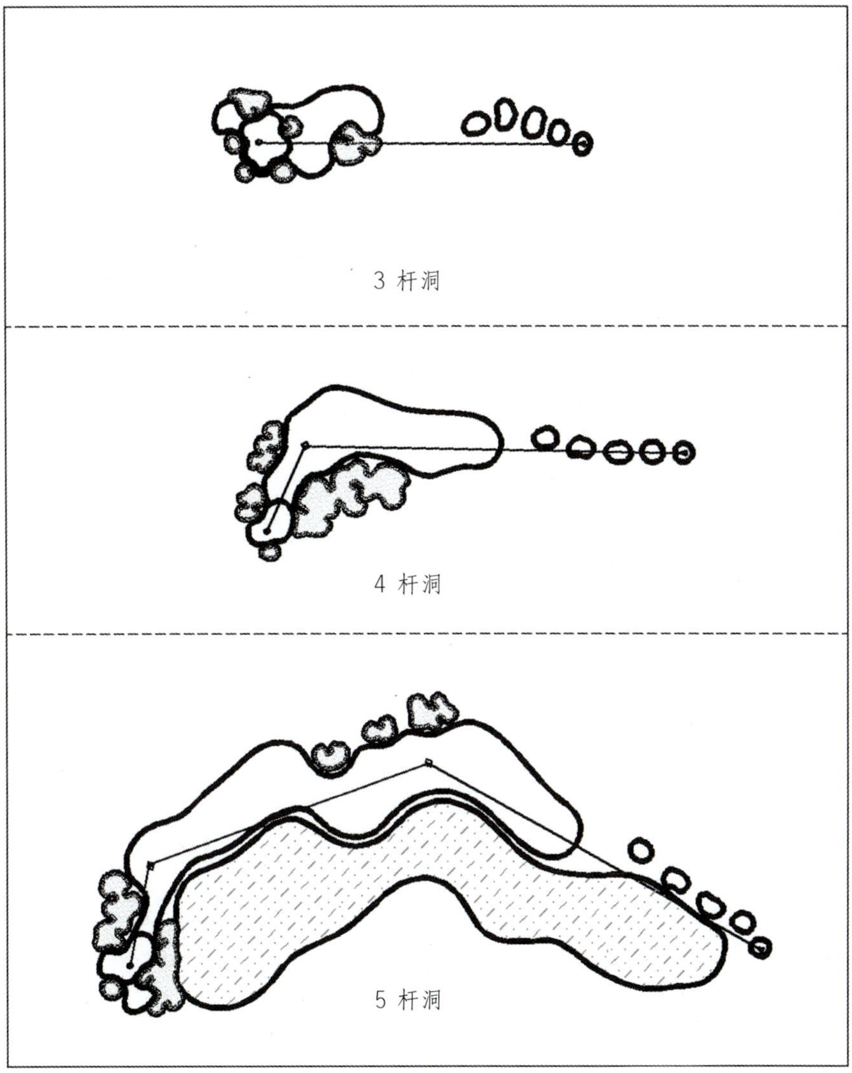


图2-8　标准杆球洞

**表2-1　标准杆球道长度表**

| 标准杆球洞 | 球道长度 | |
|---|---|---|
| | 男子球手 | 女子球手 |
| 3 杆洞 | <250码 | <210码 |
| 4 杆洞 | 251~470码 | 211~400码 |
| 5 杆洞 | >471码 | 401~576码 |

的长度如表2-1所示。

美国高尔夫协会推荐的这个球道长度标准是基于球道水平距离和正常条件下所给出的标准，设计师在具体的设计过程中，不能墨守成规，应根据现场地形情况、难度状况、障碍惩罚的严厉程度和其他一些非正常条件予以适当调整。在一般情况下，一个球道的难度和其长度是正相关的，距离越长，难度越大。当然，这也不尽然，一个球道的难度还与障碍、地形等多种因素相关，设计师在确定球道难度时，应综合考虑各方面的因素。

## （二）战略类型球洞

在漫长的高尔夫运动发展过程中，高尔夫设计逐渐形成了3种不同战略类型的球洞，即惩罚型球洞、战略型球洞和冒险型球洞。

### 1.惩罚型球洞（图2-9）

它是比较古老的一种球道形式，在原始的苏格兰球场中，这种球道比较常见。在早期的苏格兰球场中，球道的打球线路是在自然生长的海滨草地中选择那些可以打球的草坪区域，而在这些可以打球的草坪区域之间随机地分布着大量的自然障碍。球手打球时，必须穿越这些障碍才能达到目标区域，这样就形成了惩罚型的球道。

惩罚型球道一般只有一条打球线路，并在这条线路上充满了障碍，球手几乎没有选择余地，必须准确穿越障碍才能到达目标，一旦击球失误，就会立即受到惩罚。这种类型的球道对于高水平的球手相对有利，而对于低水平球手则很不公平，即使有微小的失误也会受到严厉的惩罚，陷入无休止的困境中。

### 2.战略型球洞（图2-9）

这种球洞在每一条球道都有多条可以选择的击球线路，每个击球线路设置有难度不同的障碍，球手在发球台可以清楚地看到不同的击球线路，选择适于自身的打球线路。战略型球洞最大的特点是打球线路的多种选择性以及奖励与惩罚成比例的平衡性，它既可以按冒险的程度奖励那些敢于冒险的球手，也不过分惩罚那些水平不高的球手和弱力球手，让每位球手都能最大限度地从高尔夫运动中获得乐趣。

战略型球洞是对各种水平球手最公平的一种球洞形式，也是现代高尔夫设计师最推崇的一种球道类型，它常被称为最具思想性的球道形式。这样的球道以圣·安德鲁斯老球场的14洞（图2-10）最为精典，该球道作为典型的战略型球道，在很多高尔夫书籍中被提及。据说，在该球道进行的一场4人比赛中，4个球手在这一洞分别选择了一种适合自己的不同的打球线路，但最后他们都顺利地按照自己选择的打球路线完成了这一洞，并且都取得了很好的成绩。这可以充分地说明该球洞所具有的丰富的战略性。

### 3.冒险型球洞（图2-9）

它是在惩罚型球洞和战略型球洞之后出现的一种折衷的球道形式。据说，它是由Robert Trent Jone Sr.首创的。这种类型球道也具有多条可以选择的击球线路，但其中有一条线路要较其他线路冒险性大，冒险成功的奖励也很大，但对冒险失败的惩罚也是灾难性的。若选择冒险性大的击球线路并取得成功将获得至少为“帕”，甚至“小鸟”或“老鹰”的奖励；而选择危险性小的安全击球线路，球道的长度会长很多，结果将会是多一杆攻球上果岭。

冒险型球洞在某种程度上夸大了高水平球手和一般水平与弱力球手间的差距，它使大力球手更加受益，而弱力球手只能选择距离远很多的安全线路，打出多出一杆的成绩，对于弱

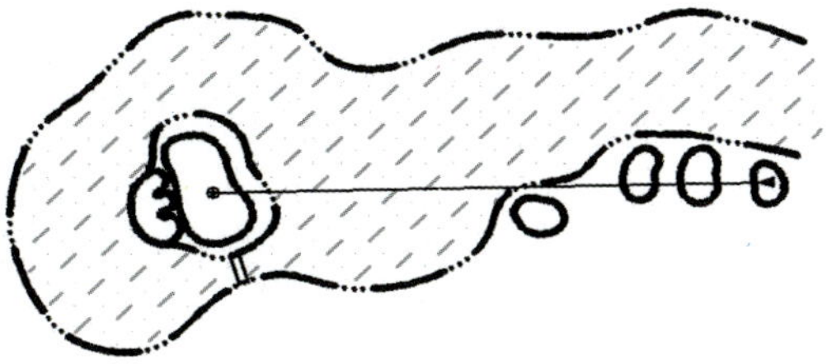

唯一的打球路线是开球穿越水面障碍直攻果岭，别无其他选择。

惩罚型球道

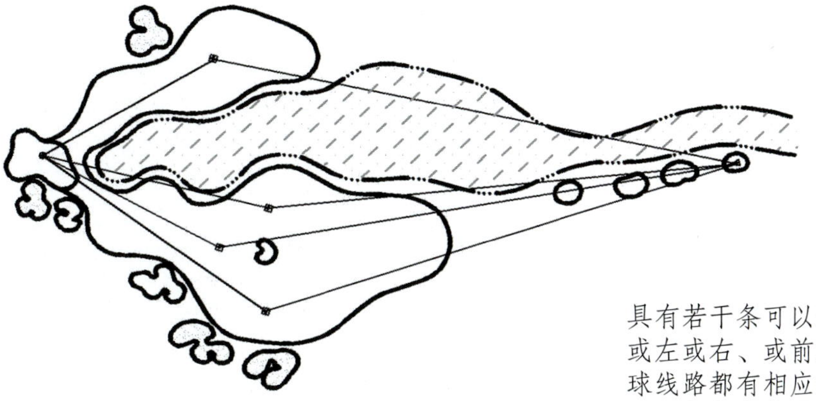

具有若干条可以选择的开球路线，或左或右、或前或后均可，每条打球线路都有相应的奖惩比例，球手可以根据自身的能力和当时的状态与天气条件等因素，选择适宜的打球线路。球道的战略性清晰明显，条条线路通果岭，可谓殊途同归。

战略型球道

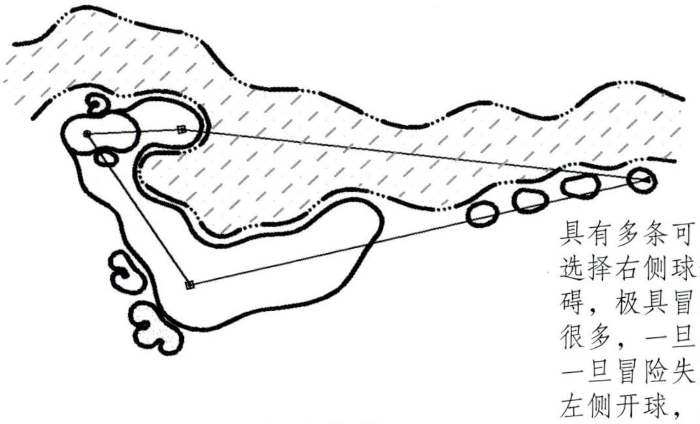

具有多条可以选择的打球线路，左右均可。选择右侧球道开球，需要穿越极长的水面障碍，极具冒险性，但右侧线路球道距离缩短很多，一旦冒险成功，很容易得“鸟”，若一旦冒险失败，也将受到强烈的惩罚。选择左侧开球，比较安全，但很难打“鸟”，保“帕”也并非易事。奖罚分明，冒险与奖罚的程度非常强烈。

冒险型球道

图2-9 战略类型球洞

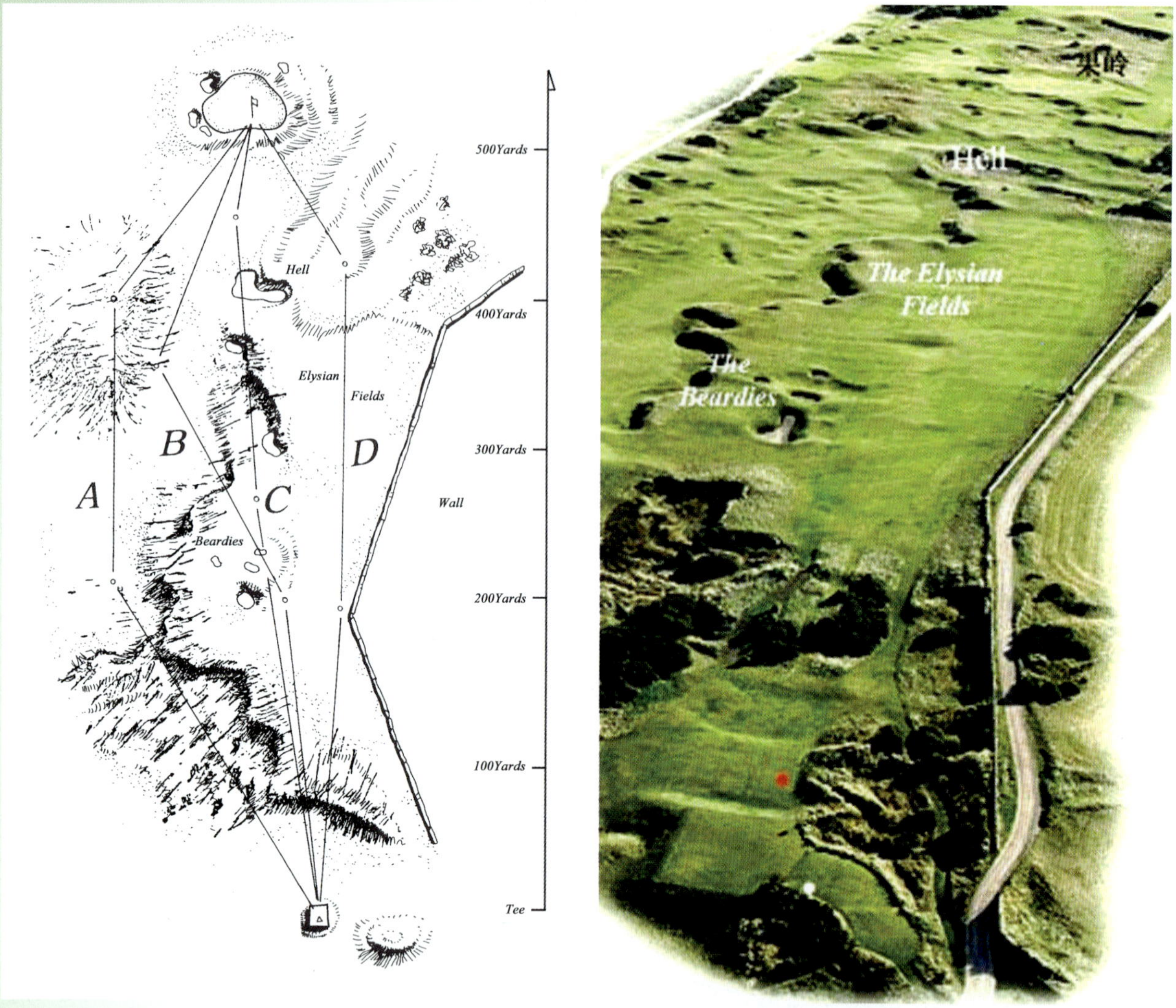


图2-10　圣•安德鲁斯老球场的第14洞

它是战略型球道的典型代表，以其丰富的球道战略性闻名于世。

力球手也显得不太公平。

在上述3种类型的球道中，现代的球场设计师常选择战略型和冒险型球道作为球场设计的主体，惩罚型球道只是偶尔出现。战略型球洞是最富有变化性的球道，但它需要的土地空间一般较大，很难在球场中占有很大比例，因此，在球场设计中，很多时候都采用战略型球洞和冒险型球洞相结合的形式，或者没有二者明显特征的球道形式。设计师在球场设计过程中，应根据球场的风格与类型、场地条件等因素将3种不同战略类型的球道合理地应用到球场布局中，创造出富有可打性的球场。

### （三）古典球洞

在英国早期的海滨林克斯球场发展过程中，由于偶然的因素或是经过设计，在那些古老的林克斯球场形成了一些著名的球洞。由于这些著名球洞拥有令人难忘的、鲜明的个性和无与伦比的特征，因此，它们被后来的设计师们不断研究并加以拷贝临摹，应用到其他作品中。这些著名的球洞也因此被广泛称颂，声名也更加显赫，于是，它们成了高尔夫球场设计中的精典球洞。在我们现代的高尔夫设计领域，常将这些古老的名洞称之为古典球洞。这些古典的球洞主要有掩体球洞、伊甸球洞、路洞、山顶洞和海角洞等。

1.掩体球洞（Redan Hole）

此名字借用的是军事术语，意思来源于军事防御中使用的“掩体”。在这个短洞上，在果岭前方常设置有一个比较大的山丘，像是果岭的一个掩体，遮挡住了果岭的大部分，果岭掩藏于山丘的后面，在发球台上进攻果岭时，必须穿越该掩体才能到达果岭。

原始的掩体球洞是苏格兰North Berwick球场的第15洞（图2–11），其他的掩体球洞都是对它的模仿。该洞是一个长190码的3杆洞，果岭与击球线路呈斜角方位，果岭左右两侧都有沙坑防卫，尤其左侧的沙坑紧邻果岭边缘，正处在直攻旗杆的打球线路上，并且很陡很深，令人生畏，果岭面由前向后倾斜。这一洞最好的打球策略是全力挥杆，穿越果岭前方的掩体和果岭左侧的护卫沙坑直攻旗杆，将球干净利落地送到果岭上，并能迅速停住，越大胆、越多地穿越左侧沙坑将球攻上果岭，接下来的推杆将变得越容易。 如果将球打到果岭右前方较安全的区域，则将面临一个难度极大的长距离的大下坡的推杆。本洞最大特色是将“冒险与奖励”的设计理念发挥到了极致，为球手清楚地展示了风险与奖励的比例：冒多大风险，收获多大的利益；不冒风险，没有收益。

图2-11　原始掩体球洞（North Berwick 球场第15洞）

掩体球洞是被高尔夫设计师拷贝最多的一个古典的3杆洞。在后来对掩体球洞的模仿过程中，有人在距离果岭前方40码的地方设置一些草丘，将部分果岭遮掩起来，使它看上去更加有特色。

图2-12　Tillinghast在美国Somerset乡村球场拷贝的掩体球洞

正是由于掩体球洞这一独特的战略性特色，使之被后来的设计师一再模仿。Seth Raynor在Fisher Island球场、Mountain Lake球场和Shoreacres球场，Macdonald在National Links 球场和Pipe球场，A.W.Tillinghast在Somerset球场（图2–12），Willie Dunn 在Shinnecock Hills球场，

Tom Doak在Pacific Dunes球场都对掩体球洞进行了拷贝临摹，并加以变化与改良。

2.伊甸球洞（Edan Hole）

原始的伊甸球洞是圣·安德鲁斯老球场的第11洞（图2-13），由于其果岭坐落在老球场伊甸河的大堤上，故而得名伊甸球洞，该洞还有一个名称为High-coming home。该洞是一个长174码的3杆洞，果岭左侧有Strath和Hill 2个极深的沙坑护卫，果岭从后向前倾斜，坡度很大，以致球手怀疑球能否停在果岭上。该洞的打球战略是对着2个大沙坑之间打。无论旗杆位置如何，在有风的情况下该洞是最难打的一个球道。伊甸球洞堪称是世界上最著名的3杆洞之一，它多次被后来的设计师拷贝，Seth Raynor在Carmago球场和St. Louis球场都它对进行了拷贝（图2-14）。

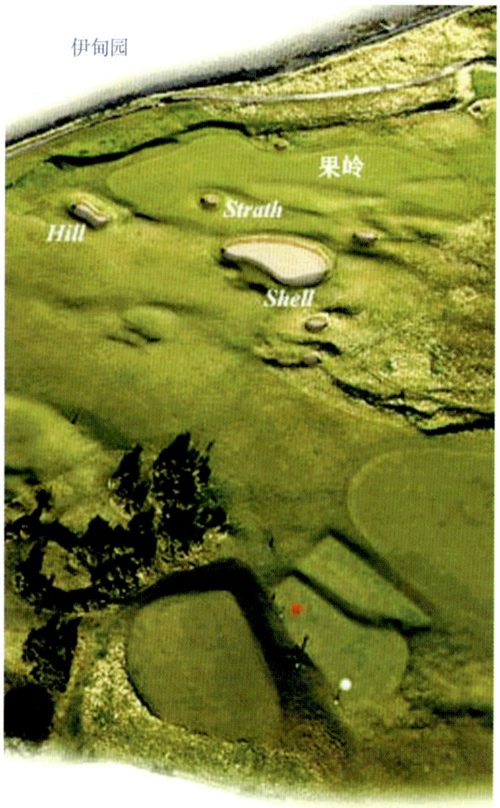

图2-13　原始伊甸球洞（圣•安德鲁斯老球场第11洞）

图2-14　Seth Raynor在美国Carmago球场拷贝的伊甸洞

3.路洞（Road Hole）

原始的路洞是圣·安德鲁斯老球场的第17洞（图2-15），之所以被称为路洞，是因为该洞的右侧以一条弯曲的公路为边界（O.B.），公路内弯进入打球线路中，成了影响球道打球战略障碍的一部分。正是因为这条路的存在增加了该洞打球战略的变化性，为球手打球增加很大的惩罚性，曾使很多著名球手在大赛中获胜的希望破灭。该洞也因为这条路的存在而名声大噪，因此

图2-15　原始路洞（圣•安德鲁斯老球场17洞）

该洞以路洞而闻名于高尔夫界。事实上，该洞除了由于路的存在而著名外，还在于它本身就是一条非常富有战略性和冒险性的球道，为球手提供了多种冒险与奖励并存的打球策略。

路洞是一条长455码的4杆洞，它不仅距离长，而且球道宽阔，内部地形起伏变化复杂，又有路做边界守卫着右侧的球道，为打球创造了丰富的变化性。球道内起伏多变的地形给打球创造了多条可以选择的击球线路，也给球手控制球的落点带来了很大困难，上果岭的一杆也有很大的难度，球手必须顺着果岭去劈球上果岭，否则，果岭右侧的“路”沙坑和作为边界的路将成为灾难。

4.山顶洞（Alps Hole）

原始的山顶洞是位于苏格兰的Prestwick球场的第17洞，它是一个4杆洞，在落点和果岭间有一个小山隔开，上果岭一杆击球完全看不到果岭，是一条全盲的球洞。后来，在改良的山顶洞中，球手可以看到果岭上的旗子，但果岭仍在小山的后面，球手必须将球打过山丘才能到达果岭。如果将球打到山丘上，则很难预测球的落点，只能凭运气了。

山顶洞在早期的球场中时有出现，它也是早期的高尔夫设计师经常临摹的对象（图2-16）。但在现今的球场设计中，设计师已很少使用这种球洞。这种盲果岭的球道有违高尔夫设计的原则，对于球手显得不太公平。

图2-16　Macdonald模仿的山顶球洞

National Links球场的第11洞，落球区左侧山包后面是果岭。

5.海角洞（Cape Hole）

它是由Charles Blair Macdonald首创的，他在Mid Ocean球场的第5洞首先创造了这个球道（图2-17）。该洞是一个极左的狗腿球道，果岭龟缩在一个三面环水的弯角处，发球台面对的是一个巨大的水面，球道沿着对面的水面蜿蜒而行，开球需要穿越水面才能到达对岸的球道。球道落点有若干，几乎所有的球道都是落球区，但落点离果岭越近，需要穿越的水面越长，风险越大，同时得到的奖励也越大。

海角洞是一种典型的冒险型球洞，风险程度与奖励额度显而易见，冒多大风险获得多大的奖励。球道战略的关键是开球落点的选择和对穿越水面障碍的长度选择，球手可以根据自身的能力选择适于自己的开球线路。但海角洞也有不公平的一面，它夸大了大力球手和弱力球手的水平差距，它更有利于大力球手，而不太利于弱力球手。

图2-17　Macdonald在Mid Ocean球场设计的海角洞

## 二、发球台

发球台是每个球道打球的起点，是每个球道不可缺少的组成部分。发球台最早只是在前一洞球洞所在位置向前一个球杆位置上的开球区域，在其边上放置一个盛放沙子的箱子，球手用沙子堆置一个小沙包当支球的球座，将球支起开球（图2-18）。后来，在此基础上，演变成为一个独立的特征区域。今天，发球台已经发展成了一个包含多个发球台的发球区域，形成了一个变化丰富的多发球台体系。

图2-18　早期的发球台

右侧的箱子用于盛放支球用的沙子。

发球台作为球道的一个重要组成部分，虽然仅是一个作为开球用的草坪区域，但其位置的设置和方位的变化会极大地影响一个球道的难度和打球战略以及球道的公平性，其面积的大小和坡度的大小也会对球场的养护管理产生很大的影响。因此，发球台的设计是球场设计中非常重要的一个部分，设计师应对发球台的设计原则有充分了解，以便在球场设计过程中加以合理应用。

### （一）多发球台体系

早期的球场一般在一个球道中只设置2~3个发球台，而现代的高尔夫球场设计都趋向于使用多发球台体系，在一个球道中设置4~5个甚至更多个发球台。多发球台体系之所以被普遍采纳是因为它为球场设计提供了更多的变化性，通过多个发球台的设置可以便于调整球道长度和球道的打球战略，以适于不同水平球手的要求。采用多发球台体系是增加球场布局与打球的灵活性、变化性和趣味性的最方便的一种手段，也是最经济的一种手段。另外，设置多个发球台有利于更加灵活地利用场地地形和自然的景物。

在《高尔夫球规则》中，只定义了3个发球台：蓝梯、白梯和红梯，而现今的多发球台体系常在此基础上增设2个发球台，在蓝梯后增加1个职业梯，在白梯和红梯之间增设一个黄梯，这样就形成了由5个发球台组成的多发球台体系，它们分别是：用于职业球手比赛的黑梯或金梯，用于高水平业余男子球手的蓝梯，用于一般水平业余男子球手的白梯（也称中间梯），适于短打手和老年球手的黄梯（也称前梯），用于女子球手或少年球手的红梯（也称女子梯）。目前，在通常情况下，球场设计师常将这些适于不同水平球手的发球台在中、长球道的开球距离设计为：职业梯280码左右，蓝梯240码左右，白梯220码左右，黄梯200码左右，红梯170码左右。这样，通过多个发球台的设置，使每个水平的球手都有了相应的发球台和适当的开球距离，使不同水平的球手可以攻击球道中的同一个目标。

在球场具体设计过程中，球场设计师有时在个别的球道还会设置更多的发球台，如6或7个发球台，以给球道增加更多的变化性和战略性。

著名的女性高尔夫球场设计师Alice Dye，还积极倡导为女子球手设置2个发球台，以适于不同水平女子球手的打球能力，创造更加公平的打球条件。

### （二）发球台的位置和方向

发球台的位置和方向的变化不仅影响球道的长度，而且也影响到球手对打球线路的选择和打球战略性的变化（图2-19）。一个良好的发球台布局，既可以指导不同水平的球手选择适宜于自身的打球战略，也利于平衡各种水平球手的打球难度，实现打球的公平性。

一般情况下，发球台的角度和方向通常可以帮助球手正确选择打球的方向，在战略性球道设计中，设计师通过调整发球台的位置和方向，可以使各发球台所面对的球道障碍和打球的难度都不相同，以平衡不同水平球手之间的差别，职业发球台常面对的是最难的打球角度，而最前面的女子发球台面对的是最容易的打球角度，中间的发球台面对的是难度中等的打球角度。

发球台的位置和布置的角度与方向以及它们与球道战略性的关系是每个设计师在进行球道设计时应该予以足够重视的问题。

### （三）发球台面积

早期的高尔夫球场的发球台通常很小，因为在那个时代球场的使用频率很低。随着高尔夫运动在20世纪50~60年代的繁荣，发球台也变得越来越大，以适应因打球人数迅速增长而带来的球场使用强度增大的要求。

发球台是球场中使用强度最大的草坪区域，面积充裕的发球台不仅可以增加打球的变化性，而且可以为发球台的草坪恢复提供充足的时间间隔，给球场管理提供方便。发球台面积太小，难以适于高强度的打球要求，而面积太大又会过多地增加管理的成本，因此，球场设计中应给发球台确定一个适当的面积。

图2-19 多发球台体系

图中越靠前的发球台所面对的障碍越少，发球台的方位也更利于攻击果岭，打球难度依次降低，从而使不同水平的球手具有不同难度的打球路线，体现高尔夫运动的公平性。

确定发球台面积最基本的原则是：对于使用木杆开球的发球台，每个洞每1 000轮次打球需要14 $m^2$左右的发球台面积；对于使用铁杆开球的发球台，则需要18 $m^2$左右的发球台。正常情况下，一个使用强度中等的球场，每年打球轮次在2万次左右，每个洞的发球台总面积应为280~360 $m^2$；一个使用强度很高的球场，每年打球轮次在3万次以上，每个洞的发球台总面积应达到420~540 $m^2$。这样计算出的发球台面积是基于在一周和一个年度中球场使用强度比较平均的状况，如果考虑每周内打球强度的不同以及一年中球场淡季和旺季打球强度的差别，还应对此面积给予适当加大，以使之符合球场在较高强度打球时间段的要求。通常，对于使用强度很高的球场，一个球洞发球台的总面积应达到700~800 $m^2$。

确定了一个球洞发球台的总面积还不够，还需要合理地将它分配到每个发球台中去，只有给每个发球台合理的面积分配，才能最终实现发球区总面积确立的合理性。对发球台面积的合理分配是由各发球台使用强度大小而决定的，使用强度大的发球台，应分配给较大的比例，而使用强度较小的发球台，应按较小的比例分配（图2-20）。最常用的分配原则是：黑

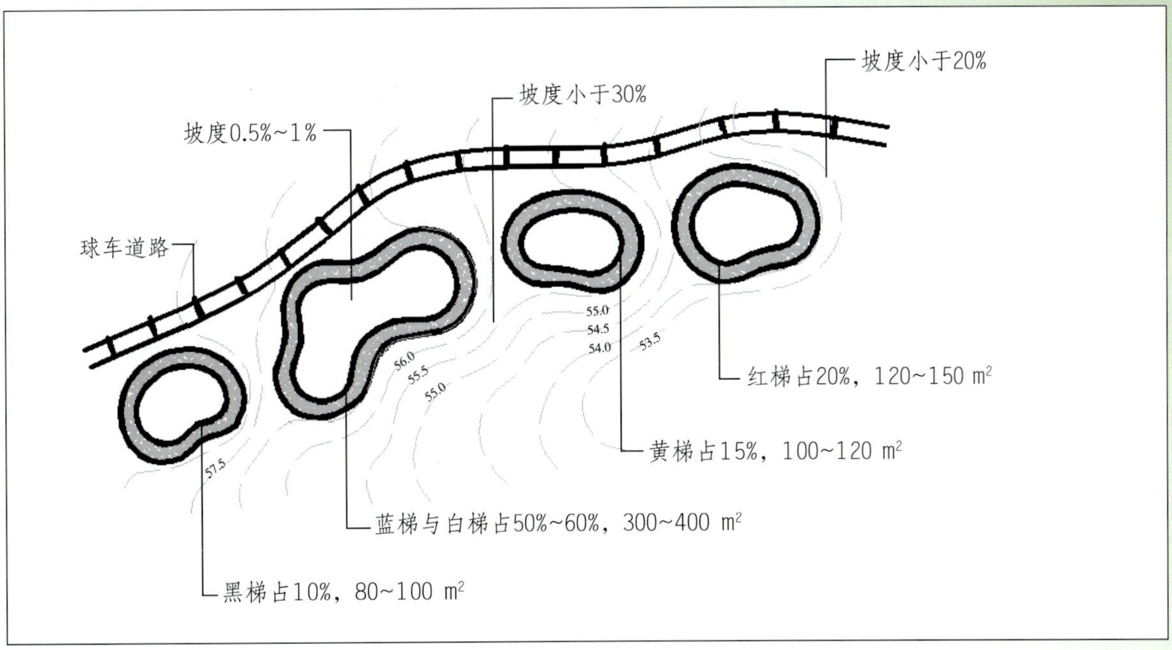


图2-20 发球台面积分配与设计坡度

梯占10%，蓝梯和白梯共占50%~60%，黄梯占15%，红梯占20%。按照这一分配原则，对于一个发球台总面积达700 m²的球洞，蓝梯和白梯的面积共应达到400 m²左右，因为这两发球台使用强度最大，而对于强度很小的黑梯，其面积仅需要70 m²左右。

## （四）发球台的形状与坡度

早期的球场发球台形状比较呆板，基本上是在场地中用土堆起来的规则长方形或正方形土台，而现代球场的发球台形状更趋于多元化，并且与周边的地形衔接自然流畅，大多数的发球台呈现不规则的自由的形状，曲线比较流畅自然，变化比较丰富。在近些年，规则的长方形或类似长方形的发球台又重新出现在了一些球场中，但它不再是一个单独的土台，而是与四周地形衔接紧密的平台。

图2-21 突兀的发球台

任何一个发球台的表面应该是一个比较平坦的平面，以便为球手开球提供稳定的站位。当然，为了表面排水的需要，发球台表面也应该有一个很小的排水坡度，一般情况下，发球台表面的坡度最大不超过1%。表面排水方向要根据发球台四周地形情况而定。

发球台一般都要被抬高，使之高于周边的地形，这首先是为了利于发球台向周边排水；其次，也利于球手在发球台上观察计划攻击的目标和球的落点；再次，还利于球手站在发球台上有一个开阔的视野欣赏球场的景观。由于发球台被抬高，使得发球台表面与周边地表形成坡度较大的侧斜坡。为了使这些斜坡可使用草坪管理进行机械管理，以方便球场的养护，这些斜坡应该有一个适当的坡度。一般情况下，发球台的侧坡的最大坡度应小于30%，而进入发球台的人行道的坡度应小于20%。另外，发球台侧坡坡度的变化应与周边地形衔接自然流畅，应利于管理机械的出入和操作方便。过于突兀的发球台既有碍球场景观，也不利于养护（图2-21）。

## 三、果岭

果岭是高尔夫球场中最重要的组成部分，在一轮打球中大约有3/4的杆数与果岭相关，果岭的品质在很大程度上影响着球场的可打性，因此，果岭向来都是备受高尔夫球场设计师关注的一个特征区域。

现代高尔夫球场的果岭与早期的原始球场的果岭大体相似。我们今天在球场最常见的高出地面的果岭形式，也是从100多年前演变而来的。Willie Park在1901年建造Suningdale球场时，首次使用堆高土方建造高起的具有人工表面造形的果岭，从此开启了球场果岭建造的历史。同高尔夫球场设计一样，果岭也经历了一个漫长的发展过程，经过一代又一代高尔夫设计师们长期的实践，积累了非常丰富的果岭设计经验，为我们现今的球场设计提供了大量的依据。

### （一）果岭面积

确定一个球洞果岭的面积应遵循以下几个原则：

（1）符合球场使用强度的要求；

（2）符合球道本身的设计战略意图；

（3）适合果岭区所处的地形条件。

球场设计过程中，设计师需要对以上3条原则予以整体考虑，针对每个球洞确定一个比较适宜的果岭面积，其中前2个原则是需要予以着重考虑的因素。

一个球道的果岭面积越大，果岭就越能适应高强度的打球使用的要求，但大面积果岭也有它不利的一面，即会增加球场额外的管理费用，因此在球场设计时，必须平衡二者的关系，确定一个比较适合的果岭面积。下面，我们从果岭的使用强度原则出发，根据果岭草坪的管理经验，具体计算一个普通果岭应该需要多大的面积。

按高尔夫竞赛规则，果岭上球洞所处的位置应至少距果岭边缘4.5 m，因此，理论上最小的果岭应该为64 $m^2$（$\Pi \times 4.5^2$）。但实际上，这样的果岭根本无法满足打球的需要，无论从球洞设计战略还是从果岭使用角度都是不可行的。

根据球场使用和草坪管理的经验，一般以洞杯为中心，3 m半径范围内的果岭区的草坪，通常是践踏损伤最严重的区域。对于使用强度极大的果岭，一个果岭每天都需要更换一次洞杯的位置，洞杯区的草坪需要2周左右的时间才能从践踏损伤中恢复正常，重新放置球洞。因此，在只考虑果岭使用和养护的情况下，对于最大使用强度的果岭，面积应为400 $m^2$（$\Pi \times 3^2 \times 14$）。

根据高尔夫竞赛规则，果岭边缘距洞杯中心还要至少有4.5m的距离，也就是说果岭边缘距洞杯区边缘还要有1.5 m宽的非洞杯区，即洞杯所不能辐射的区域，该区域的面积为150~200 $m^2$，因此，对于使用强度极大的果岭，其面积就达到了600 $m^2$。

该果岭面积是在将果岭视为一个非常平坦的平面，任何一个区域都可以放置洞杯的情况下得出的。而事实上，几乎没有设计师会设计这样一个乏味的果岭。在进行果岭造形设计时，一般都会将果岭表面设计为多个起伏面，从而创造不同难度的球洞区，以变化打球的难度和球道战略。果岭表面有些区域比较平坦，用于作为放置洞杯的区域，而在可放置洞杯区的区间还有一定的起伏地形，用于分隔相对平坦的球洞区，而这些坡度较大的区域则不适宜安放洞杯。这些不适于安放洞杯的区域在整个果岭中占果岭面积的20%~30%，即150~200 $m^2$。因此，一个使用强度很大的果岭面积应达到800 $m^2$左右。

事实上，不是所有球场都可以达到上述的使用强度，在实际设计过程中，应根据球场使用强度情况，对果岭的面积予以相应地调整。

以上只是从果岭使用强度的角度计算得出的果岭面积的大小，但在实际的球场设计中，球场使用强度只是设计师需要考虑的影响果岭大小的因素之一，其他设计因素，如球道的设计战略，也会影响设计师对果岭面积大小的确定。

果岭的大小是构成球道战略性的一部分，直接影响打球上果岭一杆的难度和果岭本身推杆的难度，出于球道本身战略性的考虑，设计师会在充分考虑果岭使用强度和养护便利性的基础上，对果岭面积做一些调整，使之符合球道设计战略的要求。

有时，果岭所处位置的原始地形也会影响设计师对果岭大小的确定，当果岭设置在一个面积不很充裕、地形又很孤立的位置上时，设计师会考虑将果岭设计得小一些，以充分利用场址的原有地形。

### （二）果岭表面坡度

果岭面是一个利于高尔夫球平滑滚动的草坪面，一般都是比较平坦的。早期的球场果岭表面坡度要较现在的球场大得多，达7%~8%，这是由于当时果岭草坪质地比较粗糙，而剪草机又不能将草坪剪得很低，导致果岭的球速很慢，不得不加大果岭的坡度来提高果岭的球速。

现代科技的发展使得草坪质地变得非常细致，草坪可以忍耐的刈剪高度也非常低（可以低至0.2~0.5 cm），从而使得果岭的球速极大地提高，如果果岭面坡度太大，会使得推杆无法控制。因此，现代球场果岭面的总体坡度一般保持在2%~3%之间，坡度太小不利于果岭排水，坡度太大不利于推杆的公平性。果岭的这一总体坡度与果岭草坪种类也有一定的关系，对于匍匐翦股颖果岭，2%的总体坡度比较适宜；而对于狗牙根或海滨雀稗果岭，总体坡度可以适当加大到3%。

果岭表面坡度的变化，可以增加打球的变化性，丰富球道的整体打球战略。果岭内坡度的变化可以使球不是按直线方式行走，球的行走方向会产生变化，也会使球的滚动速度产生变化，从而增加了果岭上推杆的变化性和推杆的难度，使球手在果岭上推杆更有趣味性，而坡度没有变化的果岭会使球手在果岭的推杆变得非常乏味。果岭面上坡度的变化，使球手在推球前必须对果岭表面的推球线路进行研读和预判，只有准确地预测球的滚动方向和滚动速度才能推球入洞。因此，果岭上坡度的变化可以很好地考验球手对果岭的研读能力和推杆的技术。

鉴于果岭表面的坡度对打球具有非常重要的影响，在球场设计过程中，设计师应对果岭表面的坡度设计予以足够的重视。果岭表面坡度设计，一般应遵循以下几个原则。

（1）果岭的整体坡度，尤其是洞杯区的坡度，应符合果岭推杆的要求。通过对果岭坡度的合理设计创造适当的果岭速度，使果岭速度快慢适宜，创造公平的打球条件。

（2）应通过果岭坡度的变化创造难度不同的球洞区，以增加打球的变化性，配合球道整体战略。通过果岭面上的坡度变化再配合果岭周边的障碍设置，可以使一个果岭面形成多个打球难度不同的球洞区域（图2–22）。一般情况下，一个果岭的球洞区可以设计为难、中、易3个级别，将它们通过果岭面上的地形变化有机地分隔开来，既有非常难以攻击的，也有较容易攻击的，还有难度适中的。其中，难度较大的球洞区的数量和面积所占比例应该较小，难度较小和难度适中的球洞区的数量和面积应占较大的比例。通过这样不同难度球洞区的设计，可以使果岭具有丰富的战略性，以配合球道的整体战略。

（3）果岭表面及其周边的坡度变化应利于球场的养护。进行果岭表面坡度设计时，首先应设计充足的洞杯放置区，以利于果岭洞杯的频繁更换，使洞杯区的草坪有充分恢复的时间，从而为果岭草坪管理创造便利的条件。一般情况下，一个果岭至少要规划6个以上放

图2-22 丰富、合理的果岭坡度

该果岭面起伏设计不仅与周边的地形有机结合为一体，而且通过流畅的坡度变化创造出了难度不同的洞杯区，丰富了打球的变化性。

置洞杯的位置，并将这些洞杯的位置根据打球战略的需要分布到上述不同难度的球洞区中。在有的球场有时会看到这样的现象：果岭面积很大，但适于放置洞杯的区域却很少。其原因就是由于果岭面的坡度设计不合理所致（图2-23）。

图2-23 设计不良的果岭坡度

该果岭表面的起伏过大，可以设置洞杯的区域很少，不利于果岭的养护，也不利于打球的公平性。

另外，果岭表面的起伏变化应流畅自然，起伏流畅的果岭表面比较利于果岭草坪剪草机械的修剪，不致产生剪草时啃草和剥皮现象。过分剧烈的起伏和地形衔接的不流畅会给果岭草坪的修剪带来很大难度。同时，起伏剧烈变化的果岭面也不利于果岭打球的公平性，它会使果岭的推球线路难以预测，增加了推杆的运气成分。

（4）果岭的坡度变化应利于果岭表面排水。果岭本身一般都高于周边地表，已经为果岭排水创造了良好的条件，但在进行果岭坡度设计时，应对果岭内部的排水给予充分的重视，使果岭内部具有畅通的向外排水的线路。果岭的坡度变化最好使果岭面具有几个不同的排水方向，使果岭表面的水从果岭边缘自然排出，果岭上的任何一个区域不应有积水现象。

（5）果岭面的起伏应与周边地形衔接自然流畅。

### （三）果岭周边坡度

果岭周边地形的坡度变化对球道的打球战略有很大的影响，在很大程度上它会影响打球上果岭一杆的难度和对打球战略的选择。

果岭一般都高出周边的地表，既是为了使果岭具有良好的地表排水条件，也是为了使果岭作为被攻击的靶子，从视觉上更加明显。但是，为了便于球场管理机械操作和易于球手行走，果岭的边坡不应太陡，最大陡度最好小于25%。

果岭周边有时会设计小的草丘或草坑等，以增加打球的变化性和加强果岭边的景观装点。在果岭后面设计草丘，可以为果岭提供一个参照背景，将果岭这个被攻击的目标衬托得更加醒目；设置在果岭前方的小草丘和草坑，可以极大地影响球的滚动方向和滚动距离，还可以使有的球洞区处开放状态，有的洞杯区处于隐蔽状态，从而使上果岭的一杆的击球更富有变化性，增加球手选择球杆和选择打法的变化性；设置在果岭两侧的草丘可以引导击球滚向果岭或洞杯，增加打球方式的变化。总之，通过对果岭周边地形的巧妙设计，再结合果岭边障碍的设计和果岭面坡度的设计，可以极大地丰富果岭打球的变化性，丰富球道的整体打球战略。

果岭及其周边区域虽然在一个球道中只占非常小的一部分，但它对打球的影响是任何其他区域都无法比拟的。因此，果岭及其周边地形与坡度设计是一门艺术，需要设计师付出智慧予以精心的设计。

### （四）果岭的形状与朝向

早期球场的果岭形状基本上都是略圆形的，而现代球场的果岭大都呈现流畅的不规则的形状。虽然高尔夫球场设计对果岭的形状没有严格的要求，变化比较自由，但果岭的形状对球道的打球战略性和变化性的确存在很大的影响。

首先，果岭形状的变化可为果岭创造不同难度的球洞区。果岭形状不规则的自由的变化可以更好地配合果岭面的造形和果岭周边的造形，创造出多种难度不同的球洞区，从而丰富打球的变化性（图2-24、图2-25）。

其次，果岭形状的变化可以在很大程度上影响一个球洞的打球战略性，它也是设计师设计球道打球战略非常重要的一个手段。例如，横长形的果岭，主要是为了考验球手对打球距离的控制；纵长形的果岭主要是为了考验球手对打球方向的控制能力；而形状复杂的果岭可能包含了多个变化的果岭面。因此，合理地规划一个球道果岭的形状，可以极大地丰富球道的战略性，创造更多的打球乐趣，尤其将果岭的形状和朝向以及果岭造形完美结合在一起时，则更可以丰富球道的战略性。

图2-24　呆板的果岭形状

如此小而圆的果岭不利于创造果岭的变化性。

图2-25　丰富多变的果岭形状

果岭形状的自由变化可以很好地丰富球道的变化性和战略性，洞杯设在本图的位置比较容易进攻，如果放置在果岭左侧的长角处，难度会陡增。

果岭的形状在设计上看似自由，实则包含了非常重要的战略信息，果岭形状也是设计师向球手传递球洞战略性信息的一种途径，对于善于解读设计意图的球手，他们可以通过果岭形状的变化来领悟和感知球洞的战略意图，使他们更容易打出好成绩。

果岭朝向和方位的变化也可以丰富打球的变化性，影响球道的战略意图（图2-26）。例如，有的果岭位置全部开放，便于球手从各个角度攻击，而有的果岭位置可能龟缩起来，仅便于球手从某个角度去进攻；有的果岭表面从后向前倾斜，有利于球手清楚地观察到果岭面和球洞区的状况，便于球手从正面攻击旗杆；有的果岭面向侧面倾斜，则便于从侧面攻击，利用果岭的侧坡引导球滚向球洞；有的果岭从前向后倾斜，使球手很难判断球洞的具体位置，给球手攻击洞杆带来了很多不确定性，增加打球的难度。设计师在球场设计过程中，可以充分利用果岭的朝向和方位的这些变化性，创造出变化更加丰富的打球战略。

图2-26　果岭的朝向对球道战略的影响

精心设计的果岭朝向可以极大地丰富球道的战略性，图中果岭与发球台呈斜长形方位，旗杆安插在图中位置时，需要球手控制好开球的方向；如果旗杆安插在果岭的左前方，则需要球手准确控制打球的距离。

### （五）果岭类型

在高尔夫球场不断的发展过程中，果岭也随着球场的发展演变出了如下几种具有显著特征的设计类型。

（1）岛中果岭（图2-27）　果岭四周被水或沙坑所环绕，使果岭犹如一个小岛。

（2）炮台式果岭（图2-28）　果岭四周都高出地面，是一个被抬起的高台。

（3）碗状果岭（图2-29）　果岭表面下凹低于四周地面。由于这种类型的果岭存在排水不良的问题，非常不利于管理，在现代高尔夫球场中已不再使用。

（4）梯田式果岭　果岭表面明显被分为2~3层，似梯田。

（5）椅状果岭（图2-30）　果岭位于三面环山的山坳中，使果岭及周边整体地形像一把坐椅。

（6）邮票状果岭（图2-31）　果岭很小、很平，四周有时设置大量的沙坑。果岭形状像是一枚长方形的邮票。

（7）两段式果岭（图2-32）　果岭中间有一条很深的沟，将果岭面明显分割为两部分。

图2-27　岛中果岭

该果岭建在一个可以移动的船上，又被称为“浮动果岭”。

图2-28　炮台式果岭

果岭高耸，形似炮台。

图2-29　碗状果岭

该果岭中间部分明显低于四周的地形。

图2-30　椅状果岭

图2-31　邮票状果岭

该果岭形状象是一枚长方形的邮票。

图2-32　两段式果岭

果岭中间有一条很明显的深沟将果岭分为2半。

## 四、球道

球道是指连接发球台与果岭之间的较利于打球的草坪区域。由于球道草坪的高度较其边缘的高草区低得多，比较便于球的击打，因此，球道通常也是设计师设计球洞战略性的一个重要组成部分，通过将球道与沙坑、水面等障碍以及与高草区和树木等的巧妙配合，使球道形成具有多个可供球手选择的攻击区域，从而使球道具有丰富的打球战略性。

图2-33 蜿蜒曲折的球道轮廓

球道的轮廓线通常都是不规则的流畅的曲线，这主要是出于球道战略性的考虑。通过变化球道的宽度，可以创造不同难度的落球区域，调整打球的难度，从而丰富打球的战略性（图2-33）。球道的宽度一般在20~60 m之间。

球道中最重要的一个区域是落球区。落球区是设计师在球道中假定的较理想的落球区域，它实质上是到达一个球洞最终目标（果岭）的中间攻击目标。对于标准杆4杆的球道，只有1个中途攻击目标（战略型球道会设计多个攻击目标）；标准杆为5杆的非战略型球道，有2个中途攻击目标；对于3杆洞则可以没有中途的落球区，甚至没有球道。

落球区作为一个球道战略重要的组成部分，它对球道打球难度和球道战略性的影响主要表现在其所处的位置、落球区的大小及其地形状况与周边的障碍状况等因素。在进行落球区设计时，应对这些因素予以综合考虑，并将之与一个球洞的整体战略性纳为一体进行统筹设计。关于落球区（攻击目标）的面积大小，美国高尔夫协会在经过对多年的打球数据统计后，得出一些相关的经验数据，并将这些数据结果统计成击球准确度表（表2-2）。这些数据不仅可以作为评定高尔夫球场难度等级的一个指标，它对于进行落球区或进攻目标大小的设计也具有很好的指导意义。

表2-2 击球准确度表

（落球区长度与宽度 单位：码）

| 击球距离 | 标准杆球手 | | 高一杆球手 | |
|---|---|---|---|---|
| | 宽度 | 长度 | 宽度 | 长度 |
| 70 | 9 | 13 | 14 | 17 |
| 80 | 10 | 14 | 15 | 18 |
| 90 | 11 | 14 | 16 | 19 |
| 100 | 11 | 14 | 16 | 20 |
| 110 | 12 | 15 | 17 | 21 |
| 120 | 12 | 15 | 17 | 22 |
| 130 | 13 | 15 | 18 | 23 |
| 140 | 14 | 16 | 19 | 24 |
| 150 | 15 | 16 | 20 | 25 |
| 160 | 17 | 17 | 22 | 27 |
| 170 | 18 | 17 | 24 | 28 |
| 180 | 20 | 18 | 26 | 30 |
| 190 | 23 | 18 | 29 | 34 |
| 200 | 26 | 19 | 33 | 37 |
| 210 | 29 | 19 | | |
| 220 | 32 | 20 | | |
| 230 | 35 | 20 | | |
| 240 | 38 | 20 | | |
| 250 | 41 | 21 | | |

注：落球区的长度和宽度是以球手攻击目标成功率为66％的基础统计得出的数据。高一杆球手指打球成绩每洞较标准杆高出一杆的球手，标准杆为72杆的球场的打球成绩为90杆。

落球区作为打球的中途进攻目标，它的

设计将直接影响球场的公平性和可打性。因此，落球区的设计应考虑以下几个设计原则。

（1）落球区应在发球台上是可视的。对于标准杆为5杆的球道，第二落球区应在第一落球区是可视的。落球区一般是球道中最宽阔的区域，落球区处球道的宽度通常在40码以上。宽阔的落球区可以提高球手对攻击目标的可视性，也利于球手攻击这个区域。

（2）落球区的设置应充分体现球道的战略性和挑战性，落球区设计是体现球道战略性的一个非常重要的手段。通过落球区宽度的变化和与周边障碍的结合，可以增加球道的战略性和变化性；通过在球道中设置多个落球区，可以使球道形成具有多条打球线路的战略型球洞或冒险型球洞；通过落球区拐点的巧妙设计，可以使球道成为狗腿式球道，从而丰富球道的战略性。

（3）落球区设置应充分体现球道的可打性和公平性。落球区的合理设计可以为不同水平球手提供相应的打球路线，创造公平的竞赛条件，通过调整落球区的宽度可以使低水平球手的发球台所面对的落球区最宽，使高水平球手发球台面对的球道宽度相对较窄，这样既适于低水平球手的打球需要，同时又给高水平球手提供了相应的挑战。

（4）落球区的地形起伏应为球手提供较好的球位，利于球手下一杆击球和进攻下一个目标。

## 五、障碍

球场中除了草坪区域外，高尔夫设计师还拥有一个其他设计所不具有的独特的设计元素，它就是障碍（图2-34）。障碍是高尔夫球场中不可分割的一个组成部分，在球场中设置障碍不单单是为了增加打球的难度，事实上，球场中的障碍更具有调味剂的作用，它在给球手打球带来困难的同时，还极大地丰富了打球的变化性和战略性，使高尔夫运动更富有趣味性、刺激性和娱乐性。一个没有障碍的球场将是一个非常乏味的运动场，在这样的球场上打球，高尔夫成为了单纯体力活动，失去了高尔夫应有的趣味性。因此，高尔夫球场的障碍设计是球场设计中极其重要的一个部分，也是设计师的设计水平的一个综合体现。

### （一）障碍类型

高尔夫球场中的障碍是一个综合概念，它实际上包含了多种障碍物。从狭义上来说，障碍只是指沙坑和水面障碍，这也就是《高尔夫球规则》中所定义的障碍。但在实际打球过程中，还有很多其他因素会给打球增加难度，甚至较这两种障碍所产生的难度更大，因此，从广义角度来说，高尔夫球场的障碍范围更加广泛，包括沙坑、水面、高草、树木、地形等。另外，自然因素，如风、阳光等，也会给打球带来困难，但是自然因素超出人们的控制，并且变化很快，无法作为障碍予以讨论。

### （二）障碍功能

在球场设计中，障碍的设置是一项非常复杂而艰难的工作。要做到对障碍的合理设计，首先应该对障碍在球道中扮演的功能有一个全面的了解，球场中的障碍一般具有以下

图2-34　高尔夫球场中的障碍元素

水面、沙坑、树木和野草等都是打球障碍元素，它们共同作用给打球增添了无穷的乐趣。

一些功能。

（1）障碍是组成球道战略的重要部件。大部分球道都是以障碍为设计骨架来形成球道的战略性，通过障碍的设计形成多种击球线路。

（2）障碍不仅可以增加打球的难度，而且可以增加打球的变化性和趣味性。障碍在增加了打球难度的同时，也增加了打球线路的多种可选择性，使打球变得更加有趣。

（3）障碍可以作为球洞的分界线和球道间的安全缓冲隔离带。绝大部分障碍都设置在球道边上和两条球道之间，从而自然地将球道分隔开来，并作为球道间的缓冲物，增加打球的安全性。

（4）障碍是球场景观的主要组成部分。障碍给以草坪为主体的球场注入了多维的景观元素，可以极大地丰富球场的景观，提升球场的景观价值。

（5）障碍可以为球手选择攻击目标提供指示。良好的障碍设计可以协助球手选择攻击目标，使球手打球的目标更加明确。

（6）障碍可以指导球手的流向，使球员在球场中的流动更加合理、流畅。

（7）障碍有助于阻止和收集过失击球，以免球延错误的路线走得过远。

### （三）障碍的设计原则

在高尔夫球场设计中，障碍设计是非常灵活的，但也有一些总体的原则用以指导障碍设计。障碍设计主要有如下一些原则。

（1）障碍布置应与球道紧密结合为一体，成为球洞战略有机的组成部分，尽量不要设置与打球战略无关的障碍。

（2）障碍对于球手都应该是可视的，不应该有障碍盲点，以减少打球的不公平性。

（3）障碍的设计应具有公平性，符合不同球手的球技水平。合理的障碍设置应让低水平球手接受障碍的惩罚相对较少，且相对容易克服；而对于高水平球手，应使障碍成为胁迫和考验他们的一个严厉的手段。

（4）障碍设计的惩罚程度应与奖励程度相匹配，与打球失误的程度相匹配。打球失误越大，受到障碍惩罚的程度越大；选择打球路线的惩罚性越大、冒险性越大，所应得到的奖励也应该越大。这也是球道障碍设计的战略性的最好体现：按比例进行惩罚。

（5）障碍的布置应利于球员在场地中合理地流动。

（6）障碍的布置应利于球场养护和管理。

## 六、沙坑

沙坑是高尔夫球场中最传统的一种障碍形式，它也是现代高尔夫球场中应用最为广泛的一种障碍。早期高尔夫球场的沙坑是自然形成的，高尔夫运动最早是在自然的海滨草地上进行的，由于放牧在球场草地上的羊群常在一个地方卧踏或者由于球手常在某个区域打球，使得那些区域的草皮逐渐死亡，地面裸露，后经过长期海风吹袭，裸露的地面不断沙化，最终形成了沙坑。后来，沙坑便作为一种障碍成为了高尔夫球场的一个组成部分。

### （一）沙坑障碍的特性

沙坑之所以被称为障碍是因为在沙子上打球要较在球道的草坪上打球困难。沙坑作为球场中的一种障碍，具有障碍所具有的所有功能，但沙坑也有与其他障碍不同之处，其中主要表现在沙坑的惩罚形式和沙坑艺术性两个方面。

#### 1.沙坑的惩罚性

与水面和树木障碍相比，沙坑为球手提供了补救击球的机会，对球手的惩罚性要小得多。它甚至要较长草的惩罚性还要小，在沙坑中救球一般要比在较深的长草中救球容易一些。

沙坑作为一种障碍对球手的惩罚程度的大小取决于很多因素，如沙坑的深度、沙坑的坡度、沙坑周边的地形、沙坑中沙子的质地、沙坑距离目标的远近等。

一般情况下，沙坑越深，打球难度越大。在较深的沙坑中打球，需要在短距离内克服打球轨迹的高度产生的难度，无形之中增加了打球的难度。像林克斯球场中那种3~4 m深的直壁沙坑，要想将球从中救出来是极其困难的，更不要说从沙坑中去攻击目标了（图2-35），而没有边唇的很浅的平底沙坑则对击球没有多大影响（图2–36）。

图2-35　圣•安德鲁斯老球场第14洞的“地狱”沙坑

在如此几米深的沙坑中救球，可以想象其困难程度。

沙坑的坡度越大，沙坑的惩罚性就越强，尤其在攻击目标方向的沙坑坡度很大时。从直壁的沙坑中将球打出需要极好的技术，从沙面高翘的沙坑中击球去攻击目标，难度也很大，并且很难将球打远，这主要因为沙坑中的坡度影响了球手的站位和打球的角度。沙坑周边的地形，尤其是在打球飞行线上的沙坑边造形对于沙坑的惩罚性影响也非常大，沙坑边缘的草丘不仅影响球手的视觉，也加大了救球需要克服高差带给球手的难度，从而给救球增加了很大难度。

图2-36　平底沙坑

在这样浅的果岭沙坑中救球，不会有多少难度。

沙坑中的沙子质地对沙坑的惩罚性也有很大影响。颗粒较圆、较细的沙子，感觉绵软，球手很难稳定站位，同时，球容易没入沙子中，形成“荷包蛋”式的球位，给救球增加了很大困难；而颗粒粗、尖角形的沙子，球则容易停在沙子表面，救球难度会小很多。

沙坑距离目标的距离也会影响球手从沙坑中攻击目标的难度，距离越远，从沙坑中直接攻击目标的难度越大，尤其是那些离目标有一定距离的深沙坑，对于职业球手都有很大的难度，而那些在果岭边缘的浅沙坑，对于职业球手几乎算不上是障碍。

2.沙坑的艺术性

沙坑是高尔夫球场中特有的一种艺术形式，它是球场的设计骨架，是球场中的画龙点睛之笔。沙坑的艺术性表现在两个方面，一是它的景观价值，二是它的艺术风格。

从景观价值来说，沙坑是高尔夫球场中非常重要的一个景观元素，沙坑中沙子的色泽与绿色的草坪、蔚蓝的水面和色彩缤纷的树木可以形成强烈的反差，给人一种强烈的视觉震撼；沙粒的粗犷与草地的柔和可以创造出鲜明的对比，突出刚柔并济的美感。由于沙坑在景观方面的这一突出特性，球场设计师常通过对沙坑的巧妙设计，使球场产生出独特的景观效果（图2–37）。

图2-37　沙坑的艺术性

沙坑变化丰富的起伏与轮廓以及与周边环境在色彩上的反差创造出了优美的景观效果，并与远山相呼应，彰显出沙坑的艺术特性。

从艺术风格来说，沙坑既可以体现球场设计师的设计风格和艺术风格，又可以充分展现设计师的艺术水平和设计技能。著名的球场设计师常将沙坑作为一种艺术符号和手段来展现他们与众不同的设计风格，高尔夫设计大师Pete Dye曾以他的枕木护壁式的沙坑而闻名，而Jack Nicklaus则以使用气势宏大的宽大沙坑而著称（图2–38）。优秀的球场设计师可以通过沙坑这个特殊的艺术形式来展示他们非凡的审美价值和艺术水平，通过沙坑的设计与球手进行良好的交流互动，设计大师Alister Mackenzie和Stanley Thompson都是这方面的杰出代表（图2–39、图2–40）。

图2-38　Jack Nicklaus风格的沙坑

沙坑宽大宏伟，气势磅礴。

图2-39　Alister Mackenzie风格的沙坑

沙坑变化丰富，流畅而富有动感，具有极好的艺术性。

沙坑的艺术性不仅可以展现设计师的风格，还能体现一个球场的艺术风格。比如，有的沙坑看上去比较精致细腻，修整得整洁华丽，这类沙坑应用到精致细腻风格的球场之中会更加体现球场精致华丽的风格（图2-41）；而对于表观粗犷、边缘杂乱的沙坑，则适于应用到粗犷豪放风格的球场中，以进一步体现球场的野性，如林克斯球场（图2-42）；宽广宏伟的沙坑可以体现一个球场气势磅礴的宏大的风格，适于应用到具有宽广宏伟风格的球场，以充分体现球场宏伟的气势（图2-43）；小而精致的沙坑应用到小巧精致风格的球场中，可以充分展现这类球场的精细、诡秘、难以捉摸的特性。

沙坑的艺术性还具有展示球场所处环境特色的表现力，例如，有的球场将场地周边地形地貌的特征加以提炼植入到沙坑设计中，使球场的沙坑具有当地环境所赋予的独特的艺术性，并通过沙坑的艺术性惠及到球场，使球场也富有了自然赋予的特有个性和艺术性（图2-44）。

图2-40　Jim Engh风格的沙坑

长、深、窄、曲折多变，形似蕨叶，它成为了Engh球场特有的符号。

图2-41　精致细腻风格的沙坑

如此整洁而精致的沙坑与球场精美华丽的风格实现了完美的统一。

## （二）沙坑类型

按沙坑在球道中所处的位置分类，沙坑可以分为球道沙坑和果岭沙坑2种。球道沙坑处于球道边或球道中间，一般设置在球道落球区附近，有的球道沙坑横向插入球道之中，常被称为横切式沙坑；果岭沙坑则设置在果岭附近，用以护卫与防御果岭，因此，果岭沙坑又被称为护卫沙坑。在个别球场，设计师为了增加果岭的变化性，将沙坑设置在果岭中间，形成果岭中的沙坑。但这种沙坑在球场中一般很少使用。

球道的横切式沙坑在早期的球场中曾经流行过，但它与现在的球道横切式沙坑完全不同，它是壕沟式的，是横亘在球道中间的比较狭长的一条深沟。当时，为了惩罚“剃头球”，在距离发球台100多码的球道中央挖一条横穿球道的壕沟，并将从壕沟中挖出的土也堆放在壕沟两侧，然后在壕沟中填上沙子。在当时使用羽毛填充球和当时的草地状况下，与

图2-42　粗犷风格的沙坑

粗犷杂乱的沙坑外表充分展现了球场的野性风格。

图2-43　宽阔宏伟风格的沙坑

宏大的沙坑群彰显出球场磅礴的气势。

图2-44　遥相呼应

沙坑的形状与远山的线条完美匹配，充分展现了球场场址固有的个性。

球的飞行距离相比，球的滚动距离相当远，而使用这种壕沟式的沙坑，可以有效地阻止球的滚动，使在发球台上打出的“剃头球”受到严厉的惩罚，从而体现打出具有高弹道轨迹的好球的优势。壕沟式沙坑是高尔夫发展特殊时期的一个特殊产物，它在现在球场中已经不复存在了。现代球具的发展，使得这种障碍失去了存在的意义，同时，这种沙坑也极其缺乏沙坑的艺术性，影响球场的景观效果。

从沙坑的表观上来分，沙坑可以分为锅底形沙坑、草面沙坑、沙面沙坑、枕木沙坑、条沟式沙坑和海滩式沙坑等。

（1）锅底形沙坑（图2-45）　锅底形沙坑一般很小，有时只够站一个人，通常较圆、很深。这种沙坑也是林克斯球场的代表符号。

（2）草面沙坑（图2-46）　草面沙坑是指沙坑四周或部分是坡度很大甚至是垂直生长着草坪的坡面，沙坑底则比较平坦，沙子填充在沙坑底上，沙坑中真正的沙面很小，大部分都是坡度很大的草坪面。

上述2种沙坑是早期球场最主要的沙坑形式，它们在现代的球场已不再流行，很多时候仅出现在林克斯风格的球场中，并且在形式上也有了很大的改进，以利于现代球场管理机械的操作方便。

早期球场的这2种形式的沙坑有一个共同的特点，就是沙坑沙面的不可视性，沙坑中的沙子很难被看到，球手只有通过沙坑边的地形起伏和草坪高度与色泽明暗的差别去感知它的存在，而现代球场的沙坑在这一点上与早期的球场截然不同。

（3）沙面沙坑（图2-47）　在现代的球场中，最流行的是沙面沙坑。该沙坑具有明显的平缓向上的沙面，非常容易被看到，沙坑内具有变化自然、平缓的起伏，沙坑四周是与沙坑起伏衔接流畅的草坪边界。这种沙坑的可视性非常好，富有动感，具有极好的景观效果。绿色的草坪映衬着白色或黄色的沙子，产生出对比强烈、层次分明的景观。沙坑面与草坪相结合形成的变化流畅、优美滑润的线条也很富有美感。这种沙坑既容易建造也利于管理，非常利于使用机械进行建造和管理。

（4）枕木沙坑（图2-48）　沙坑的四周或部分使用铁路枕木、圆木或石块等进行护壁处理，沙子只铺设在平坦的沙坑底上，这种沙坑在Pete Dye设计的球场中很常见，它也是Dye的一种设计风格。其他设计师也偶尔使用这种枕木沙坑。在设计和使用这类沙坑时，应尽量将枕木护壁设在非打球的方向上或与打球方向相反的侧壁上，避免将护壁设置在打球线路上，以免球撞击到枕木上被弹回而伤及球手。

（5）条沟式沙坑（图2-49）　沙坑中有多条较高的草梗，整个沙坑被草梗分割成多条带状的沙沟。

（6）海滩式沙坑（图2-50）　沙坑的一侧临水，水面与沙坑中的沙子连接到一起，整个沙坑就像是在海边的沙滩。

上述的这些沙坑类型，不可能同时出现在同一个球场中，如果是那样的话，最终的球场将是一个不伦不类的产物。一个球场的沙坑风格一般都是统一的，过分纷杂的沙坑类型会影响球场风格的整体性和统一性，因此，在选择一个球场的沙坑类型时应综合考虑球场的整体风格、球场场址地形与地貌特点、球场的园林风格等多种因素，使沙坑类型成为构成球场主体风格的一个有机组成部分。

### （三）沙坑障碍的战略性布局

沙坑作为障碍是组成球道战略的骨架，是构成球道战略的最重要的组成部分，也是设计师使用最频繁的一种障碍。设计师通过对沙坑的合理布局与设计，使沙坑有机融入到球道的整体战略之中，使球道形成各种形式的球道战略类型，为球道提供丰富的打球变化性、挑战性和趣味性（图2-51）。

沙坑障碍可以衬托打球目标，使进攻目标变得更加醒目，从而为球手指引打球的方向，向球手展示球道的战略意图（图2-52）。沙坑的这一特性，使之成为构成和丰富球道战略的一个重要障碍元素。

沙坑对球道战略性和球道难度的影响主要体现在沙坑的位置、沙坑的朝向和方位、沙坑的大小与形状、沙坑造形和沙坑类型等方面。

#### 1.沙坑位置

沙坑所处的位置对球道的战略性影响最大。位于打球飞行线上的球道沙坑和果岭前方的

图2-45　锅底形沙坑

图2-46　草面沙坑

图2-47　沙面沙坑

图2-48　枕木沙坑

图2-49　条沟式沙坑

图2-50　海滩式沙坑

图2-51　沙坑障碍的战略性布局

球道两侧的沙坑将球道的战略勾画得一目了然。

护卫沙坑处于进攻的位置上，需要球手穿越，对球手的惩罚性较大；位于球道和果岭边的沙坑处于防守的位置，需要球手在进攻目标时予以避开。设计师通过对这些不同应用形式的沙坑位置的合理布局与搭配，可以创造出丰富的球道战略和难度变化。沙坑障碍的位置设置比较灵活，但大部分都在落球区和果岭附近，有时候设计师也在发球台前方或者其他对打球影响不大的区域设置沙坑，这些沙坑大都是景观性的，对打球没有多少惩罚作用，对组成球道的战略性不具有多少意义。

图2-52　沙坑障碍的战略意图

环绕果岭的线条优美，起伏有致的巨大沙坑将果岭目标衬托得格外醒目。

2.沙坑朝向

沙坑的朝向对球道的战略性也具有一定的影响。面向球手的仰面沙坑对于球手清晰可见，球手很容易确定其攻击或防守的打球策略；而只有部分暴露或全部隐蔽的沙坑，则需要球手揣测其准确的位置，从而影响球手对打球进攻线路的选择。

3.沙坑的大小和形状

沙坑的大小和形状对球道的战略性和球道难度也有明显的作用。大而长的沙坑对球手的威胁性要较小沙坑大得多，通过沙坑大小的变化可以给球手创造不同的打球难度和打球的威胁性，从而产生出不同的球道战略性。沙坑形状的变化可以改变进攻目标的方向和大小，创造出不同难度的打球线路，从而影响球手对进攻线路的选择。

4.沙坑造形

沙坑本身及其周边的造形在很大程度上影响着沙坑的打球难度和对球手的威胁程度，它必然会影响球手对进攻线路的选择，因此，沙坑的造形对球道的战略性也会有一定影响。通过对沙坑造形的合理设计可以很好地丰富球道的战略性。

## （四）沙坑的设计原则

沙坑具有多种功能，好的沙坑设计应尽量多地体现球场障碍应具有的功能，尽可能具有多重作用，仅具有一两种功能的沙坑不是一个好的沙坑设计。在进行沙坑布局与设计时，应充分考虑和遵守球场设计的三要素，从球场的运动功能、景观要素和养护管理要素方面综合对沙坑予以合理的布局和设计。沙坑的设计在遵从普通的球场障碍设计一般原则的基础上，还应该考虑以下一些设计原则。

（1）沙坑的布局应充分体现球道的战略性，使沙坑成为组成球道战略性的有机元素。

（2）沙坑的布局应与其他障碍形式紧密、有机地结合为一体，共同创造球道的战略性、变化性和趣味性。

（3）沙坑的布局与设计应充分体现沙坑的景观价值和艺术价值，使沙坑成为球场景观一个不可分割的、极其重要的组成部分。

（4）一般情况下，沙坑距离果岭越远就应该越浅，距离果岭越近，沙坑越深。通常，果岭的护卫沙坑比较深，而球道沙坑则比较浅。球手从球道沙坑中进行救球时，常使用长铁杆甚至木杆，球道沙坑很深时，沙坑的边缘会妨碍球手使用这样的球杆进行救球，球手不得不选择短杆打一个很近的距离。果岭护卫沙坑应有一定的深度和沙坑边唇，以防止球手使用推杆将球从沙坑中推击到果岭上，从而使沙坑失去惩罚的作用。

（5）应该尽量避免设置极深的沙坑，尤其是对于补救击球难度极大、靠运气而不是技术补救击球的深沙坑。

（6）对于需要长距离击球上果岭的球洞，果岭前的护卫沙坑最好不要设在球道飞行线上。长距离击球，球的飞行轨迹很低，对于一般水平球手，很难打出距离远又有足够后旋可以直接停在果岭上的球，处在果岭前方球道飞行线上的沙坑会使一般水平球手感到很为难。

（7）沙坑最好具有丰富的造形，并能与周边的地形衔接流畅，以展现沙坑特有的艺术性。沙坑的起伏应该适当，沙坑面的坡度应适宜于沙坑的机械管理，不宜太大，最大坡度不超过30%。沙坑周边的造形应使地表排水线路偏离沙坑，尽量不要使沙坑周边的雨水向沙坑中汇集。

（8）尽管从沙坑的功能性角度来说，沙坑的面积可大可小，小的沙坑甚至可以小至只能够站一个人，但为了管理和养护的便利，沙坑面积不应该太小。一般情况下，面积小于100 $m^2$的小沙坑不利于沙坑使用机械进行养护。果岭沙坑面积以100~300 $m^2$为宜；球道沙坑面积一般为250~400 $m^2$，或者更大。

（9）沙坑的形状应富有艺术性，应与沙坑造形有机结合，创造具有流畅优美的线条轮廓。沙坑的形状与造形应充分考虑球手进出沙坑的便利性。

（10）果岭护卫沙坑最好与果岭有适当的间距，以减小球手进出果岭对草坪的践踏强度，减小对草坪的损伤；同时，适当的间距也利于剪草机械的操作和防止沙坑中的沙子被击打到果岭上损伤果岭草坪管理机械。一般情况下，果岭沙坑距果岭边缘的距离以2~4 m为宜。

（11）对于组合沙坑，两个沙坑间的间距也不应该太窄，以免增加草坪管理的难度。同样，对于形状变化复杂的单个沙坑，伸入沙坑的指状草坪部分也应具有一定的宽度，以便于机械修剪草坪。

（12）沙坑应具有明显的可视性，沙坑的全部或部分沙面对于球手最好是可视的，这既利于障碍的公平性，也利于球场的景观效果。

（13）一个球场的沙坑数量的多少根据设计需要确定，没有严格的规定，通常情况下，正规18洞的球场的沙坑数量在70多个，但少的也可在40多个，多的可以达到100多个。

（14）对球场沙坑类型的选择与应用应符合球场的整体风格，因地制宜，使沙坑类型与场址风貌和球场风格形成一个统一的整体。

## 七、水面

在早期的高尔夫球场中，水面障碍非常少，除非场地中原来就有水面，否则不新增加水面。但在现在的球场中，水面是被设计师广泛应用的一种设计元素，没有水面的球场在现今的球场中是非常少的。

水面之所以被广泛地应用于球场中，主要原因在于它具有的多种功能。首先，水面是一种障碍，可以创造战略性和挑战性极强的冒险型球道；其次，水面具有无与伦比的景观效果，可以极大地提高球场的景观价值；最后，水面的设置有助于球场的排水和蓄存喷灌水源。本章只讨论水面作为障碍功能的一些设计原则，水面的其他功能与价值将在其他相关章节中予以论述。

### （一）水面障碍的特点

水面作为一种障碍，与球场其他障碍最大的不同之处是它的惩罚性，它是球场中惩罚性最强烈的一种障碍形式，球手一旦失手几乎没有补救的余地，只有受到罚杆的惩罚。正是由于水面障碍的这种严厉的惩罚性，它会给一般水平和低水平的球手带来极大的心理压力，即使是高水平球手，在面对水面时也要三思而后行。尽管球场中其他的障碍也会给一般水平球手造成一定的心理影响，但它们不会像水面障碍这么强烈，因此，水面障碍对球手的惩罚性不仅在于水面本身的惩罚，还在于它给球手造成的巨大心理压力，这种心理作用会影响球手正常水平的发挥，导致过多的失误，水面障碍的这种惩罚作用也可以称为“心理惩罚”，这也是水面障碍与其他障碍的一个不同之处。

### （二）水面障碍类型

按照高尔夫竞赛规则，水面障碍依据其在球道中所处的位置的不同分为正面水障碍和侧面水障碍两种形式。正面水障碍是与球道飞行线交叉的、需要球手打球穿越的水面障碍；而侧面水障碍是与球道飞行线同向，位于球道侧面，不需要打球穿越的水面障碍（图2-53）。

尽管同是水面障碍，但这两种形式的水面障碍的战略性则完全不同。正面水障碍处于进攻位置，球手必须进攻它才能到达目标，它对球手是强迫性的、命令性的，因此，它的惩罚性也是最强烈的，它不具有调和性，是一种非生即死的障碍。侧面水障碍则处于防守的位置，球手打球时，需要时刻提防它，而不需要进攻它，球手只需要将球打直、不打出左旋或右旋的球就相安无事，它强调的是一种防守策略，因此，它的惩罚性没有正面水障碍那么强烈。

由于正面水障碍具有这种不可调和的强迫性和命令性，设计师在设计正面水障碍时必须

图2-53　水面障碍

发球台正前方的水面障碍为正面水障碍，球道左侧的水面为侧面水障碍。

谨慎而行，要充分考虑低水平球手和弱力球手的能力，使他们能够正常完成比赛。

### （三）水面障碍的战略性布局

水面障碍的强烈惩罚性使之成为球场设计中非常重要的战略性元素。由于其强烈的惩罚性，水面障碍更能强化球道的战略性，可以使球道的战略性特点更加显著、突出。设计师通过将水面障碍与球道加以紧密地结合，可以形成特色鲜明的惩罚型球道（图2-54）、冒险型球道（图2-55）和战略型球道类型。尤其对于形成惩罚型球道和冒险型球道，它更具有其他障碍形式所不具有的特色，其强烈的惩罚性可以使冒险型球道和惩罚型球道更具有惩罚特色，同时相应的奖励成分也更加显著。通过水面障碍蜿蜒曲折的线条变化，可以使水面与球道有机融合为一体，创造出挑战性不同的落球区域，使球道具有丰富的、鲜明的战略性。世界上很多著名的球道都是由水面障碍所成就的。

图2-54　由水面障碍形成的惩罚型球道

因此，水面障碍是设计师手中一把锋利的武器，通过它可以对球手实施强烈的惩罚和高度的奖励，充分展现球道的战略性和冒险性。同时，它也是一把双刃剑，对它予以巧妙、合理和富有灵感地运用，可以创造出特色鲜明、无与伦比的球道；同样，如果水面障碍使用不合理，也会产生出除了惩罚还是惩罚的不具有可打性和不公平的球道。

图2-55　由水面障碍形成的冒险型球道

## （四）水面障碍设计原则

在球场设计过程中，要实现水面的多种功能性，在遵循障碍设计总体原则的基础上，球场水面设计应考虑以下几个方面的设计原则。

（1）进行水面设计时，应将水面的障碍功能、景观功能和蓄排水功能予以综合考虑，使之尽可能地体现多重功能，使球场的水面得以充分的利用。

（2）水面障碍设置应与球道打球战略紧密结合为一体，并与其他障碍形式有机融合，充分利用水面障碍创造球道的战略性和冒险性。

（3）鉴于水面障碍强烈的惩罚性，在利用水面障碍构成球道战略时，应该为球手设计面积和大小都比较合理的落球区域，尤其是球道两侧都有水面障碍的落球区域，以免使球道难度过大，惩罚性过于强烈，使球道失去可打性和公平性。

（4）水面障碍的设置应充分考虑不同水平球手的能力和打球的公平性，应尽量使低水平球手面对穿越水面较短的打球线路，而使高水平球手面对长距离的穿越水面的线路，同时，为高水平球手提供具有丰厚奖励的冒险性极强的打球线路，从而充分体现球道水面障碍的战略性。

（5）应尽量减少具有正面水障碍的惩罚型球道的比例，为低水平球手和弱力球手创造一个公平的打球条件。

（6）进行水面障碍布局与球道战略性布局时，应充分考虑弱力球手和女子球手穿越正面水面障碍的距离和难度，为弱力球手和女子球手设置适当的穿越正面水障碍的距离，不致使他们因无法穿越水面障碍而不能完成比赛，使球道失去打球的公平性。可能的话，应为他们设计一条安全的打球线路。

（7）具有水面障碍的球道在球场中所占比例应该适当，比例适当的水面障碍可以激发球手的斗志，吸引他们的注意力，但过多的水面障碍会使低水平球手感到失望，失去打球的乐趣。另外，应将两种不同类型的水面障碍合理地分配到球场中，通过水面障碍形式的变化来变化球道的战略和打球的节奏，增加打球的乐趣。

（8）尽量减少设置与球道打球战略无关的水面障碍，如发球台前方的水面、距离球道和果岭距离较远的水面，这些水面障碍只会对低水平球手和弱力球手构成威胁，而对于高水平球手不会起到多大的惩罚作用（图2-56）。这样的水面障碍缺乏公平性。

图2-56　不公平的水面障碍

发球台前方的这个水面障碍只会对低水平球手和弱力球手产生威胁，而对于高水平球手不会有任何作用，这样的水面障碍设置有失公平。

（9）球道的设计应使所有的水面障碍在球手进攻目标时都应该清晰可见，不应设置水面障碍盲点，以利于打球的公平性。

（10）球道布局应充分利用水面的景观价值，使水面与其他景观元素有机融合为一体，共同为球道创造优美的景观环境。

## 八、高草区

### （一）高草区的定义

高草区是球道、发球台和果岭外围的草坪区域，由于它的草坪刈剪高度较球道高得多，因此被称为高草区或长草区。高草区依距离球道的位置和刈剪高度的不同，可以分为初级高草区和次级高草区（图2-57）。初级高草区是紧邻球道的高草区，一般修剪高度在4 cm左右，次级高草区是在初级高草区之外的草坪区域，一般修剪高度在6 cm以上，有时甚

图2-57　层次分明的初级高草区和次级高草区

至不修剪，长草高度可以达到几十厘米甚至1 m多。在很多球场有时不将高草区做这样的划分，统一修剪成一个高度，而在有的大众化球场，为了加快打球速度，不设置高草区，全部修剪为球道。一般情况下，用于举办大型国际赛事和锦标赛的球场常设计有初级高草区和极深的长草区，对于大众化的球场通常不设置较长的高草区，只保留普通的初级高草区。

高草区在《高尔夫竞赛规则》中是没有被明确定义的，既没有被定义为一种障碍，也没有被定义为一种草坪区域。事实上，在早期古老的林克斯球场中没有球道和高草区之分，它们都被统称为通向果岭的草坪区域。那些早期的球场都是在原始的草场上规划出来的，通过羊群采食来控制草的高度，而羊群采食是随机的，因此，就不可能产生出一条明显的分界线来区分哪是球道，哪是高草区。之所以后来在这些古老的球场中产生了球道是由于剪草机参与草坪修剪的结果，并不是出于设计的原因。就是在我们今天，关于高草区的争论仍旧是一个悬而未决的问题，高草区算不算是一种障碍？球场中该不该有高草区？这些古老的问题一直没有一个定论，看来，它只能留给后人去评说了。

### （二）高草区的惩罚性

尽管对于高草区没有一个明确的定义，但在现代球场的实践中，已经人为地将球道和高草区划分开了。高草区虽然没有被列为障碍，但由于它的草坪刈剪高度高于球道，事实上给打球增加了难度，有时甚至大于在沙坑中打球的难度。球道草坪的刈剪高度一般为1.3~2 cm，而高尔夫球的直径为4.3 cm，这样的草坪高度正好可以使球支撑住，而草的叶茎不会包裹住球，在球杆与球的接触过程中没有障碍物的存在，利于球杆的杆头和球的直接接触，从而非常利于球被击打；而高草区的草坪修剪高度较高，通常都在6 cm以上，有时会达到几十厘米甚至1 m多，打入高草区的球会没入草叶中，这样在球杆和球之间就产生了障碍物，使球杆的杆头和球之间接触不良，从而减弱了击球的力量，使打球的距离和方向都不好控制。另外，由于球杆杆头和球之间夹着草叶，降低了球和杆头之间的摩擦作用，使击出的球很难产生倒旋，不易被控制。即使是职业球手，有时在面对极深的高草区时，也是一筹莫展；对于普通水平的业余球手，在极深的长草中救球更是难上加难，有时要打好几杆才能将球救出，深长草对一般水平球手的惩罚程度不亚于水面障碍，有时甚至超过水面障碍。因此，在实际的打球过程中，高草区的确给球手带来了很大困难，对球手的惩罚性也是显而易见的（图2−58）。它在高尔夫球场设计中，理应被视为一种障碍。在古老的林克斯球场，极深的长草区通常都是它们最好的防卫武器（图2−59），在很多著名的国际大赛中，有很多时候球手就是由于陷入恐怖的长草的困境中而输掉比赛。

高草区作为一种障碍，对球手惩罚的严厉程度主要取决于长草的高度。草的高度越高，惩罚性越大。次级高草区的惩罚程度要较初级高草区大得多，这也正符合球道障碍战略性设计的原则：偏离目标越远，受到的惩罚越大，也正是出于这一原则，很多球场将高草区设置为初级高草区和次级高草区2个难度档次。

图2-58 恐怖的长草

在如此深的长草中救球，对于职业球手也是非常困难的。

图2-59 古老的林克斯球场常见的防御武器——长草

除了长草的高度因素外，高草区对球手的惩罚程度还取决于草坪的种类和密度。密度大、质地较粗的草坪利于将球支撑在叶面上，便于球手击打，对球手的惩罚要小一些；而质地细软或者密度小、有裸露地面的高草区，球很容易没入草丛中，不容易恢复救球，惩罚性会大得多。这些都是高草区惩罚性的不定因素，很多时候，球位的好坏要取决于运气。

高草区作为一种障碍，也是组成球洞打球战略的一个部分，由于它伴随球道而行，划定了球道的边界，因此，高草区的打球战略性在很大程度上通过球道的战略性予以了体现。

## 九、树木

在古老的林克斯球场中，几乎没有树木，只有一些低矮的金雀花和银雀花灌木丛，这是因为那些海滨球场的环境条件不适于树木的生长，在原场地中只有很少的树木，甚至没有树木。在高尔夫球场从海滨扩展到内陆之后，树木也不可避免地出现在了球场之中，并逐渐被接受成为球场中的一个成员。在现代的高尔夫球场中，树木甚至成为了不可或缺的一个组成部分。

树木在高尔夫球场中主要扮演着两种功能：一是障碍功能，二是景观功能。在很多时候，它的景观功能更强于它作为障碍的功能。有关树木的景观功能及其设计原则，将在以后的相关章节中予以讨论，在此只对树木作为障碍功能的设计原则予以论述。

### （一）树木的障碍特点

就树木作为障碍的属性而言，树木与球场的沙坑和水面等障碍有很大差异，它是球场中唯一的一种立体障碍，是打球很难穿越的一种障碍，因此，树木作为障碍的惩罚性是非常大的。

面对树木障碍，球手一般会有两种选择：一是打球穿越；二是绕路而行。球手在选择穿越树木障碍时，树木障碍的惩罚性就会体现得更加突出。由于是一种立体障碍，它较穿越其他障碍形式要困难得多，不仅要克服打球方向和距离的二维障碍，还要克服高度上的三维障碍，因此，穿越树木障碍的惩罚性要较其他障碍强烈得多。一旦失手，穿越失败，就会陷入茂密的树林中，在茂密的树林中向外救球，难度可想而知，不仅无法正常挥杆，有时也很难找到一条将球救出去的通道，而且还要克服树木高度给救球带来的困难，有时不得不将球打向与进攻目标相反的方向，更谈不上进攻目标了。在树木茂密、球位又不好的情况下，有时需要花几杆才能将球救回到球道，能否将球顺利救回球道在很多时候还要取决于运气。即使是职业球手面对这种情况，有时也会一筹莫展。在这种情况下，树木障碍变成了是所有障碍中惩罚性最严厉的障碍，它要较陷入水面障碍接受的惩罚还要多，甚至多出很多。

球手在选择绕过树木障碍进攻目标时，树木障碍的惩罚性相对要小一些，但也要顾及树木高度会对打球线路产生的影响。由于是绕路而行，球道的距离会有一定程度的增加，并且要时刻提防树木障碍带来的威胁。在这种情况下，树木障碍的惩罚性尽管没有直接穿越大，但也有相当的惩罚性。一旦打球方向产生较大偏差，也会陷入痛苦的挣扎中。

树木对球手惩罚程度除了受上述选择进攻树木障碍的方式影响外，还取决于树木的高度和树木的密度。在树木高而密的情况下，从中救球的难度相当大，它会使球手在狭小的树木空隙中难以正常挥杆和站位，难以在茂密的树木中选择合适的救球线路，难以在很狭窄的树木空间中克服树木高度产生的困难，并且落入树林中的球的球位一般都会比较差，可能落在树根下、树枝中、草窝中、泥坑中等难以击打的地方，这些困难的因素使球手在茂密的树木中救球的难度极大地增加，极大地提高了树木障碍的惩罚性。对于比较稀疏的树林或者是孤立的树木时，树木障碍的惩罚性相对要小得多，球手在选择站位、选择救球线路等方面都会有更多的余地，灵活性要大得多，与茂密的树林相比，救球的成功率会比较高，救球的难度要小得多。

树木所处的位置也会影响它的惩罚性，位于球道中间的树木要较球道两侧的树木的惩罚性大；位于果岭正前方的树木要较球道上的树木惩罚性大很多。

### （二）树木障碍布局的战略性

树木作为一种障碍，可以通过对其合理的布局构成良好的球道战略形式，但由于树木障碍具有非常严厉的惩罚性，在使用树木作为球道战略障碍时，应三思而后行，避免由于对树木障碍不适当的应用破坏了球道的战略性和可打性。

在球场的树木布局中，最常见的是将树木布置在球道的两侧，在这种情况下，尽管它对打球也构成威胁，但对组成球道战略性所起的作用不大，它主要是用于划分球道的边界和分割相邻的球道，起到景观装饰和减小打球不安全性的作用。在球场中，树木障碍的战略性布局主要应用在以下几个方面。

1.狗腿球道的转点内侧的树木障碍

将树木布置在狗腿球道的转点内侧，可以使球道产生难度和长度都不同的打球线路，从而丰富了球道的战略性。它既为敢于冒险的长打型球手提供了穿越树木障碍的捷径的进攻线路（若冒险成功，下一杆进攻目标的距离将大大缩短），也为不愿冒险的球手和弱力球手提供了安全的打球线路，充分体现了冒险型和战略型球道的设计原则（图2-60）。

2.球道中间的树木障碍

种植在球道中间的树木，可以自然地将球道分割成两个部分，创造出两条以上不同的打球线路，体现出球道的战略性（图2-61）。

图2-60 球道转点树木障碍的战略性

Shinnecock Hills 球场的第15洞（Par 4），位于球道右侧的单株树木和树林为这个右狗腿球洞提供了一条冒险性极强的捷径进攻线路，由树木障碍形成的球道战略鲜明而富有特色，为成功利用树木障碍创造球道战略性的范例。

图2-61　球道中间的树木障碍

球道中间的这株树木对打球线路的选择具有明显的影响，它成为了球道战略的一部分。

3.距离果岭较近的树木障碍

距离果岭较近的树木，尤其是布植在果岭侧前方和两侧的树木，对球手进攻果岭的线路会产生很大影响，它会迫使球手计划好上果岭之前一杆的击球落点，因此，它会对球道的整体战略性产生明显的影响。通过对果岭边的树木障碍的合理布局，也可以创造出良好的球道战略性（图2-62）。

图2-62　果岭边的树木障碍

果岭前方的这株树木对球手进攻果岭会有很大的影响，由此会影响球道的整体战略。

## （三）树木障碍的设计原则

鉴于树木作为障碍时对球手惩罚的严厉性，设计师在进行树木障碍布置时，应该非常谨慎。球场树木障碍布置应考虑以下几个设计原则。

（1）在落球区两侧都有树木时，落球区应该留有充足的空间，宽度至少在60 m以上，以便为球手创造充裕的落球区域。

（2）树木障碍所处的位置应对球手是可视的，以免使球手在不知情的情况下将球打到树木障碍下，使球手接下来的一杆无法进攻下一个目标，无端接受树木障碍的惩罚。

（3）树木障碍不应该和球场的沙坑与水面等障碍叠加使用，以免使球手接受双重的惩罚（图2-63）。

图2-63　双重障碍

前有树木、后有沙坑，打到该沙坑的球在进攻果岭时不得不接受双重障碍惩罚。

（4）设置树木障碍应特别谨慎，无论在球道上、果岭附近，还是在发球台附近布置树木障碍，都应使树木障碍成为构成球道战略合理的组成部分，避免因树木障碍布局的不当而影响球道的战略性，甚至成为封锁打球战略途径的障碍，影响打球的公平性。

（5）布置树木障碍应充分考虑树木种类的差别、树木的生物学特性和日后的生长发育的空间，以减小因日后的树木生长对球道的打球战略产生的影响，破坏球道原有的战略性。

## 十、地形

在高尔夫球场中很少有非常平坦的区域，大部分都具有一定的起伏。球场中不定的起伏，为球手创造了各种各样的打球球位，使球手可以体验各种不同的打球状况，引导球手发挥处理不同情况的各种技能（图2-64）。球场中的地形极大地丰富了打球的变化性和趣味性，因此，球场中的地形起伏被称为是高尔夫球场的灵魂。

球场中起伏的地形主要有草丘、草坑和斜坡等几种形式。这些起伏的地形在其坡度和高度较大时，会对打球产生明显的影响，会极大增加打球的难度，因此，它们也可以被看做是球场中的一种打球障碍。

图2-64　古老林克斯球场复杂多变的地形

复杂多变的地形起伏是古老林克斯球场的一个显著的特点，也是老林克斯球场中的一种防御武器。

在现代的球场中，利用地形来创造打球的难度已经没有早期的球场那么突出，现代的球场更多的是利用水面、沙坑障碍和球道的长度来创造打球的难度，而早期的很多球场则偏向于使用多变的地形，圣·安德鲁斯老球场就是这方面的杰出范例，它多变、捉摸不定的地形给打球带来了很多不确定因素。著名的高尔夫设计师Donald Ross是利用地形起伏创造打球变化性和趣味性的典型代表，草丘和草坑在他设计的球场是挑战性的主体，变化温和的草丘、草坑以及果岭周边的神奇的起伏，对球手都是温柔的杀手（图2-65）。因此，合理的地形设计可以给球手创造很多挑战，可以增加打球难度的变化性。

草丘、草坑和斜坡等地形对打球的影响和惩罚性主要表现在以下几个方面。

（1）影响球手平稳站位，使击球更加困难。球手在斜坡很难稳定站位，击球的稳定性会降低。

（2）改变了球手正常的挥杆动作。不论球手处于哪种斜坡球位（上坡球、下坡球或侧坡球），都必须调整挥杆方式来弥补斜坡带来的不利，从而降低了击球的准确性和击球距离。

（3）影响球手的视野。位于草丘和坡面后方的球会遮挡球手对目标的观察，从而影响攻击目标的准确性。

（4）影响球手对距离的判断。起伏的地形有时会使球手对距离的感觉造成错觉，产生距离判断误差。例如，果岭前方的草坑会使球手感觉打球距离要较实际距离短一些，长距离的上坡球道会使球手感觉球道长度增加很多。

（5）为球手增加了因地形高差而产生的难度。例如，在攻击的目标处于较高的位置时，球手需要打出高弹道轨迹的球克服地形高差产生的难度，才能攻击到目标，无形中增加了打球的难度。当球位于草丘后方，球手需要击球越过草丘攻击目标时，球手必须克服草丘

图2-65　设计大师Donald Ross设计的多变、诡秘的微地形起伏

高度给球手带来的困难，迫使球手必须选择较正常情况击球距离更短的球杆来打出高弹道的球穿越山丘，从而增加了球手攻击较远目标的难度。而且，击出的球一旦不能越过草丘，球会被弹回，球的落点也会很差，球手的下一杆击球还会受到惩罚。即使越过草丘，距离不够也不能攻击到目标。

地形作为障碍时，对球手惩罚性的大小取决于斜坡的坡度大小、草丘的高度和草坑的深度等因素。斜坡的坡度越大、草丘越高、草坑越深，惩罚性就越大。在一个很陡的坡面或一个很深的草坑中打球，难度有时会高于在沙坑中击球。当高草与地形这两种障碍相叠加，共同作用于球手时，惩罚性则更强烈。

地形也是设计师创造战略性球道常用的手段，通过对地形加以合理地设计和应用，其本身就可以产生非常好的球道战略（图2−66），如果再与其他障碍形式有机地配合，便会更加丰富和强化球道的战略性。关于如何合理利用地形创造球道战略性的设计原则将在以后的球场造形图设计中予以详细介绍。

图2-66　地形障碍的战略性

如此的地形起伏对打球是明显的障碍，它会引导球手对进攻线路的选择，丰富了球道的战略性。

# 第三章　高尔夫球场选址与规划

## 第一节　高尔夫球场选址

高尔夫球场选址是对拟建球场场址的自然条件、社会和经济条件进行调查与勘察，依据调查结果和收集的相关资料对场址进行全面评估，以确定场址建造球场的可行性。高尔夫球场选址对业主来说，是一项非常重要的事情，最好聘请专业高尔夫设计师参与，由专业高尔夫设计师和其他专业技术员组成一个团队进行球场的选址和可行性研究工作。球场选址主要包括场址立地条件勘察、资料收集和可行性评估等过程。

### 一、场址立地条件

场址立地条件是影响场址能否用于建造球场最关键的因素，因此，球场选址首先应对场址的状况进行实地勘察，获取第一手资料，以用于球场建造可行性的评估。对球场立地条件的勘察主要包括以下一些内容。

1.场址地理位置

场址的地理位置与潜在的高尔夫市场息息相关，尤其对于大众化的球场，其地理位置的优越与否关系到球场运营的成败和运营经济效益的好坏。邻近市区的球场具有更多优势和更大的市场潜力，它可以给球员提供便利的交通条件，节省了球员在交通上的时间，进而缩短了球员打球的时间，而这对于都市人来说非常重要。因此，邻近市区的球场对球员具有很大的吸引力，具有更大的市场潜力。

2.场地面积

一个标准的18洞高尔夫球场一般需要占地70~100 $hm^2$，在场地比较平坦的情况下，占地面积相对较小，但最小也应该在70 $hm^2$以上。场地面积过小会使球道过度拥挤，无法保证球道的安全性；在场址地形变化比较剧烈的情况下，如山地球场，则需要的土地面积相对较大，有时可以达到100 $hm^2$以上。在正常情况下，球场占地面积一般为70~80 $hm^2$。当然，一个球场的占地面积还取决于球场的类型、球场的风格和球道总长度等多种因素，需要设计师根据具体情况综合各方面因素确定一个比较适宜的面积。

3.场址地形地貌

场址的地形地貌决定了一个球场的风格，它对成就一个具有鲜明个性的优秀的高尔夫球场具有非常重要的作用。任何一个伟大的球场都具有很好的地形地貌的先天条件。当然，对于高尔夫球场来说，任何一种地形都可以用于建造球场，但是，比较适宜的地形地貌，可以降低建造成本，建造出的球场也更加自然，更具特色（图3-1）。

图3-1　建造一个好球场的立地条件——起伏流畅的地形和丰富的自然植被

建造球场的地形以丘陵地为最佳，总体坡度在5%~20%之间为宜，地形坡度太大（如坡度大于40%），则不太适合，这样的地形会导致球场建造工程量过大，建出的球场也会不太自然和过分的人工化。另外，场址地形最好具有比较流畅的起伏，变化流畅的地形有利于球场更大程度地利用场址自然的地形进行布局，过分破碎的地形不容易被很好地利用，不容易很好地融入到球场的布局之中，需要对其进行大量的改造，球场的建造成本会增加很多，建造出的球场也很难体现出场址原有的风格。

场址的地块形状不应该有明显的缺陷，如狭窄的死角、长条等，这样的地块形状在很多时候会使这些区域不能被用于布置球道，造成了土地资源的浪费，降低了土地利用率。

4.场址水文状况

高尔夫球场草坪每天都需要喷灌，场址是否有充足的喷灌水源关系到球场能否生存。一个标准的18洞球场每周的高峰喷灌需水量可达2万$m^3$，因此，球场场址需要有充足的可用于草坪喷灌的地上或地下水源，水源的水质应符合球场草坪喷灌的要求。

场址应具有良好的地表排水系统，场址的雨水应具有很好的外排渠道，最好不要积蓄在场地中。如果场地的雨水不能自然外排，则需要人工强排，从而会增加球场建造和管理的费用。场址所处的位置应不会受到洪水冲击的威胁，否则，会给球场留下隐患。

另外，场址的地下水位不应太高，最好没有地下水外渗现象。如果场地是经常积水的水浸区或沼泽地，将给球场建造带来极大的难度。

5.场址地质状况

场地地质状况应具有一定的稳定性，不应有山体滑坡、沉陷、流动等不良缺陷，地质不稳定的地区不适于建造球场。

6.场址土壤与气候状况

球场建造对场址土壤条件没有严格的要求，但场地的土壤最好没有明显的不足，如严重的盐碱土壤，这样的土壤条件会极大地增加球场建造成本。场地的土壤最好为沙壤土，并且有一定的厚度。场址土层太薄或表土过少，则在球场建造时需要调入大量客土，增加了建造成本。沼泽地、湿地和沙岩土质的土地也不利于球场的建造。

场址的气候状况也会影响到球场的建设和运营，当地的气候条件应适于球场草坪的生长，没有极端恶劣的气象条件和自然灾害。温和的气候条件既利于草坪的生长，也利于球场四季运营，利于增加球场的经营效益。

7.场址植被状况

场址良好丰富的植被条件将是球场的一笔财富，它对提升球场的品质有很大的帮助，对成就一个具有特色的优秀的球场具有非常重要的作用。但场址中如果存在法律或政府部门规定严禁砍伐的树木，应予以足够的重视，如果这样的树木在场地中过多，会严重影响球场的用地情况。

8.场址地上、地下物状况

场址中有架空的高压线、通讯光缆、坟墓、文物古迹、地下构筑物、地上建筑物等不可拆迁地上、地下物时，应充分考虑这些物体对球场规划和球场建造的影响，确定它们是否会对球场建设带来严重问题。场址中最好没有公路穿过，以保证场地的完整性，减少外部道路对球场的干扰。

9.场址周边环境情况

在对球场场址进行考察的同时，还应对场址的周边情况进行调查，以获取场址周边条件对球场建设的影响的信息，为球场建设可行性评估提供更全面的资料。场址的周边环境状况包括道路状况、通讯、电力、热力等周边市政基础设施状况以及影响球场日后运营不利的环境条件。畅通便捷的道路可以为球场创造良好的交通条件，利于球场的运营；良好的外部市政基础设施条件可以节约球场的投资费用。球场附近不应有化工厂、造纸厂等产生污染的污染源，最好不要有排污的河流通过，否则，会给球场运营带来不利的影响。

## 二、资料与信息收集

进行球场选址，只对场地进行现场勘察是不够的，还需要收集大量的有关球场建设可行性的信息资料，为球场评估做好更充分的准备。需要收集的信息资料主要有以下几个方面。

1.场址周边现有的球场状况

对场址一定辐射范围内的球场数量、球场营业状况等方面的信息予以收集，以便对拟建球场同一区域内的已有球场的情况有一个全面的了解，为球场的可行性评估提供翔实的信息。

2.打球人员现状和潜在打球人员信息

对拟建球场辐射范围的现有打球人数、打球人员的组成状况等方面的信息进行全面的了解，全面掌握目前打球人员的状况，对潜在打球人员的情况予以调查和分析，为球场可行性评估提供可靠的信息支持。

3.当地市政发展规划资料

收集球场场址周边市政建设发展规划资料，以确定市政建设和其他开发项目对球场日后发展的影响。

4.当地水文和气象资料

收集场址当地多年积累的水文和气象资料，用于对球场自然条件的评估和日后球场建设时使用。

5.有关球场建设的法律与法规资料

收集有关球场建设现有的法律资料和政府的相关规定的资料，尤其是当地政府的一些有关球场建设方面的政策文件等，以便为球场建设可行性评估提供可靠的依据。

## 三、项目可行性评估

在完成场址立地条件现场勘察和收集了有关资料与信息之后，便可以对场址建造球场的可行性进行评估。对球场进行可行性评估应由专业高尔夫设计师、经济师、市场营销人员和业主组成的团队来完成。

对场址的可行性评估包括技术性评估和经济性评估两方面。技术性评估是指对场地的立地条件是否适于建造球场和建造球场的难度与建造成本进行评估，这项工作主要由高尔夫设计师根据现场勘察的结果和所收集的资料进行评断，提出专业评估建议。经济性评估主要是对球场日后运营的状况和经济与社会效益进行评估，由经济师、市场营销人员和其他有关人员对之进行客观地评价。

### （一）技术可行性评估

技术可行性评估由专业高尔夫设计师来完成，评估内容主要包括以下几个方面的问题。

（1）场地是否具备建造球场的条件？设计师依据对球场现场勘查获取的第一手资料，对场地的面积、水源状况、地形条件等前述所及的各种场地立地条件进行综合评估，确定场址的立地条件是否可以用于建造高尔夫球场以及场地建造球场的优点和缺点，详细分析场地条件建造球场的优势和劣势。

（2）场地适宜建造何种风格和类型的球场？设计师根据其对场地自然地形地貌的理

解和解读，确定场地建造球场适宜的风格和类型，为最终确立球场的风格和经营类型提供依据。

（3）球场建造对当地环境有何特殊影响？设计师根据场地及其周边环境的状况，评估球场建设与自然环境保护的关系以及对自然环境影响的程度。

（4）球场建造的难度与建造费用。设计师根据球场的自然条件状况对球场建造的难度进行评估，根据业主对球场品质与档次的要求，对球场的建造投资的费用做一个粗略的估算。

设计师按照上述评估内容，经过对场地的仔细分析和研究，最后提出一个完善的场址建造球场的技术可行性评估报告，为确定整个项目的可行性提供关键的依据。

### （二）经济可行性评估

经济可行性评估是对球场的市场前景和日后运营的经济效益进行评估，主要包括以下一些评估内容。

1.打球人员状况

根据项目辐射区的居民数量和增长状况、居民收入状况、居民居住和生活条件和居民组成结构等因素，分析与预测现有打球人员数量和潜在的打球人员增长情况，推测其对该项目市场的支持情况。分析打球人员时，应以场址为中心，分别分析10 km、30 km和50 km辐射半径范围内的打球人员状况。

2.项目所在地区的发展潜力

根据项目所在地区的目前的商业开发密度状况、房地产开发状况和道路与交通状况，分析与预测本地区未来的经济发展潜力，推测经济增长对本地区高尔夫人员增长的潜力。

3.同一地区高尔夫球场的竞争状况

对处于项目辐射区内的现有球场进行调查研究，分析其运营的状况、球场的类型与性质、打球人员的组成状况以及作为本项目竞争对象的优势和劣势。对本地区现有球场的评估是进行项目可行性评估非常重要的一项内容，它对拟建项目的可行性评估具有非常重要的意义。在对现有球场进行评估的同时，还要对本地区其他拟建的球场对本项目的影响进行评估。

4.投资效益评估

根据上述对打球人员状况和增长潜力的分析与预测，可以为拟建球场的打球人员确立一个基本的数量，依此，可以对球场日后的运营经济效益加以评估。对球场经济效益的评估需要分析球场的年运营收入和支出费用。运营收入包括出售会员证的收入和日常运营收入，如果岭费、球童费、球车费、练习场收入和餐厅与小卖部收入等；支出费用包括球场养护的材料费用、人工费用和其他日常支出费用以及税费等。根据球场每年的预计收入和支出情况，计算球场每年的运营效益，以此预测球场收回投资成本的时间和投资的效益。通过上述分析，最后提出一份详细的项目经济可行性评估报告。

最后，汇总项目的技术性评估和可行性评估，对整个高尔夫项目做出最终的评估报告，供业主对项目进行评判和决策。

## 第二节　高尔夫球场规划

高尔夫球场规划是球场设计的第一步，球场规划对于成就一个好的高尔夫球场是至关重要的一步，它关系到球场的品质和球场的成败。球场的规划是通过对拟建球场的场址进行详细勘察与研究后，对球场进行的总体的布局与规划。

### 一、球场风格的确定

高尔夫球场规划之初，应首先为球场确立一个适宜的风格。球场的风格从何而来？它不是凭空臆造得来的，而是球场场址自然属性和韵律的一个真实的反映。任何一个场地都具有自然赋予它的一种固有的属性，这种属性对于确立球场的风格是非常重要的。对于高尔夫设计师来说，准确解读场址的自然属性是进行球场规划极其重要的一项工作，这也是设计师水平和能力的体现。

对于每个场址来说，自然赋予它的自然属性是不同的，这需要设计师通过对现场的详细勘察予以认真的体会和研究，只有准确把握住场地的自然属性，设计师才能规划出充分体现场地本身属性的球场布局，进而使球场具有自然所赋予的特有的个性和独特的风格。设计师如果没有认真而准确地领会场地的属性，甚至是错误解读场地的自然属性，他设计出的球场将会是与场地特征风马牛不相及、不伦不类的拙劣的作品。比如，将一个水塘密布的场地定位成一个林克斯风格的球场，显然不太适宜；将一个平坦无垠的场地确定为丘陵风格的球场，也很难达到预期的效果；将一个粗犷、富有野性的场地定位为一个精致细腻类型的球场，显然是对场地的浪费与藐视。因此，对场地自然属性的准确解读和予以充分的把握与运用，是规划球场和建立球场风格最重要的一项工作。

建造球场的场地的自然属性和韵律千差万别，比如有的场地粗犷、豪放，有的场地精巧细致，有的场地水系密布，有的场地丛林遍野，有的场地坦荡无垠，有的场地则变化多端，正是场地这些变化丰富的属性，造就了高尔夫球场不同的风格和不同的个性。古老的圣·安德鲁斯老球场，正是因为其独特的海滨属性，成就了林克斯球场特有的风格，使后来的高尔夫设计师竞相模仿。高尔夫球场场地自然属性的差异，使得世界上没有一个相同的球场，这也正是高尔夫的魅力，也是高尔夫设计的艺术魅力。

高尔夫球场的自然属性造就了高尔夫球场的风格，按照球场自然属性的不同，球场可以分为以下一些风格类型。

1.林克斯（Links）球场

原始的林克斯球场（图3－2）都建于海滨地带，林克斯球场的主要特征为：

（1）表观上表现为粗犷豪放、自然而富有野性。原始林克斯球场中的植被大都是自然生长的野草、野花和低矮的灌木，具有自然、粗犷的风貌，原生的植被条件使林克斯球场看上去显得非常自然而粗放，没有多少人工的痕迹。

（2）丰富多变的地形起伏。海风长期吹袭形成的自然流畅、丰富多变的起伏，是林克斯球场又一个特有的特征。无论在球道中，还是在球道之间的隔离带上，都具有丰富多变的地形起伏，整个球场就是由细碎、多变的草丘和草坑组合成的丰富的地形群。

（3）锅底形沙坑和直壁沙坑是林克斯球场的第三个特征，林克斯球场的沙坑大都是锅底形和直壁的深沙坑，并且很隐蔽。

（4）水面极少，树木稀少。由于原始林克斯球场场地内几乎没有溪流水系，强烈的大风也不利于树木的生长，使得球场中几乎没有水面，也没有多少大树。

长草、深沙坑、捉摸不定的地形起伏和大风是林克斯球场主要的打球障碍。

尽管原始的林克斯球场都在海滨地带，但后来设计师们也将这种风格移植到内陆，并对其进行了部分改良，形成了与原始林克斯球场有所不同的改良型的林克斯风格（图3–3）。

2.森林球场

球场建于林地或森林之中，最大的特点是球场中高大而茂密的树木。球道徜徉于树林之中，似乎是从树林中开辟出的一条蹊径。树木会是球场中最大的打球障碍（图3–4）。

3.公园式球场

球场的人工化痕迹非常明显，球场建造得非常精致细腻、小巧玲珑，具有非常美丽的人工景观。场地内树木不多，零散地分布于球道之外，但场地中处处可见经过人工处理的景观元素，整个球场就是一幅幅优美的人工山水画（图3－5）。

4.水乡式球场

球场中地形比较平坦，水面众多，球道似乎是在水中穿行、浮于水面之上的绿色走廊。水体是这类球场的最大特色，宽阔无垠的水面是球场的主要景观，也是打球的最大障碍（图3–6）。

5.草原风格球场

球场地形宽广，野花和野草茂密丰富，树木不多，零星的湖面和小溪散布或穿行于场地之中，宽敞的球道零散地分布于野生植被覆盖的草地中间。宽阔、舒缓是这类球场的主要特色（图3–7）。

6.山地球场

球场建于起伏很大的山地之中，球道穿行于山谷之中，随山地的地形迂回蜿蜒。起伏跌宕的球道落差、巨大的山体背景是这类球场的主要特色。

7.丘陵球场

球场地形变化平缓、舒展、起伏多变，但流畅自然、富有层次感。这类球场的最大特点是变化丰富、流畅自然的地形起伏（图3–8）。

8.荒漠球场

球场建于植被稀少的荒漠或半荒漠地区，球道零散地分布在植被稀疏的荒漠地中。这类球场的最大特点是球道草坪颜色与场址原始风貌的巨大反差，球道就像是在乱石、沙地、稀少的灰绿色灌木与野草植被背景下生长着的一片片绿洲（图3–9）。

9.石楠地球场

球场建于以石楠属植物为主体的石楠地上。高尔夫球场在早期从海滨地带移向内陆时，首先建造于石楠地上，故将这类球场称为石楠地球场。

这里只是介绍了几种具有鲜明特征的球场类型。事实上，高尔夫球场的风格和类型远不止这些。进行球场规划时，不应拘泥于某种球场的类型，最重要的是应使球场充分反应场地的自然属性与自然韵律，充分利用好场址的每一处地形地貌和自然的景物。

图3-2　原始的林克斯球场

图3-3　改良的林克斯球场

图3-4　森林球场

图3-5 公园式球场

图3-6 水乡式球场

图3-7 草原风格球场

图3-8　丘陵球场

图3-9　荒漠球场

## 二、球场规划与布局原则

高尔夫球场的布局变化非常丰富，不仅不同的球场之间布局差异较大，就是同一个场地，不同设计师的布局形式也会明显不同。尽管高尔夫球场布局千差万别，但它们都应符合高尔夫运动内在的规律性，应遵循球场布局一定的原则性。

### （一）球场功能区划

随着高尔夫运动的不断发展，高尔夫球场内的设施更加多元化，虽然它们都是为打球便利提供的设施，但在球场管理和球场布局中，却担当着不同的功能，从而使得球场内设施的规划日渐明显。

在一个球场的布局中，通常包括以下几个功能区域：会所区、练习场区、球道区、草坪管理区和球车道路与中途休息亭等附属设施区（图3－10）。这些区域在功能上相辅相成，都是为球手打球提供便利的条件。在球场的规划中，需要对这些区域加以合理布局，使各功能区之间衔接顺畅，布局协调，共同为球场运营和管理创造便利的条件，为球手提供舒适宜人的环境。

为了使球场各功能区之间有效协作，使球场充分体现高尔夫的运动规律，在各功能区规划和布局上应遵循一些基本的规划原则，以下就各功能区的规划原则加以详述。

### （二）会所区规划原则

会所是一个高尔夫球场的龙头，具有承转起连的桥梁纽带作用。整个高尔夫球场都是以会所为起点和终点，将各功能区之间串接起来，因此，会所区的位置选择和会所区的布局在球场布局中至关重要，它关系到球场各功能区之间是否可以顺畅连接，是否可以组成一个有机的整体，使用是否便利等多方面的问题。会所区的规划布局应遵循以下一些原则。

（1）会所区除了会所主楼外，还应有停车场、出发亭、球车停放场、存包房、球童休息室、练习果岭等一些必要的设施。会所区内的布局应该使球员的流向顺畅，各区域间衔接流畅合理，并方便与其他区域的连接，避免因布局不合理，出现人员乱流和相互交叉干扰的现象。会所区内的布局应从球手的角度出发，从球手进入球场到达会所直至结束打球后离开会所的整个流程，都应使球手有一个合理的流向，使球手感到会所区的设施布局使用比较便利和舒心，为球手在会所区的活动创造一个便利与温馨的环境。

（2）球场布局时，应为会所区留有充足的空间，以利于会所区内设施的布局。一般情况下，18洞球场会所区的占地面积不少于1万$m^2$。

（3）会所区内应布置有充裕的停车位，对于大众化球场和一日性收费球场，停车位应达到150~250个。对于使用球车打球的球场，会所区内还要布置有充足的球车停放区。

（4）会所区应具有角度比较宽广的辐射空间，以便使会所区有充裕的辐射区域与球场的其他区域相连接。在选择会所区位置时，必须考虑会所区所能向外辐射的空间。过于狭窄的辐射角度，会给会所区与球场其他区域的衔接带来不便，会使有些需要靠近会所区的设施

图3-10　尼日利亚拉各斯高尔夫球场效果图

球场的各功能区区划明显，各功能区之间连接紧密、流畅，球场的每个半场出发与结束的球道都在会所边，练习场和练习果岭也在会所附近，便于管理和使用。

不得不置于距离会所较远的地方，从而给球场运营和设施的利用带来不便。过于狭窄的辐射空间也会给会所区本身的布局带来不便，使会所区内的布局比较局促和拥挤。

通常情况下，球道区每个半场的出发球道的发球台和结束球道的果岭应在会所附近，对于一个18洞球场来说，应有2个出发球道和2个结束球道与会所区相接，同时，挥杆练习场与练习果岭也应布置在距离会所较近的地方。因此，要在会所附近布置如此多的设施，需要会所区具有一个较宽阔的辐射角度，如果会所区没有一个范围较广的辐射空间，很难将这些设施布置到会所周围。

会所区最大的辐射角度为360°，当然，很少有会所能达到这样的程度。对于一个18洞的球场会所，一般情况下，180°的辐射角度可以满足布局的需要，但对于27洞，甚至36洞的球场，会所区当然需要更广阔的辐射角度。对于辐射角度小于90°的会所区，则很难实现会所区与其他区域的就近连接，某些设施不得不布置到距离会所较远的地方，会给球场的运营和管理带来很多不便，也会给球手带来不便。

（5）选择会所位置时，应将会所置于较高的地势上，从而使会所具有开阔的景观视野。会所开阔的景观视野可以为球手在会所休息与用餐时充分享受球场优美的景观环境，为球手创造一个开阔、舒心的氛围（图3-11）。当然，会所的位置也不能过高，如果与球道区的落差太大，则很难实现与球道区的顺畅连接，从会所进出球道区会有较大的爬坡，不利于使用。

图3-11　视野开阔的会所

（6）选择会所位置时，应考虑会所区与外部道路连接的便利。从球场外部道路到达会所最好具有便捷通畅的行车线路，使球手进出会所比较便利。

（7）选择会所位置时，应考虑会所地基的稳定性，应将会所置于地基基础比较稳定的地块上。

### （三）球道区规划原则

球道区是整个高尔夫球场的核心，其品质关系到整个球场的质量，因此，球道区的规划布局是球场设计中最重要的一项工作。球道区的布局应以球手的角度出发，充分体现高尔夫的运动规律，除了要符合在第二章中所述的高尔夫球场设计基本原则外，还应遵循以下一些球道规划布局更细化的原则。

（1）一个正规的18洞高尔夫球场最好规划为2个半场，每个半场9个洞，形成2个独立的循环。每个半场开始的一个洞从会所出发，半场打球结束时，又可以自然地回到会所，即每个半场出发和结束的球道应在会所附近，与会所紧密、流畅地衔接，最好避免将出发和结束的球道布置到距离会所较远的地方，以免徒增球手的打球时间。

（2）一个正规的18洞球场，标准杆数应在68~73杆之间，在目前情况下球道总长度最好在7 000~7 400码之间。整个18洞球道通常包括4个5杆洞、4个3杆洞和10个4杆洞，并将这些球洞平均分配到每个半场，即每个半场包括2个5杆洞、2个3杆洞和5个4杆洞，每个半场总杆数为36杆。

（3）每个半场开始和结束的球洞最好布置4杆或5杆的球洞，而不设置短洞（3杆洞），出发的球道在前两个洞内最好不要出现短洞。其主要原因是球手在打中、长球洞时要较打短洞时的打球速度更快，从而可以安排更多的球员进场打球，避免使球员被堵塞在出发的球道上，产生打球塞车的现象。另外，第一洞最好布置难度适中的中、长洞球道，以利于球手打球热身；在最后一洞可以考虑布置难度较大的中、长洞，为球手在即将结束比赛时，提供放手一搏的更多机会。

（4）在球道编排中，应考虑打球的节奏性，尽量不要使5杆洞或3杆洞连续布置，最好将5杆洞和3杆洞穿插在4杆洞中间，以变化球手的打球节奏。另外，相同杆数的球道在长度上应有一定的变化性，以增加球手对球杆选择的变化性。

（5）球道之间的连接应该顺畅、自然，从上一洞果岭到下一洞发球台最好避免出现回走现象，最好避免反复上下爬坡的情况。在保证安全距离的情况下，从上一洞果岭到下一洞发球台间的间距不应过远，以避免球手徒走的距离过长，间距最好不要超过90 m。

（6）球道布局时，应考虑阳光照射角度对打球的影响，最好不要设置方向正东和正西的球道，以减小太阳光照射对球手打球的影响，尤其不要使出发的球道朝向正东，不要使结束的球道朝向正西。

（7）球道布局时，还应考虑球场所在地主体风向对打球的影响。在球场季节风力比较强的地区，球道的布局最好能够不断变化相连球道的走向，以减小同一风向对打球的持续影响，增加打球的变化性，避免使打球变得枯燥乏味。

（8）球道布局过程中，应充分利用现有的地形地貌。在布置发球台、果岭和球道时，应将它们与现有地形紧密而有机地融合为一体，使它们所处的位置尽最大程度地利用场址的原地形地貌，体现出场址原地形地貌固有的特色。在设置水面障碍时，应充分结合和利用场地内现有的水塘、小溪、河流和低洼汇水区等水域区域。对现有地形加以最大程度的利用，不仅可以节省球场建造的费用，更可以使球场更加自然，造就天人合一、自然天成的球场（图3-12）。

图3-12 自然地形的妙用

果岭和发球台位置的设置与自然的地形融为一体，宛如天成，这样的设计可谓巧夺天工，独具匠心。

（9）球道布局过程中，应充分利用场地内现有的树木、花草等原生植被，充分利用场地内现有的景物和景点。球场场地中每一棵树木、每一片花草、每一处景点都是球场难得的财富，对它们加以充分地利用，既可以为球场添色增辉，又可以使球场有机地融入到周边环境中，成为一个具有原生态特征的球场（图3-13）。

图3-13 自然环境造就的球场

（10）球场布局中，应注意对土地资源的充分利用，注意对场地边角处的利用，提高土地的利用率，避免造成土地资源的浪费。

（11）对于球场与地产结合的项目，进行球场规划时，不仅要考虑球场本身的布局，还要充分考虑球场与地产的有机结合，要充分考虑地产与球场在景观方面和安全性等方面的关系。

### （四）球车道路规划原则

球车道路虽然不是每个球场都必须具备的设施，但在现在的球场，开球车打球已变得越来越普通，球车道路在现代的球场中似乎已经成为一项不可缺少的设施。球车道路尽管不是球场中十分重要的组成部分，但其布局的合理与否也会对打球、球场养护与运营和球场景观产生一定的影响，因此，在进行球车道路布局时，设计师也需要予以认真对待。球车道路布局应参考以下原则。

（1）球车道路应随球道的走向而蜿蜒迂回，不应将球车道路设置成一条直线，直线的球车道路既不利于球场的景观效果，也不利于与球道的紧密结合（图3–14、图3–15）。

（2）球车道路应具有适当的宽度，一般在2.5~3.0 m。设置球车道路宽度时，不仅要考虑球车的行走便利，还要考虑大型剪草机械的行走。

（3）球车道路布置应利于球手方便使用，尽可能地靠近打球可能的落球区。可能的情况下，应尽量多地将球车道路布置在球道的右侧。由于大多数球手打球时，容易打右旋球，球车道路布置在右侧，可以减少多数球手步行的距离，加快打球的速度。但对于极左的狗腿球道，最好将球车道路设置在球道左侧，因为大多数球手会选择球道左侧比较捷径的打球路线。

（4）球车道路应尽量靠近发球台和果岭布置，以利于球手的使用，减少球手徒走的距离。可能的情况下，球车道路也最好靠近落球区。

（5）球车道路最好不要布置在水边。在球道一侧有水面而另一侧没有水面的情况下，应尽量将球车道路设置在球道没有水面的一侧。在水面边布置球车道路不仅会影响球场的景观效果，也会造成开车的危险性。

（6）布置球车道路时，应使球车道路尽量少地横穿球道。球车道路从球道上横穿时，不仅影响球道的景观效果，有时也会影响到球手打球。球车道路必须穿行球道时，可以从发球台前方穿行。

（7）在发球台、果岭和落球区等需要停车的地方，应在球车道路一侧设置球车停车港湾，以供停车和错车之用。

（8）可能的情况下，最好给每一个球道都单独设置一条球车道路，尽可能不要使两个相邻球道共用一条球车道路。共用球车道路时，会增加打球的不安全性，从一条球道上打出的球会对在相邻球道上开车的球手产生威胁，甚至有时会直接面对相邻球道开车的球手。

（9）布局球车道路时，应考虑球车道路的隐蔽性。过分暴露的球车道路会对球道的景观效果产生不利的影响，破坏球道景观的连续性。尽管在球场造形设计和树木布置设计时，会通过一些适当的手段增加球车道路的隐蔽性，但在球车道路布局时，也应对此予以充分重视。

（10）布局球车道路时，应考虑球场整体球车道路的连续性和连接顺畅性。不仅要注意相连球道间的顺畅连接，还要注意上、下半场间球车道路的连接以及球车道路与会所、休息亭、小卖部、草坪管理区、水泵房等设施的便利连接，以利于球手和球场管理人员使用。

（11）在球车道路的结点、拐点和终点处，应设置必要的设施来分散球车的行走的路线，以便于球车的通畅行驶。

图3-14　不良的球车道路布局

这样的球车道路过于平直，也过于暴露，有碍球场景观。

图3-15　设计良好的球车道路布局

球车道路伴随球道曲折蜿蜒而行，既利于使用，也利于球场景观。

### （五）练习场布局原则

作为球手练习提高球技和热身的场地，练习场是球场中很重要的一项设施。在球场总体布局中，应为练习场布置提供合理的空间。练习场的布局应参照以下原则。

（1）练习场最好设置在会所附近，方便球手使用和球场运营与管理。球手在下场前可能需要在练习场进行练习热身，如果练习场距离会所较远，则在球手往返练习场时需要接送，这样会给球场管理带来不便，也浪费了球手的时间。

（2）练习场应具有足够的长度。目前情况下，练习场长度达到300~330 码比较适宜。

（3）练习场应具有良好的视野，从打席台到目标区应具有开阔的视野，以利于球手观察球的飞行状况和落地后滚动的情况。

（4）练习场与会所间的连接应流畅、通顺，以免造成人员的不合理流动。

（5）练习场内最好设置有显著的目标果岭，以利于球手的练习。

（6）在练习场打席台附近或在出发球道的发球台附近最好设置有推杆练习果岭，以供球手下场前练习推杆使用。

### （六）球场其他辅助设施布局原则

球场内除了上述一些主要设施外，还应设置有中途休息亭（图3-16）、避雨亭（图3-17）、草坪管理区等一些辅助设施，为球场管理和球手打球提供方便。

休息亭、避雨亭和小卖部等应设置在球场中距离会所比较远的球道处和每个半场中途的位置，以便球手在距离会所较远的情况下，可以补充食物和饮料，或在下雨时避雨。

具体布置这些小型的建筑物时，应主要考虑其完全性和球手进出这些设施的便利性。这些设施应布置在打球比较安全的区域，以免受到打球的威胁。为了便于球手的使用，通常被布置在前一洞果岭到下一洞发球台之间的球车道路边上或发球台附近，最好处于球手行经的线路上。如果被布置在距离球手行经线路较远的地方或者球手不易接近的地方，那么其利用率将会大大降低，同时也给球手使用带来很大的不便。这些设施由于处于野外，布置时还要考虑其在避雷方面的安全性。

图3-16　精巧别致的中途休息亭

草坪管理区是球场场地养护管理的核心区域。在球场布局中，应为其设置一个合理的位置，并给予充足的空间，一个18洞球场的草坪管理区占地面积一般在1万$m^2$左右。草坪管理区中不仅包括草坪管理人员办公用房，还要设置养护管理器械存放、修理和清洗车库、贮料仓库等设施。

由于草坪管理区内相对纷杂，为了减少其对打球的影响，最好将其布置在球场中比较偏僻、背静的地方，但进出草坪管理区应有畅通的道路与球车道路系统相连接，以利于管理机械和球场管理人员出入。

备用草坪区和苗圃，也是球场管理中必要的一项设施，它们可以为果岭、发球台和球道提供修补用的草皮和培育球场中的树木、花草，还可作为草坪管理与试验的基地。在球场布局中，应规划出备用草坪的区域。可能的话，备用草坪区最好设在草坪管理区的附近，便于管理和使用。布局时，应为备用草坪区设置充足的面积，以适于球场草坪养护之需。

图3-17　风格别致的避雨亭

## 三、球场规划流程

### （一）球场类型定位

在进行球场规划之初，不仅需要为球场确立一个总体的风格，此外还需要为球场确立一个合理的经营类型，这样，球场在以后的规划和设计中才能更有目的性，更能有的放矢，保证最终形成的球场具有一个鲜明的个性和一个统一完整的风格与类型，不致产生杂乱无章、目标混乱的现象。

球场的经营类型主要有会员制球场、一日性收费球场、大众化球场、观光度假球场和锦标赛球场等。确定球场的经营类型主要取决于业主的意图，同时，也与球场所处的地理位置、球场立地条件和周边环境以及球场项目本身的立意等相关。根据这些方方面面的因素，通过业主和球场设计师以及相关人员的共同商讨，在进行球场规划之前，为球场进行准确的定位，确立适宜的经营类型。

### （二）场地分析

确立了球场的总体风格之后，便可以着手进行球场的具体规划。开始规划时，应首先对场地的状况进行仔细分析，以便为准确、合理地利用场址进行球场布局提供翔实的信息和充分的准备。在对场址进行详细勘察后，在场址地形图、水文资料、气象资料等资料的辅佐下，可以对场址状况加以详细分析，具体的场地分析包括以下几个方面的工作。

1.地形地貌分析

地形地貌是球场规划的主要依据和基础，在球场规划时应对场地中每一处的地形予以仔细分析，以便在球道布局时加以更好地利用。对场地地形的分析主要是对场址地形起伏状况和地形坡度变化进行分析。在地形图上，将场地主要的沟脊状况标示出来，同时在地形图上标示出场地地形总体坡度情况，尤其对于坡度大于40%的地形区域应予以标示，因为坡度大于40%的区域会极大地增加球场建造的难度。另外，对于场地特殊的地形、地貌，也应予以明确标示（图3-18）。

有了这些场地地形的分析数据，规划时就可以有目的地、更加充分地利用场地中现有的特色鲜明的地形地貌，将它们与球道布局紧密结合起来，同时，球道布局也可以有目的地回避那些对于球场建造不利的地形，从而使球道布局达到最大程度利用场址现状地形的目的。细致、专业地对场址地形加以分析，可以使球道的走向与场地地形变化相呼应、匹配，使二者紧密结合为一体，对场地地形的合理利用还可以使球道的很多特征区域充分利用到现有的地形地貌，使场址原有的地形与球道的特征区域完美地结合到一起，创造出自然和谐的球道布局。

2.场址土壤状况分析

尽管高尔夫球场在草坪建植时，都要对草坪坪床基础进行重新改良，但场地本身的土壤状况会影响到以后球场土壤改良和球场建造的难易程度。在球场规划之初，对整个场地的土壤状况进行分析和评估，可以做到对整个场地的土壤状况心中有数，以便在接下来的球场规划和设计中更有目的性和针对性地考虑场地土壤条件对球场规划和设计的影响，从而避免因对场址土壤状况考虑不周给后期的工作带来不必要的麻烦。

球场场址的土壤类型和土壤剖面的状况，会影响到球场排水、喷灌、草种和树种选择等多方面的设计，它们也会或多或少地影响到球道布局走向和球道特征区域位置的布局。因此，对场地土壤状况加以全方位的分析，是球场规划之初不可缺少的一项工作。

3.场地排水形式分析

场地地表排水的状况对于高尔夫球场是至关重要的，没有一个良好的地表排水系统和球场外排水系统会给球场日后的运营带来持久的麻烦。在球场规划之初，应该对场地内地表雨水的走向、地表雨水的汇集状况以及雨水外排的走向予以详细分析，以便在球场布局过程中和接下来的球场设计中，更有目的性地为球场创造一个畅通的雨水内部排水系统和雨水外排系统，避免由于在规划时对场地排水系统欠加考虑，而使球道布局与场地地表排水系统发生冲突或者完全阻塞了场地的排水线路的情况发生。

在分析场地地表排水系统时，应在地形图上将场地的主要地表排水线路和雨水汇集的区域以及雨水外排的线路明确地标示出来，这样，在进行球道布局时，可以有针对性地利用或

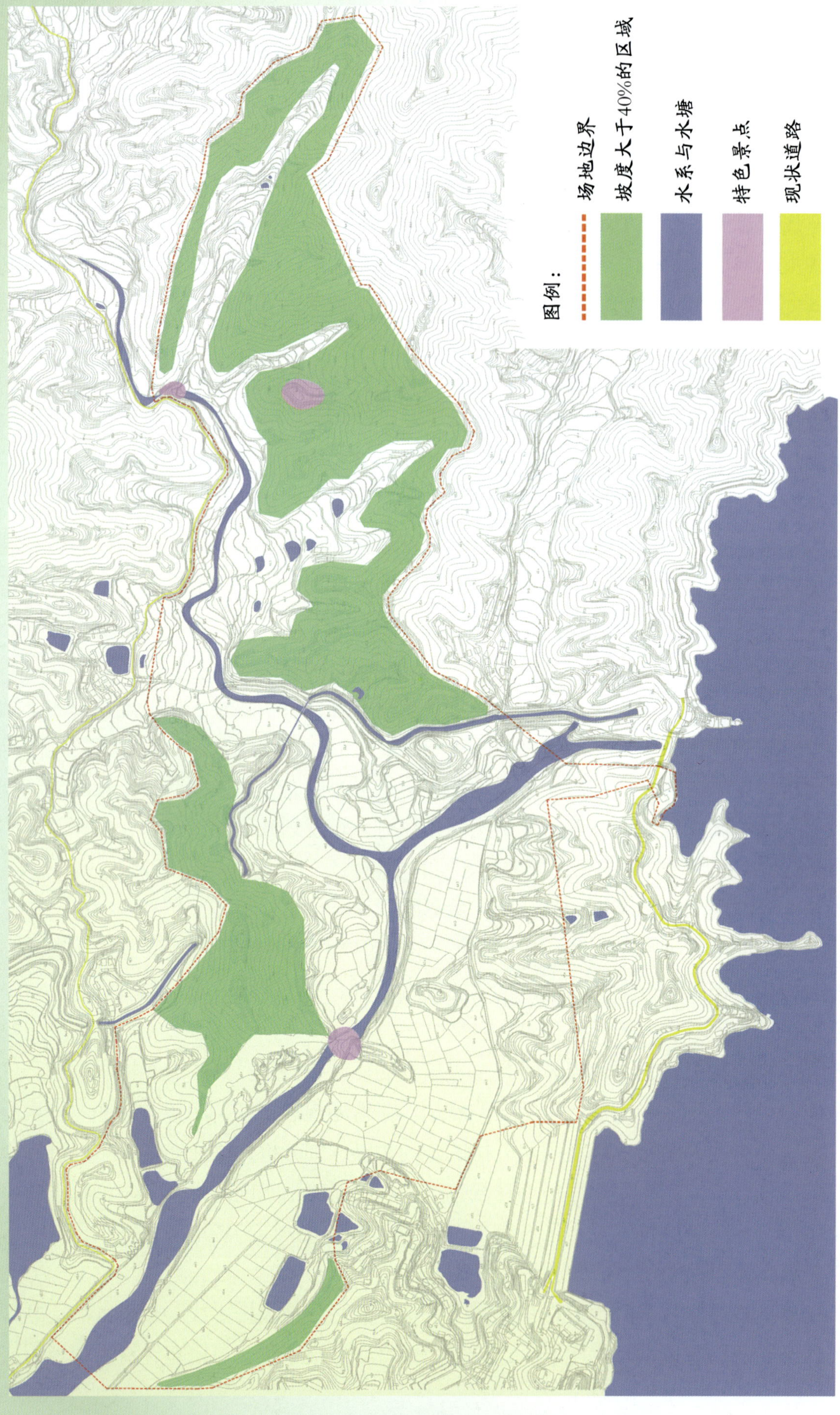


图3-18 武汉道观河高尔夫球场场址分析图

者回避排水线路，使球道布局和场地地表排水系统紧密结合起来。

4.水系和水源分析

场址中的水系是球场中的特征景物，是球场中的一个自然的景观元素。无论是小溪、河流还是池塘和湖泊都是场地中固有的特征元素，它们对于球场的规划和设计都是不可多得的设计元素，是非常难得的自然景观和自然障碍元素。因此，在球场规划之初，应对场地内所有的水系状况加以了解和分析，以便在球场布局中对它们加以最大程度地利用，使球场的布局和谐自然，展示出自然水景的魅力和自然天成的特色。另外，场址中流动的水系，可以为球场的排水系统提供便利条件。

在进行场地水系系统分析时，应将所有的水面标示于地形图上，以便在进行布局时予以充分地利用（图3-18）。另外，在进行水系分析时，还应考虑球场草坪喷灌水源的来源和供给状况，以确保球场日后养护具有充足的水源供给。

5.植被和景点分析

在有些球场场址中，会有丰富的植被和特色的景点，比如树木、堆石、灌丛、野花、野草、湿地等，这些植被和特色景点都是高尔夫球场中难得的自然景观元素，球场规划和设计过程中如果能对它们加以最大程度地利用，不仅可以减少建造费用，而且会使球场更具有自然和谐的特色，也会使球场更富有个性。因此，在球场规划之初，对场址植被状况予以认真分析是一项非常重要的工作。

进行植被分析时，应在地形图上将场地中名贵的树木、特色树木、古树和其他特色植被标示出来。同时，对于场地中特有的树木景点、灌丛景点、茅草和野花景点、湿地景点、石头景点等特色景点也应标示于地形图上。有了这些植被与景点的分布状况分析，在以后的规划和设计过程中，可以对它们加以很好地利用。

## （三）粗规

粗规是真正进行球场规划的第一步，粗规的目的是对球场进行一个大体布局，形成球场布局的初步方案，以供设计师与业主和相关人员进行讨论和确立球场的布局方案。

粗规可以分为会所位置确定、洞线布局和特征区域布局3个步骤。经过这3个步骤的工作，形成球场布局的初步方案。

1.会所位置确定

着手实施球场规划的首要工作是确定球场会所的位置，只有将作为球场中枢和纽带的会所位置确定后，才能以它为龙头，围绕着它进行后面的球道布局工作。确定会所位置应根据前述的会所布局的原则进行，在仔细研究和分析地形图的基础上，按照会所布局的基本原则，在地形图上给出会所的位置和会所区的占地范围。在粗规阶段，可以选择几个会所的位置，对它们加以比较分析，然后确定比较适宜的1~2个会所的位置，并按选定的会所位置进行接下来的洞线布局工作。

现以武汉道观河球场为例来分析会所位置的选择。如图3-19 所示，在仔细、全面地分

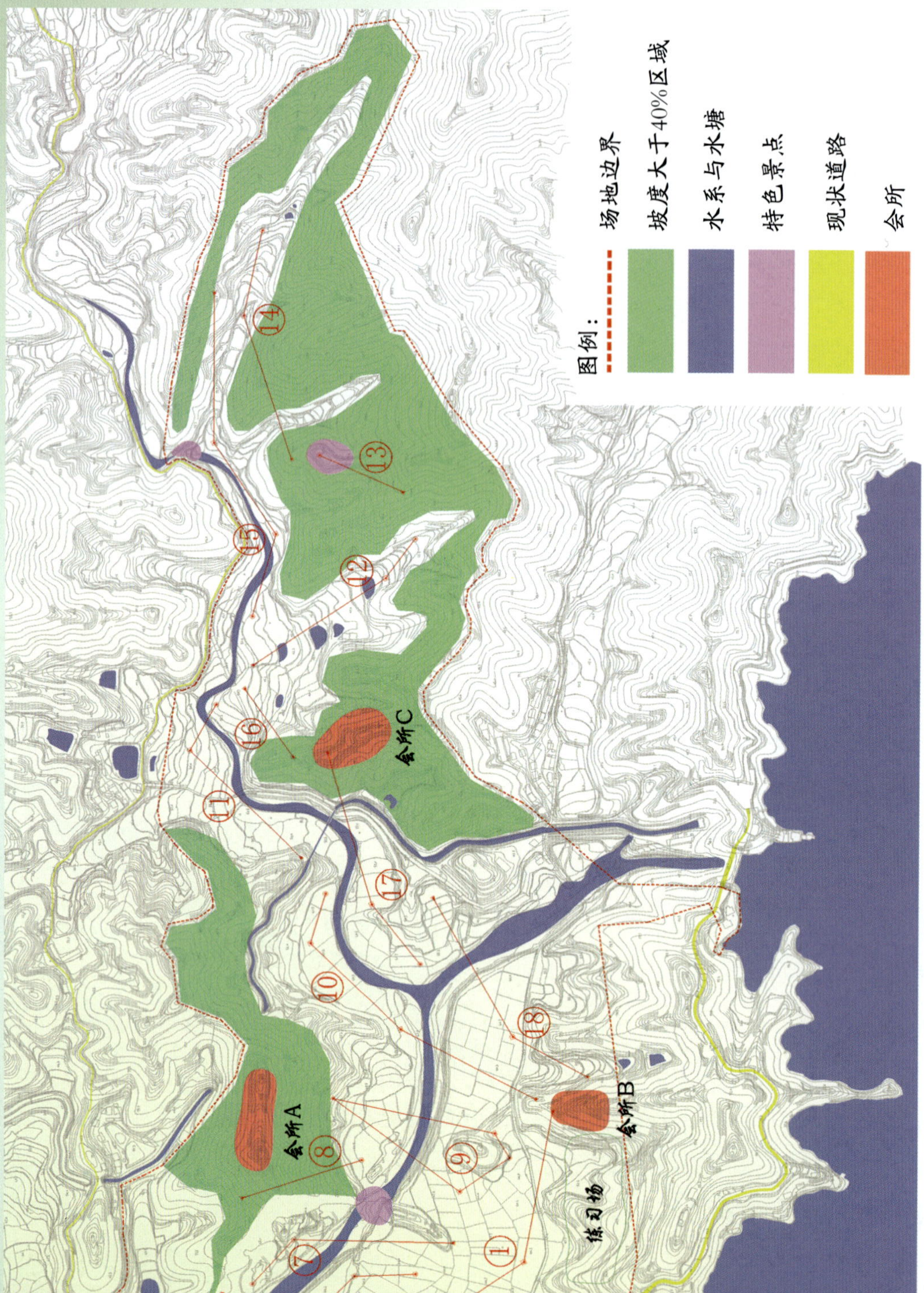


图3-19 武汉道观河高尔夫球场会所位置选择与洞线布局图

析了该球场的全部地形之后，在规划之初为该球场会所选择了3个待定的区域：A区、B区和C区。现对这3个区域分别加以分析，为会所确立一个合适的位置。

A区位于场地北侧最高的山顶上，视野非常开阔，从景观效果和辐射角度来说，是比较适宜的位置。但该位置离场地内的高差较大（80~90 m），不利于与场地内的球道区连接。其次，此山顶的坡度很大（50%以上），面积较小，需要大量削平山体才能达到会所所要求的面积，土石方量比较大。再次，该位置距离外部道路较远，与外部道路的高差也比较大，修建进场道路有一定的难度。

B区位于场地南侧突出的山脊上。该位置虽然不是场地的制高点，但也处于比较高的位置，并且地形向场地内突入，视野比较开阔，从此位置可以俯瞰球场的大部分场地。此位置比较开阔，具有很宽广的辐射角度，比较利于会所区的布局，也利于会所与球道区布局的相互连接。同时，该位置距离外部道路比较近，与外部道路的高差比较小。

C区位于场地南侧偏东的一个比较高的山脊上，视野非常开阔，此位置设置会所会有非常好的视觉景观。但该位置所正对的场地宽度比较狭窄，并且其东侧和南侧临近比较陡峭的山体，这样的地形位置不利于会所布局所要求的宽广的辐射角度，不利于与球道区进行流畅、舒展的连接布局。

通过认真对比上述3个会所区域，综合分析各自的优缺点，最后确定将会所区设置在B区。

2.洞线布局

洞线布局也称为线路布局规划，此阶段只是使用一些特殊的符号来代表球道打球的起点、中间点和终点，并通过直线将它们连接起来作为球道的飞行线来代表球道。

洞线布局就是用这些代表球道的飞行线进行球道走向和分布的编排，以会所为起点和终点，按照前述的球道布局编排的原则，将它们布局到地形图上，最后形成一个完全由分散的线条组成的球道线路布局，即球场洞线布局。

洞线布局是一个非常简化的球道布局形式，但它反映了很多的信息，如球道的起点、终点和中间点；球道的走向、球道之间的连接、球道之间的间隔关系；球道杆顺的编排、球道布局的顺畅性等。尽管线路布局只是一个以点和线为基础的简化的点化过程，但它仍可以检验球道布局对场地地形利用的合理性和球道布局的合理性，因此，洞线布局在球场规划中也是非常重要的一项基础工作。

在进行洞线布局过程中，应针对确定的每个会所的位置进行多种线路布局和走向的尝试，开放思路，尽可能编排出多种可供选择的洞线方案，然后再仔细研究斟酌，选择出比较理想的洞线布局。

现仍以武汉道观河球场规划为例来说明球场的线路布局。在确立了以B区为会所位置后，以该会所为枢纽进行球场的线路布局。按照球道区规划原则和球场设计原则，经过多方面反复尝试与揣摩，最后形成了如图3-19所示的球场洞线布局。该布局以会所为中心将球道区分为上下两个半场，分别分布在场地的东西两侧，上半场位于球场东部相对平坦的地块上，下半场分布在场地西部的山地之中。

鉴于该球场场址具有丰富、秀丽的自然地形地貌，因此在进行线路布局时，首先考虑了如何最大程度地利用现场的地形、地貌。为了尽可能地保留自然的地形地貌，创造出自然和谐的球场风格，该球场球道布局的线路走向尽量利用较宽阔的沟谷地带，基本避开了坡度较大（大于40%）的山体地带，对于需要穿越陡峭山体的地段，则以短洞进行过渡，以减小对原地形的破坏，如第12、13、14、15、16洞的编排就是这种方式的体现。第9洞则是利用了孤立的自然小山将球道自然分割为2条战略性打球线路。

当然，在线路布局过程中，对杆序的编排、球道的节奏性、球道之间的安全性和球道之间连接的流畅性以及球道区与会所区连接的流畅性等各方面都以球道区规划原则和球场设计原则为基准予以了仔细考虑，使球道的洞线布局趋于合理。

3.特征区域布局

完成了球场线路布局，相当于给球场布局搭起了一个骨架，接下来的工作是要给骨架赋予血肉，穿上外衣，也就是将球场的特征区域如发球台、果岭、球道和沙坑与水面障碍等加载到球道飞行线上去。进行特征区域的布局，应按照以前所述的球道区布局原则和球场特征区域设计原则实施。在球场粗规阶段，对球道特征区域的规划都相对比较简化，只是在图纸上标划出它们大体的形状和大小，留待在后面的详规规划中进一步细化。

在进行这一阶段粗规时，还应将会所区内的布局予以简单的规划，如会所主楼的位置、停车场、练习果岭、挥杆练习场等都应标画于图上。

完成了球场特征区域的布局工作，即完成了球场的粗规。在粗规完成后，球场具有了一个大体的布局和概貌，球道的基本组成都已展示于图中，各部分的概况和相互的关系已经在图中有了明确的表示，依据这样的粗规方案，可以进行球场规划方案的评估工作。一般情况下，设计师可以为业主提供2~3个粗规方案，供业主和相关人员对方案进行评估和选择，经过业主和设计师共同讨论，最终确定一个合理的球场布局方案或球场布局调整方案。设计师在此方案的基础上，根据提出的建议，进行下一步的球场规划详规工作。

图3－20是武汉道观河球场的粗规方案，在上一步完成洞线布局的基础上，将球场的各个特征区域都加载到了规划图上，在该方案中已经清晰地展示了球场各个功能区域及其布局状况。在进行武汉道观河球场特征区域布局时，同样将利用原始的地形、地物和特色景点作为重中之重，除了场地秀美的地形之外，场址内潺潺流淌的小溪也是本球场场址的一大特色，因此，在特征区域布局中，对场地内的2条小溪予以了充分的利用，使它们既作为打球障碍又作为景观与球道有机地融为一体，以体现球场自然秀美、富有灵气的风格。

在设置果岭和发球台位置时，也着重强调了对地形的利用，如第4洞果岭，第7、8、9洞发球台，第13洞发球台和果岭，第14洞发球台，第16洞果岭，第17洞发球台等特征区域都与地形紧密结合，最大程度地利用了场址原有的地形。第13洞的短洞，发球台位于山脊之上，果岭位于一个小山顶上，从发球台到达果岭自上而下跨越一个山谷，是一个纯粹自然天成的

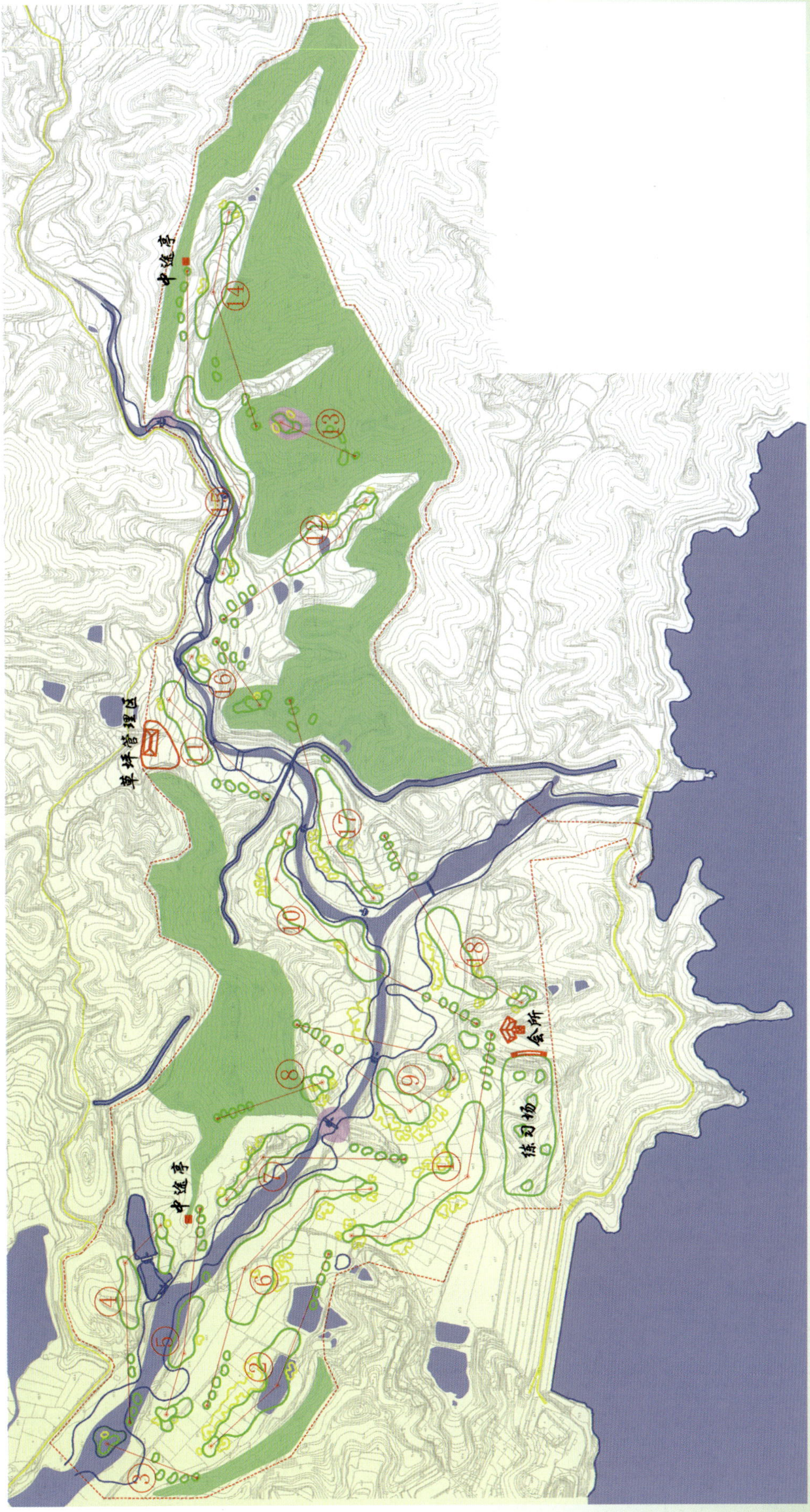


图3-20　武汉道观河高尔夫球场粗规方案图

球道。第16洞的3杆洞，果岭在一个小山顶上，发球台位于山体脚下，果岭区只需要稍加修整就可以建成，也是一个自然天成的球道。这样的布局充分利用了原始的地形，尽最大程度地减少了对原始地形地貌的破坏，也更能体现球场的特色。

### （四）详规

详规是在粗规的基础上，对球场的总体布局方案做进一步的调整和细化，形成最终的球场总体平面规划图的过程。

粗规过程中形成的球场布局方案已经具有了球道的布局的线路和大体的球道形式，在此基础上，球场的详规主要包括以下几个方面的工作。

1. 对所有的球道战略性重新进行审核和调整

针对每个球道，仔细研究其打球的战略性，根据球道所处的地形情况，按照球场设计的基本原则，为每个球道确定一个合理的战略布局。

2.对每个球道的特征区域予以调整和细化

根据球场在规划之初确定的球场风格，依照球场特征区域设计的原则，在已确立的球道战略性的基础上，对每个特征区域加以调整和细化。其中包括确定发球台、果岭、球道和沙坑与水面障碍的准确位置与边界以及它们的大小和形状等。这是球场详规过程中甚至球场设计中都非常重要的一项工作，需要设计师激发灵感，付出心智，使球场总体的布局既符合高尔夫运动规律，符合球场设计原则，又能充分体现球场的风格，使球场布局具有鲜明的个性。

3.对球场中的附属设施进行规划和布局调整

按照球场附属设施布局的原则，对球场中的球车道路、休息亭、避雨亭和草坪管理区等进行规划和调整，使球场的布局更加完善。同时，对会所区内的布局进一步进行调整与细化，使之与球道区的结合更加合理、顺畅。

详规过程中，还需要对球场的景观进行一个大体的概念性的规划。根据确定的球场的风格和球场场址树木和景物的现状情况，为球场的布局添加上景观规划，使球场的总体布局更加完善，更加突出球场的总体风格。

通过上述几项详规的工作，基本上已经完成了球场的规划工作。这样，通过粗规的球场布局和详规的加工与深化，即形成了球场规划的最终成果——球场总体平面规划图。它包括了球场中所应有的各个元素，是球场设计师总体设计理念和球场风格的总体体现。

详规过程中的最后一项工作是绘制球场效果图和编写球场规划说明书。球场效果图是以不同的颜色来表示球场不同的特征区域，显示球场布局的一个总体效果。球场规划说明书是以文字形式辅助说明球场规划的总体设计理念和设计风格以及球场总体布局与各功能区的规划状况。

图3－21 是武汉道观河球场最终的平面规划效果图，它是在粗规时形成的球场布局图基础上进行详规后形成的。在详规过程中，针对每个球道仔细分析了它的打球战略性，为部分

YARDAGE

| HOLE | BACKTEE | PAR |
|---|---|---|
| 1 | 546 | 5 |
| 2 | 452 | 4 |
| 3 | 195 | 3 |
| 4 | 422 | 4 |
| 5 | 408 | 4 |
| 6 | 597 | 5 |
| 7 | 387 | 4 |
| 8 | 226 | 3 |
| 9 | 396 | 4 |
| OUT | 3629 | 36 |

| | | |
|---|---|---|
| 10 | 589 | 5 |
| 11 | 375 | 5 |
| 12 | 383 | 4 |
| 13 | 166 | 3 |
| 14 | 446 | 4 |
| 15 | 636 | 4 |
| 16 | 153 | 5 |
| 17 | 427 | 4 |
| 18 | 448 | 3 |
| IN | 3623 | 36 |
| OUT | 7252 | 72 |

图3-21　武汉道观河高尔夫球场总平面规划图

球道设置了更多可以选择的打球线路，使球道的战略性更加丰富，如第4、6、7、10、11、17洞等。结合球道的战略性，对组成每个球道的特征区域进行了详细的调整，使它们成为构成球道战略有机的组成部分，使它们充分体现出以前所述及的球道区的布局原则和球场设计原则。另外，对球道区以外的其他功能区域也予以了布局规划，使它们与球场的整体布局有机连接为一个整体。

## 四、球道布局类型

球道布局的形式多种多样，采取怎样的布局形式，主要取决于对球场地形与地块的利用。在球场规划的实践中，常有以下几种布局类型。

1.链条式布局

球道以单列独立的形式编排，球道行走线路单一独立，球道之间互不干扰。按照会所所处的位置，链条式布局又可分为单链条式和双链条式。双链条式会所位于场地中间位置，在其左右或者上下独立布置上、下半场（图3-22）；单链条式会所位于场地一端，球道是18洞一个循环，球道并行或单列（图3-23）。

2.核心式布局

会所位于场地中央，所有球道围绕会所布置，不仅每个半场的开始与结束的球道在会所附近，中途的一些球道也会到达会所附近（图3-24）。

3.交叉式布局

上、下半场球道穿插一起进行布局，上、下半场的球道不是单独分开的，而是互有交叉。

## 五、高尔夫地产与球场规划

在现代的高尔夫球场项目中，越来越多的球场与地产相结合进行开发。房地产与高尔夫相结合，可以大幅度地提升地产的价值，创造更大的经济效益，同时，房地产创造的良好的经济回报可以反过来给球场建造与养护补充充足的资金，从而提升球场的品质，因此，房地产与高尔夫球场联姻，可以使二者相互受益，相得益彰，尤其使房地产的受益更加突出（图3-25）。

在房地产与球场相结合的规划中，由于加入了房地产这个因素，使得它与单独的高尔夫球场规划有一定的区别。规划中不仅要考虑球场本身的因素，使球场符合高尔夫运动规律和球场规划的原则，还需要将房地产与球场有机结合起来，使地产与高尔夫融为一个有机的整体，使地产充分享受球场的景观，提升房地产的价值。因此，在进行地产与球场规划过程中，既要充分考虑球场本身的一些内在要求，还要处理好房地产与球场的关系，其中主要包括以下一些关系。

1.球场与房地产景观的关系

既然房地产与球场结合，开发的是高尔夫地产，因此，从房地产角度来说就是要使房地

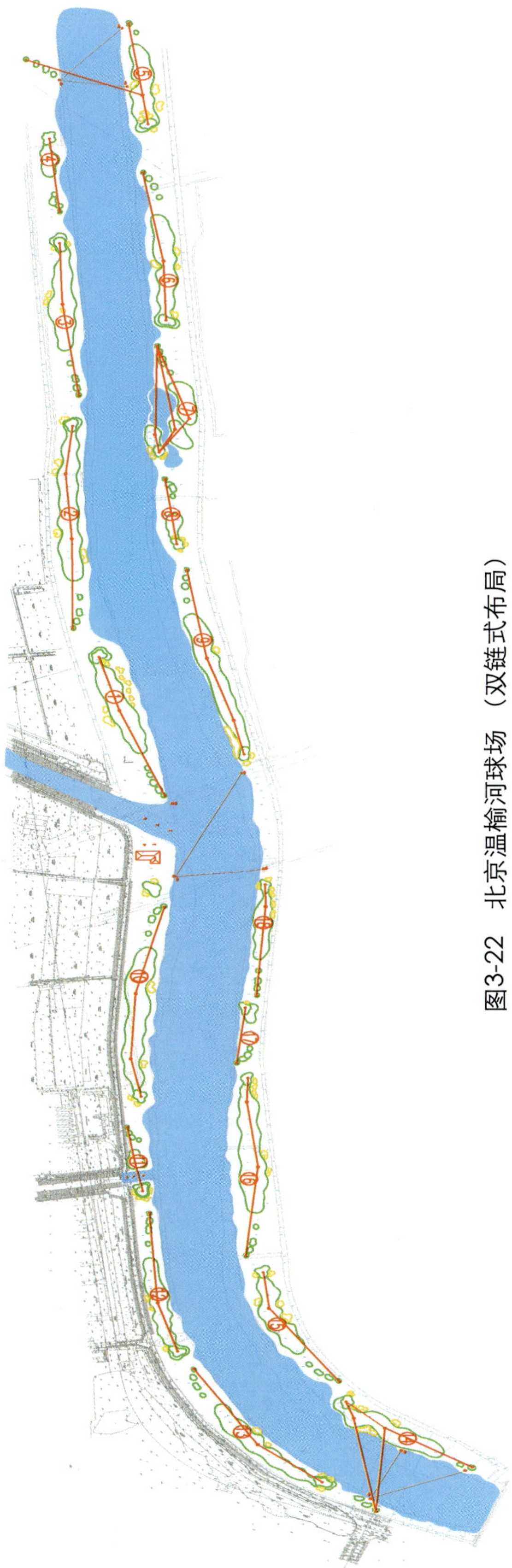

图3-22 北京温榆河球场（双链式布局）

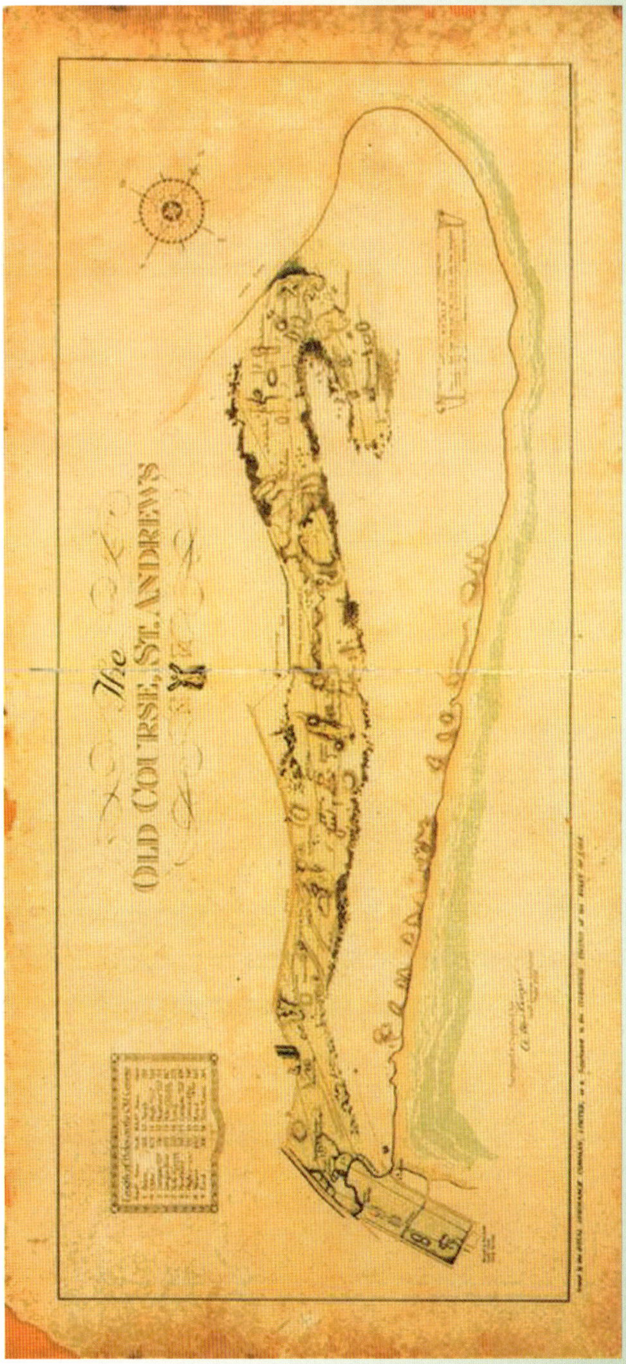


图3-23 圣·安德鲁斯老球场（单链式布局）

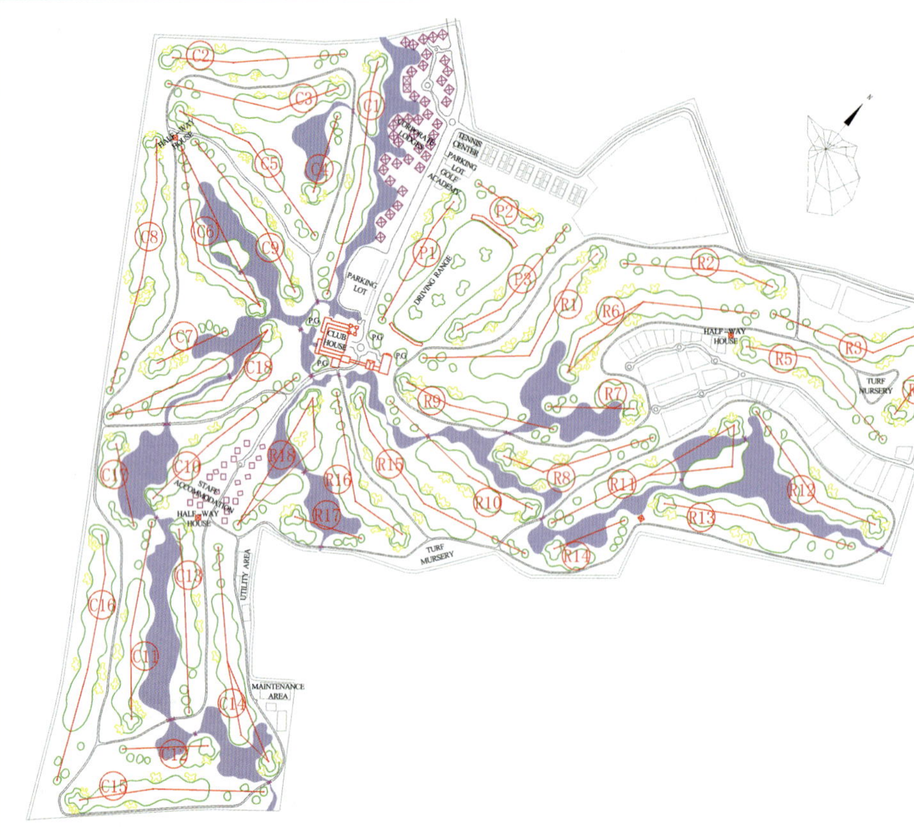


图3-24　核心式球场布局

图3-25　高尔夫地产

产的球场景观效果最大化，使尽量多的房屋可以享受到球场的景观。要实现这一目标，需要在高尔夫的球道布局中予以充分配合，通过调节球道布局和地产组团与房屋方位的布局，使地产最大程度地与高尔夫相结合。从这一角度来说，单链式的球道布局，可以为房地产提供最大的空间来享受高尔夫的景观。

单链式的球道布局，球道非常分散，在每条球道的两侧都可以布置房地产，球道的每一侧都为地产的房屋提供了直接面视球场景观的开阔视野，如此，使得地产面临球道景观的视野空间达到了最大化（图3-26）。

较单链式球道布局稍逊的是双球道布局（图3-27）。在双球道布局中，两条球道的两侧可以用于布置房地产，相当于在每条球道的一侧为地产提供了直接面对球场的视野空间。

对地产的球道景观开放性最差的是组团式的球道布局（图3-28）。由于球道布局显现组团形式，只有部分球道可以为地产提供直接面对高尔夫的视野空间。

除了球道布局可以为地产提供更广阔的高尔夫景观空间外，地产本身的布局也可以提升房屋的高尔夫景观视野，使地产的高尔夫景观更大化。例如，通过调整房屋的方位角度和地形高差，使不直接面对球道的后排的房屋视线错开，让尽量多的房产具有高尔夫景观视野。当然，在进行房地产与球道的规划中，也不能单单追求房地产的景观视觉效果，还要考虑高尔夫的运动氛围，过多的地产会影响球手的打球景观效果，影响球手的打球氛围，因此，在进行高尔夫地产规划中，要权衡这两方面的利益，使球场与地产两相适宜。

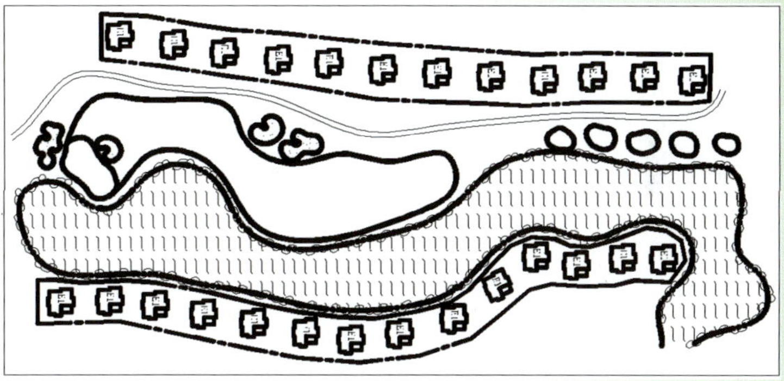

图3-26　单链式球道布局地产布置图

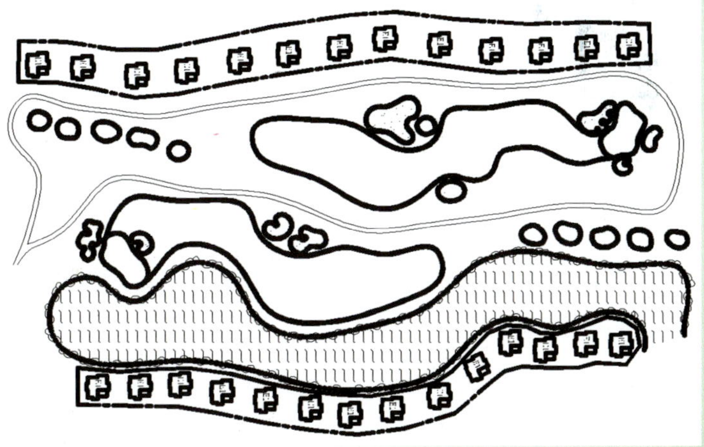

图3-27　双排球道布局地产布置图

2.球场与房地产的安全性

由于在球场中加入了房地产，因此，规划中不仅要考虑球场内部打球的安全性，还要考虑打球对球道边地产的安全性。规划时，应在球道和地产之间留有充裕的安全空间。一般情况下，球道的飞行线距离地产边界应有55~60 m或以上的安全空间。除了在地产与球道区之间留有充足的安全空间外，在进行地产区房屋布局时，应对与球道相邻的房屋的方位进行合理的布局，以确保其安全性。

3.球场与房地产交通及人员流向的关系

在房地产穿插在球场中间时，地产区的居民与打球的球手在交通和人员流向方面会产生相互的影响，这会增加打球的不安全因素，也会造成人员流动的冲突。因此，在进行规划时，应使二者的人员流向分离开来，不发生交互影响，使它们有各自的人员流动通道。例如，将球车道路和球手行走的线路与通往地产区的道路分隔开来，相互不交叉，以免给打球带来不便，破坏球手的打球气氛，减小打球的不安全隐患。

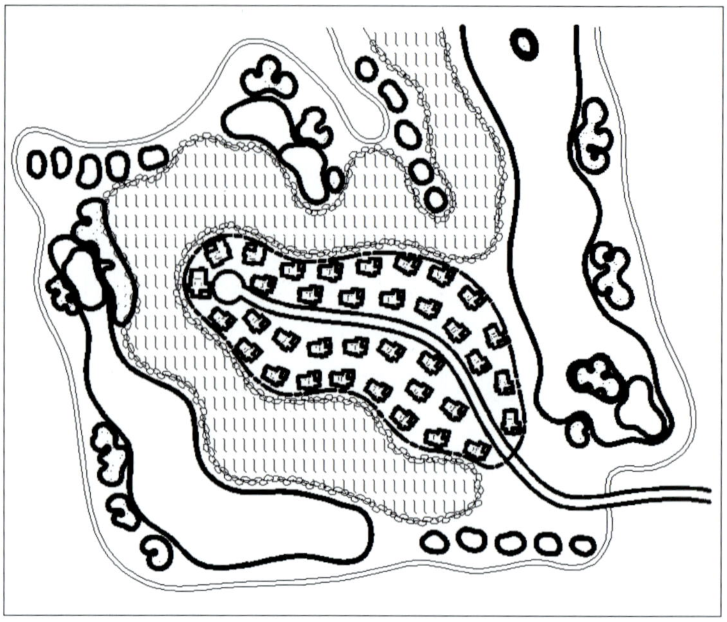

图3-28　组团式球场布局地产布置图

# 第四章　高尔夫球场施工图设计

在完成了高尔夫球场规划、确立了球场总体平面规划图之后，便可着手实施球场施工图设计。开始球场施工图设计标志着球场进入实质性的设计阶段。一个高尔夫球场的建造是一个复杂的系统工程，既包括土方与造形工程，还包括排水与喷灌工程、草坪与园林景观工程、水域工程以及土建类工程等。因此，需要设计一套完整的、系统的施工图纸来指导和配合球场的整个施工过程。

一套完整的高尔夫球场施工图应包括以下设计图纸和设计文件。

（1）球场总体平面规划图；

（2）球场测量放线图；

（3）球场清场图；

（4）球场造形图；

（5）球场土方平衡图；

（6）球场排水系统图；

（7）球场喷灌系统图；

（8）球场水域系统图；

（9）球场球车道路系统图；

（10）球场草坪与园林景观配置图；

（11）球场道路、桥梁和休息亭等土建类施工图；

（12）球场施工说明书。

这些施工图在球场建造中都是必不可少的，它们分别用于指导与辅助球场的各个单项工程的实施。在球场开始施工之前，应完成全部图纸设计，以便为球场建造提供充足的技术支持。

球场的全部施工图设计可以分为两个设计阶段，第一个阶段是球场造形图设计，第二个阶段是其他施工图设计。之所以将球场施工图设计分为两个阶段，是因为球场造形图是其他施工图设计的一个基础，其他施工图是基于球场造形图进行的设计，没有球场造形图这个根本，就没有办法实施球场其他施工图的设计。因此，球场造形图设计在全部球场施工图设计中是一个不可逾越的设计阶段，是球场设计过程中必须首先经历的一个要塞，它是球场施工图设计的第一步，也是极其重要的关键一步，是整个球场施工图设计的龙头。本章将以球场造形图设计为龙头，对球场的所有施工图设计予以详细介绍。

# 第一节　高尔夫球场土方与造形类图纸设计

土方与造形类的图纸用于指导球场建造最先开始的土方和造形工程，其中的设计图纸主要包括球场测量定位图、球场清场图、球场造形图和球场土方平衡图。这些图纸都是需要在球场施工图设计第一阶段完成的图纸，以便用于启动球场的建造工程和指导球场建造前期的工程。最先开始实施的是球场造形图设计。

土方与造形类图纸还包括果岭与沙坑详图，用于指导球场建造后期的球场细造形工程，需要在球场造形图设计完成后进行设计。

## 一、球场造形图

球场造形图是球场设计中最重要的一份图纸，造形图设计不仅在球场设计阶段上处于一个要塞的地位，同时，它对球场的品质和球场风格也具有极其重要的影响，在所有施工图中，它的作用可谓举足轻重，它的地位和重要性是其他设计图纸无法比拟的。

球场造形图是球场设计师设计理念的一个综合体现，是设计师创作智慧和创作灵感的表达，是设计师多年积累的丰富经验在一个球场上的集中体现，同时，也是设计师设计水平和能力的一个表现。造形图是在球场总体平面规划图基础上，对球场整体风格和品质的进一步体现，并且这种体现要较在球场规划阶段更为重要，也更加具体。总之，球场造形图设计在整个球场设计中，占有极其重要的地位，需要设计师付出心智、激发灵感，精心细致地来完成这项工作。

球场造形图是对一个球场整体造形与起伏的表示，是球场设计师将头脑中想象与勾勒形成的立体形状通过等高线的形式反应在图纸上，它反映了球场中每个区域的地形起伏状况。

造形图设计通常是以等高线的形式来表示球场的造形和起伏，一般情况下，设计师使用1 m或0.5 m等高距的等高线来进行球场造形图设计（图4-1）。设计师通过对等高线的合理利用，来表达他们对球场造形和起伏的设计意图，并将他们的设计意图通过等高线造形图传递给球场建造总监和造形师，以便他们在球场建造过程中实施设计师的设计理念和设计意图。因此，设计师在进行球场造形图设计时，需要通过对等高线和其他设计符号的合理利用，将其设计理念准确地传递给施工人员，以便在球场造形施工中真实、准确地反映他的设计意图。

尽管在球场造形图设计过程中，设计师所使用的设计符号比较单一，但它却反映和传递了复杂而繁多的设计内容。因此，在进行造形图设计过程中，设计师会考虑到球场中方方面面的因素以及它们之间的关系，以使球场造形设计更加完善和充实。在具体实施球场造形图设计过程中，应充分遵循以前所述的高尔夫球场设计原则，同时，应对以下的一些影响球场

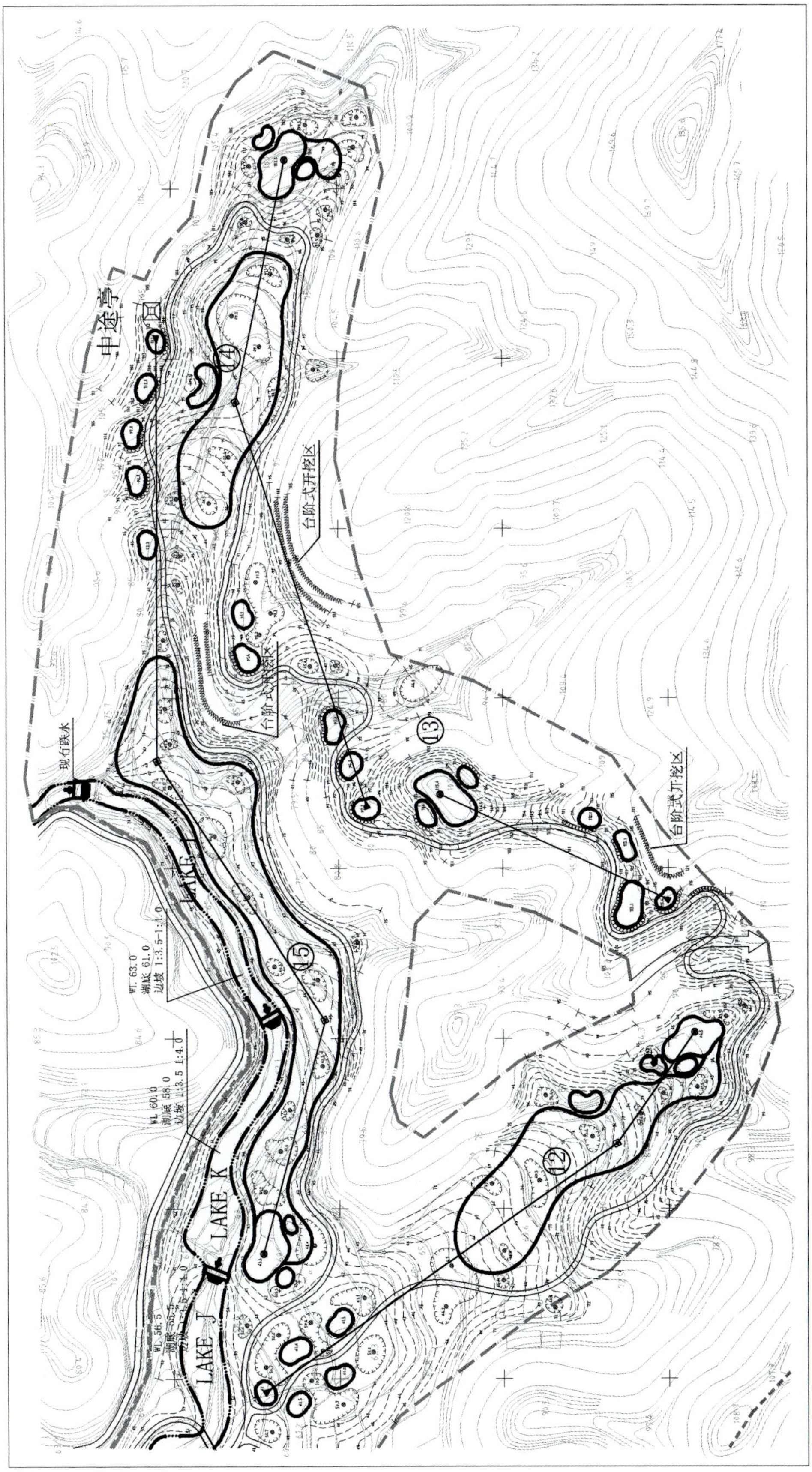


图4-1　高尔夫球场造形图

造形设计的因素予以着重考虑和处理。

1.球场造形设计的艺术性

在进行球场造形设计过程中，设计师用他们丰富的想象力，满怀激情地来创作他们的作品，以使他们的作品不仅充分体现高尔夫的运动规律，而且更充分展现作品的美学艺术性。从这个角度来说，高尔夫设计师是地形设计的艺术家，通过特有的设计语言与符号来表现他们作品的艺术性。因此，在进行球场地形设计时，不是一个简单地勾画地形起伏的过程，它需要设计师从头脑中和心理上与球手进行无声的交流，将他们的设计意图传递给球手，期待着球手的解读，它更需要设计师迸发灵感，将其作品的艺术性充分展示出来，使球手领悟到作品的艺术之美，并从中获得快乐（图4－2）。这大概才是球场造形设计的真正意义所在。圣·安德鲁斯老球场之所以魅力永存，不仅是因为它那古朴自然的风貌，还因为它那海风长期吹袭自然形成的神秘多变、捉摸不定的球场地形起伏的艺术性。

在进行球场造形设计过程中，优秀的高尔夫设计师总能通过对地形的合理设计和对地形的巧妙利用，将他们作品的艺术性展现给球手，从而使他们的设计水平和设计才华得以充分发挥；而拙劣的设计师，只是通过简单的地形设计来创造一块进行高尔夫运动的场地，作品

图4-2　造形的艺术

起伏流畅、层次分明、富有动感的造形本身就是一种艺术，它会给球手带来美的享受。

本身没有任何艺术性可言，使高尔夫球场失去它应有的艺术性，同时也使高尔夫运动失去了多半的娱乐性。

球场造形设计也是对球场风格进一步展示的过程，在球场总体平面规划图基础上，设计师通过对球场进一步的三维造形设计，可以使球场的风格得以更加充分的体现，使球场的风格更加突出，个性更加鲜明。设计师在进行整个球场造形设计过程中，应将在球场规划阶段确立的球场风格贯穿到整个造形设计过程中，将球场造形设计与球场中的各个特征区域有机结合为一体，共同展现球场的风格，从而使球场的整体造形风格符合球场风格的要求。这样设计出的球场才会具有一个统一的风格，才会使创造出的球场更富有艺术性。

2.球场造形设计与球道战略性的关系

球场的造形起伏在某种程度上可以增加打球的难度，在其他情况基本相似的情况下，在起伏较大的球场打球要较在比较平坦的球场打球难度增加很多。在高尔夫球场难度系数等级评定系统中，球场的地形起伏程度也是评定球场难度等级的一项重要指标。球场中的地形通过增加球位的难度、改变球手站位与正常的挥杆动作和影响球手观察目标的视线等方面给球手增加了打球的难度。地形起伏从某种意义上来说，也是一种打球的障碍，因此，设计师在进行球场造形图设计时，应充分考虑地形给球手打球带来的难度，以便通过合理的造形起伏设计并结合其他障碍设计，给球场创造一个适当合理的难度系数。

球场造形在增加球场难度的同时，对球道的战略性也会有明显的影响。合理的造形设计可以在球道平面布局的基础上加强和丰富球道的战略性。通过造形设计，可以增加球道的打球线路，使球手有更多可以选择的击球线路，从而丰富球道的战略性。同时，合理的造形设计可以使在平面布局中已经具有的球道战略得以加强，使球道战略性更加突出显著。造形设计对球道战略性的影响可以体现在以下几个方面。

（1）通过地形起伏的合理设计，可以增加球道打球的线路，丰富球道的战略性。例如，在球道中央落球区设计一个体量比较大、坡度较陡的草丘，由于它的作用，可以明显增加打球线路的选择性。再比如，通过落球区高差上的变化，可以使球道形成两个高度不同的落球区，增加球手对打球线路的选择（图4－3）。还比如，通过地形的合理利用可以创造出技巧性比较强的进攻目标，使技巧和准确性通过地形得到相应的奖励，这样的地形设计也正是战略性高尔夫的意义所在。美国Muirfeild乡村球场的第9洞和Southernhills球场的第18洞都是这种地形设计的良好例证（图4-4）。

（2）通过地形的合理设计，可以借助地形引导球手的击球线路，从而丰富球道的战略性。有些时候球手在选择攻击目标时，不是将球直接打向目标，而是借助目标边的地形坡度，将球打到某个坡面上，使球顺着斜坡的引导滚动到计划攻击的目标区（图4-5）。通过这样的球道造形设计，无形之中增加了球手打球线路的选择，增加了球道的战略性。这种情况在果岭周边的地形设计中尤其常见。

（3）合理的地形设计可以使进攻的目标更加显著、突出，利于球手观察和判断球道的

图4-3　战略丰富的双层球道

通过地形高差形成的两个层次的球道，丰富了球道的战略性。

图4-4　独具匠心的地形设计

美国Southern Hills球场第18洞，沙坑左后侧的区域是利于攻击果岭的最佳落球区，开球若打得太远越过沙坑，球会停在一个较陡的侧下坡球位上，并且面对高起的上坡果岭，下一杆进攻果岭将变得非常困难。这样的地形设计极大地丰富了球道的战略性。

图4-5 侧坡的妙用

球道右侧的侧坡是打球常借用的地形，它明显增加了球手对打球线路的选择，丰富了球道的战略性。

战略性，从而使球道的战略性更加鲜明，使球道的战略性得以加强。比如，炮台式的果岭和高耸的球道落球区就是这种地形利用的典型例证。

3.球场造形设计与场址原地形的关系

在对场址原地形比较丰富的球场进行造形设计时，应充分考虑新设计的球场造形与原地形的关系。尽管在进行球场总平面布局，已经对场址原地形的利用有了初步考虑，但在球场造形图设计时，应加强对原地形的利用，并将新设计的造形起伏与原地形予以有机结合，这样不仅可以节省建造成本，而且可以使球场的造形更加自然和谐，与场址原貌完美地融为一体（图4-6）。在进行球场各特征区域造形设计时，应使球场各特征区域与原地形更大程度地结合，充分利用场址的原地形、地貌作为球场特征区域所需的地形。这需要设计师在进行造形图设计时，对球场场址原地形予以仔细分析，研究原场址每一块区域的地形特征，以便将它们加以充分地利用，融入到球场造形之中。自然是美的根源，只有将球场自然的地形、地貌充分利用，才能使球场更美，使造形设计更趋完美。

进行球场造形设计时，除了重点考虑场址内的地形状况外，对场址周边的大地形、地貌也应予以考虑，它们对球场造形设计也会有一定帮助和启示。如果能将场址周边大地形、地貌的特征加以提炼，汲取其精华，并将之巧妙地应用到球场造形设计中和球场特征区域设计中，这样，设计出的球场将与自然的环境浑然一体，显得更加自然和谐（图4-7）。

图4-6　纯粹自然的球场造形

自然流畅的球道造形与原始的地形浑然一体，无懈可击。

图4-7　源自自然启迪的球场造形

将原始的梯田加以改造利用，与球道完美地结合为一体，使球场显得更加自然和谐。

4.造形设计与视觉距离的关系

球场内的造形起伏会影响球手对打球距离的判断，造成距离判断的错觉，球场造形的这种作用会直接作用于球手，影响球手的打球成绩。比如，在球道中间的打球线路设计一些高低起伏的造形，会使球手感到距离攻击的目标比较近，而实际距离要较球手感觉得长。在两侧具有较高山丘起伏、内部比较平坦的球道上，球道会显得很深邃，目标显得延伸得很远。

在进行球场造形图设计过程中，设计师会经常使用这种手段，通过造形与起伏的设置，来变化球手对距离的感觉和判断，迷惑球手的判断能力，使球手对距离的判断产生错觉（图4-8）。从某种程度上来说，这种造形设计也增加了打球的娱乐性，丰富了高尔夫运动的乐趣，同时，通过这种球道造形起伏设计，也可以考验球手对打球距离的判断能力，促进球手对多方面打球能力的提高。在很多时候，尤其在球道距离比较长的情况下，设计师可以使用这种造形手段，将一个非常长的球道（尤其是长距离的3杆洞）显得不是很长，从而变化球手的打球心理，间接实现变化打球节奏的目的。有些时候，设计师也将这种造形手段与沙坑

图4-8 造形的错觉

果岭前方高起的草丘和沙坑遮挡了果岭的大半部分，容易使球手在距离判断上产生错觉，使这个长距离的3杆洞感觉很近。尽管果岭上的旗杆看上去近在咫尺，实际上它距离沙坑还有30多码的距离。

障碍结合起来进行设计，使得球道上的沙坑感觉距离目标比较近，同时也使球道长度感觉有所缩短。

5.球场造形设计与景观的关系

球场的造形除了对高尔夫运动有明显的作用以外，对球场的景观效果也会产生极大的影响。一个良好的球场造形设计，可以通过地形起伏的变化和地形线条的变化，极大地丰富球场的视觉景观效果，使球场不论是近看还是远观都具有层次分明、动感强烈、变化丰富的视觉效果。在丰富的地形起伏的基础上，再配合其他景观元素的装饰，以及与球场特殊区域的有机结合，可以使球场形成一幅幅优美的立体画卷，使球场既有远景的景观，又有近景的视点，达到一步一景的视觉效果。因此，在进行球场造形设计过程中，设计师应将造形与景观的关系予以认真考虑，通过合理的造形设计为球道创造一个良好的景观氛围，给球手在打球方面创造快乐的同时，也为球手带来享受球场优美景观的快乐，给球手创造双重的快乐。

有的球场设计师在进行球场造形设计时，只强调造形设计对打球的影响，而忽视了球场造形对球场景观的作用，这样的球场造形设计是片面的，是不完整的。事实上，景观因素是进行球场设计中不可忽视的一个重要因素，设计师在进行球场造形设计过程中，应设法将球道的造形起伏与球场景观纳为一个整体，使球道造形发挥其应有的景观作用，这样的造形设计才更趋完善，更加体现一个设计师的水平。要使球场造形具有优美的景观效果，进行球场造形设计时应从美学的角度来设计球场的造形起伏，使球场的造形起伏流畅、衔接自然、富有动感，造形丰富多变、具有层次感。

6.造形设计与球场排水的关系

在进行球场造形图设计过程中，设计师无时无刻地不在考虑球道的排水问题。事实上，造形设计过程也是给球道设计地表排水线路的一个过程。在进行造形起伏设计时，设计师需要通过雨水井的设置和地形的设计，将球场任何一个局部区域的地表排水引导和汇集到周围的雨水井或周围的水系中，使任何一个区域都不会产生地表积水现象，以便为球场草坪创造一个良好的生长条件。

球场的造形设计与球场的地表排水设计是相辅相成的。无论在任何情况下，球道的造形都要为球道的地表排水创造便利的条件，使地表排水畅通，不应因为球道造形设计的原因，使球道任何一个局部区域发生地表积水的现象。另外，在球场造形设计过程中，应通过对地形的合理设计使地表雨水分散汇集，既不要使雨水汇集的区域过大，给地表雨水的排放造成困难，也不要使雨水地表径流的线路过长，造成对球道的过分冲刷。在造形设计时，通过造形中沟、脊的合理使用，不难实现雨水的分散汇集。为了使球道具有通畅的地表排水系统，一般情况下，造形设计时地形的地表排水坡度最好不小于2%，雨水地表径流的距离不要超过50 m。

7.造形设计与球场养护的关系

球场的造形设计会在很大程度上影响球场日后养护的难易程度和养护成本，因此，在进行球场造形设计过程中，应对造形对球场养护的影响予以重点考虑。球场造形起伏剧烈的状况和坡度的大小对球场养护剪草操作和喷灌都会产生明显的影响，造形起伏极度剧烈、坡度太大会给剪草带来很大难度，在有些区域不能使用驾驶式剪草机修剪，只能人工修剪；而在坡度较大的坡面上，保水、保肥性能比较差，也会增加草坪养护的难度（图4-9）。因此，在进行球场造形设计时，应对造形的坡度加以合理地控制，为球场的养护创造便利的条件。一般情况下，球道内的造形坡度最好控制在8%以内，高草区和隔离带的造形坡度最好控制在20%以内，对于比较陡的草丘、草坑，其坡度最好控制在30%以内。

图4-9　拙劣的球场造形

球道右侧这些起伏剧烈的小草丘既有碍景观，又会极大地增加球场的养护难度。

## 二、球场土方平衡图

在球场造形图完成后，可以在造形图基础上进行土方平衡图设计。球场土方平衡图主要用于指导球场土方的挖填与调运，是进行球场土方工程必不可少的一份重要的图纸。有了土方平衡图做指导，球场的土方调运目的性将更加明确，土方的调配将更加合理，球场的土方工程将更快、省时、省力，节约工程建造成本。因此，在球场施工图设计过程中，应该精心地设计一份完善的球场土方平衡图，用于指导球场的土方工程。

一个完整的土方平衡图设计应包括以下几个方面的设计内容。

1.挖、填方分界区零线的划分

设计土方平衡图的第一步工作是要划分球场土方挖填方区的分界线，即挖填零线。只有找出挖填零线，才能划分出土方的挖方区域和填方区域。挖填零线的划分可以采用方格网法，方格网的划分可以采用球场施工坐标网，按10或20 m的间距，将坐标网加密即形成方格网。方格网划分完成后，可以按以下步骤划分挖填零线。

（1）将方格网每个交叉点上的原地形标高和设计标高标示于交叉点上，并计算设计标高与原地形标高的高差，即挖、填深度，同时将其标注在交叉点上（图4-10）。高差为负数表明该交叉点为挖方，高差为正数表示该交叉点为填方。

（2）确定零点位置。在挖方区与填方区之间，一定存在一条既不挖也不填的挖与填分界线，即零界线。要划分这条零线，应在挖方区和填方区相邻的方格网上先确定零点的位置，然后将这些零点位置连接起来就是零界线。由于零点只存在于挖与填的分界线上，因此，在确定零点时，应在4个角点的施工高度分别有正数和负数的方格网上去寻找，即在分别有挖方与填方的方格网上寻找零点。

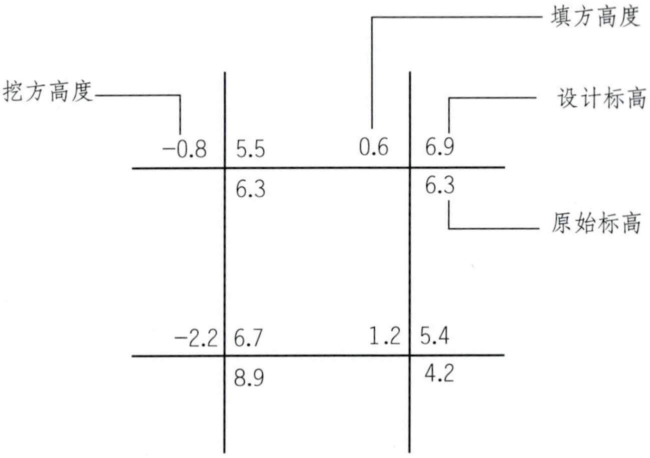

图4-10　利用方格网计算施工高度

如图4-11所示，当施工高度$H_1$和$H_3$为负数，$H_2$与$H_4$为正数时，那么在$H_1$与$H_2$之间以及$H_3$与$H_4$之间一定存在零界点。该零界点位置的确定可以通过以下公式来计算。

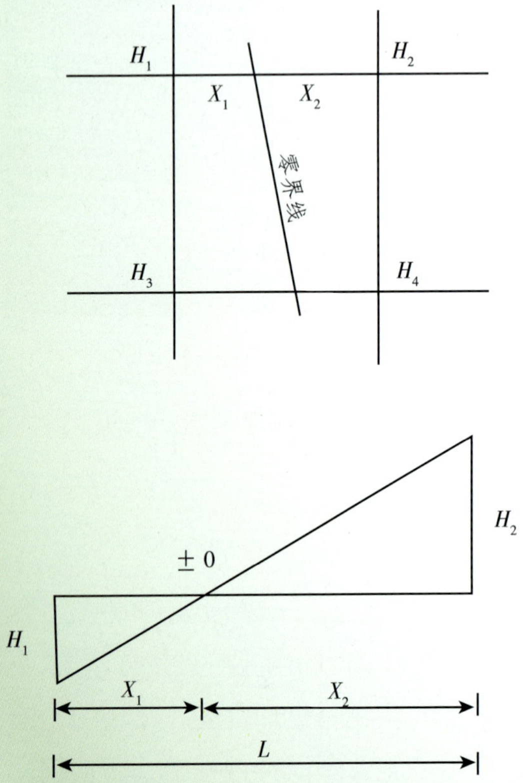

图4-11　利用方格网确定零点位置

$$X_1=L\times H_1/(H_1+H_2)\qquad X_2=L\times H_2/(H_1+H_2)$$

式中：$X_1$、$X_2$为方格网角点到零点的距离；$L$为方格网边长；$H_1$、$H_2$为两相邻角点的施工高度（$H_1$、$H_2$分别为负数和正数，即挖方角点与填方角点）。

在已知了$H_1$、$H_2$和$L$后，很容易计算出$X_1$或$X_2$的长度，从而在方格网找到零点的位置。将计算出的零点位置分别标注在方格网上。

（3）将方格网上的各零点连接起来，即得到了零界线。

2.挖填方区域的划分与土方量的计算

在方格网上找到了零界线，自然就获得了挖填方区域的分界线，有了挖填方区的区域界线，便可以进行挖填方区土方量的计算了。土方量的计算可以采用方格网法，利用方格网法计算土方量的基本概念为：每个方格网的土方量等于每个方格网的面积与其各角点的施工高度的平均值的乘积数，即方格网的面积与其平均施工高度的乘积。

在土方平衡图上，针对每个方格网分别计算其土方数量，并分别按照填方区和挖方区将每个方格网的土方量标注于每个方格网内。

3.土方量汇总

分别将每个挖方区和填方区的土方量进行统计汇总，并将其标注在各挖方区和填方区内（图4－12）。这样，整个球场的土方挖填数量、挖填的区域都清晰地显示在图上，可以借此来评估土方挖填平衡的情况和进行下一步的球场土方调配计划。

在实际设计过程中，在完成球场造形图之后，一般都需要对球场整体的土方挖填量进行粗略的估算，如果发现球场的挖、填方总量差距很大，土方挖填不能平衡，则需要重新调整

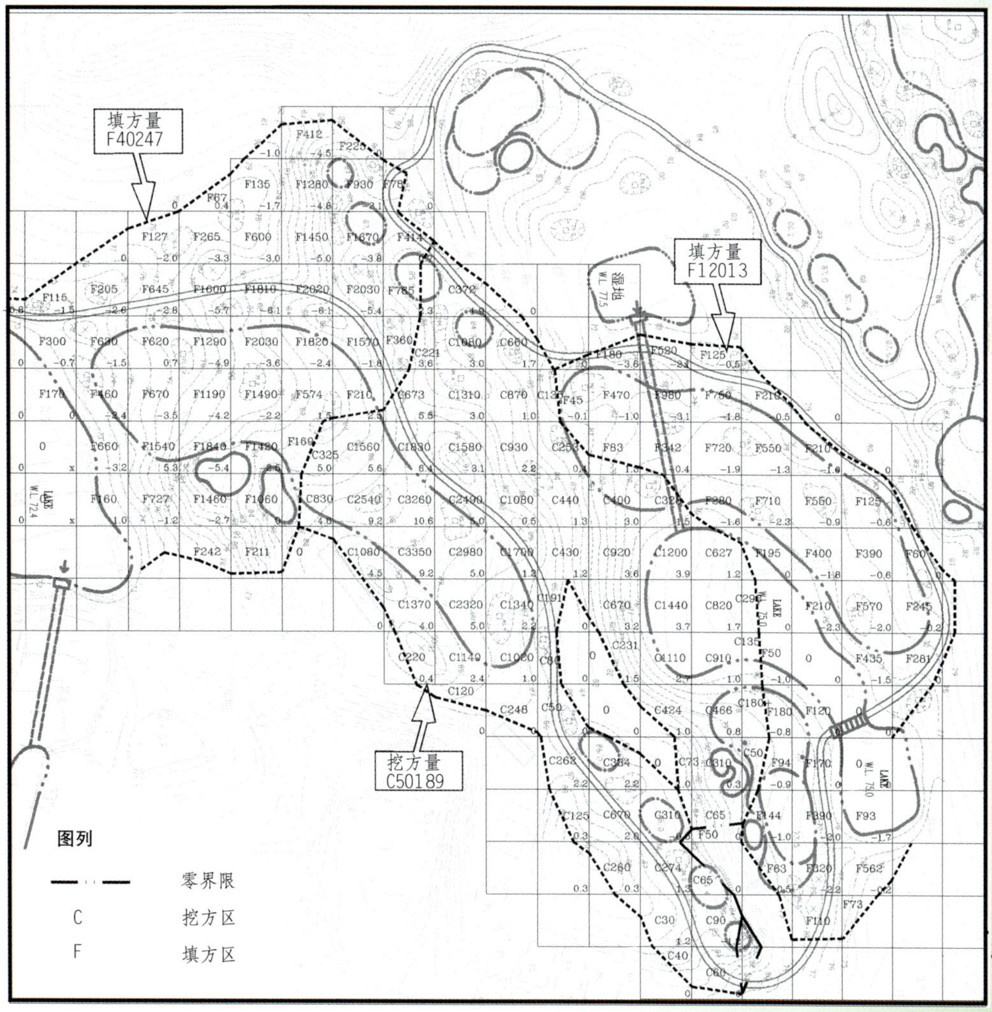


图4-12　球场土方平衡图

球场造形设计，以使球场整体的土方挖填量趋于平衡。可能的情况下，在球场造形图设计时最好使球场的挖方量和填方量在场地内大体平衡，以避免球场施工时外调大量客土或者向外弃土。

球场土方量的计算，是一项工作量很大、比较烦琐的工作。目前，有很多计算机软件可以用于辅助计算球场的土方量，从而减小了土方计算的工作量，但大部分软件都要求图纸上使用的等高线是二维多义线。

4.土方调配规划

球场土方调配设计可以包含在球场土方平衡图中，也可以在球场施工时由施工人员根据施工现场的情况和施工的需要自行制定。

土方调配设计是按平均运距最小的原则，确定球场土方调运的最优线路方案，将各挖方区的土方量按最优的方案调配到各填方区中。其中的设计内容主要包括划分土方调配区、计算各调配区的土方量、计算调配区之间的平均运距和确定土方最优调配线路方案。最终，在土方调配图上，标示出土方调配的线路和相应的调配数量。

## 三、球场测量定位图

球场测量定位图主要用于球场前期施工的测量定位，用于球场开始施工时确定各区域的位置。球场测量定位图是以平面坐标的形式来标定各特征点的位置，主要包括以下一些设计内容。

（1）所有球洞的发球台中心点、果岭中心点、球道拐点的坐标；

（2）会所区域位置的坐标；

（3）练习场的区域位置坐标；

（4）球场场地边界的坐标。

尽管现在的球场设计师都可以提供图纸的电子文本，在电子文本中可以很容易获得这些特征点的坐标数据，但在球场施工图设计时还应该将上述特征点的坐标标于测量定位图上，以供测量施工人员方便使用和利于坐标的校核。

## 四、球场清场图

球场清场图主要用于指导球场施工时场地的清理工作，一是为了清除场址中那些有碍打球和影响球道战略与球场施工的树木、野草和杂物等，以便为球场施工创造便利条件；二是保留那些有价值的树木、花草和自然景物等。球场清场图的设计应包括以下一些内容。

1.确定清场区的范围和边界线

在进行球场清场图设计时，首先要合理地确定球场内所有清场区的范围，根据球道战略性的要求和打球的需要，确定每个区域需要清理的树木、植被和其他物体，并将需要清理的区域和范围明确标示于图上。在确定清理区域时，一定要谨慎，不要将能够保留的树木和其他景物划入清场区中，以免给球场造成不必要的损失。如果球场的清场工作需要分阶段、分项地进行，则需要将不同阶段清场的边界区域也标示于图上，以便施工时按阶段分批清场。

2.确定保留区的范围边界

进行球场清场图设计的过程实质上也是对球场植被予以保留的设计过程。球场中原场址的树木、花草和景点都是球场本身所拥有的一笔财富，在清场图设计过程中，应本着尽最大可能保留原有植被的原则进行设计。确定保留区范围时，应仔细研究每个球道的战略性，并结合现场勘察保留那些具有保留价值的树木与植被，尤其对于那些古树、名贵树种、有特色的野花野草、有特色的景点等，应设法予以保留。在球道与这些树木和景点发生冲突时，在可能的情况下，应对球道的走向做相应的调整，尽可能保留这些非常有价值的树木与景点（图4-13）。

图4-13　南宁青秀山球场第17洞

通过调整湖面的边界将球道中间的百年古树保留，使之成为分割左右球道的打球战略的有机组成部分，对原始植被进行保留并予以合理的利用，使球场显得更加和谐自然。

在球场清场图上，除了要明确标示需要保留的范围较大的保留区外，还应将一些区域较小的或独立的保留区标示于图上，以免清场施工时误清这些区域。这些独立的保留区包括独立的大树、石堆、成片的野草野花、湿地等。这些需要保留的独立景物应用不同的符号在图上标示出来。

## 五、果岭详图

在球道造形图设计阶段，已经对果岭设计有了初步的考虑，但它仍然不够详细，不足以充分表现果岭的设计意图。球道造形图是利用较大的等高线来描述球场的总体造形和坡度变化情况，它只适于对球场大范围和大起伏造形的控制，而对于相对平坦的果岭来说，显然是不够的。

果岭表面是进行推杆的区域，任何微小的起伏都会影响推杆的线路，尽管它看上去很平坦，但表面那些细微的起伏会在很大程度上影响推杆线路的变化性，严重影响一个球道的打球战略性。因此，对于果岭来说，设计师需要在球道造形图基础上给予更加细致地刻化，以充分体现球道的战略性，体现球场的设计风格，提升球场的品质。

在造形图阶段，设计师常使用0.5或1 m的等高线来表达球场造形与起伏，而果岭详图则需要使用更小、更细化的等高线来表达其中的细微变化，通常以0.1或0.2 m的等高线比较适宜。

在以前所述的果岭设计原则中，已经阐述了一些基本的设计原则，现在需要将这些设计原则落实到每个果岭上，具体地体现到果岭详图中。

因此，在果岭详图设计过程中，需要遵照那些设计原则，对果岭的面积、形状、造形与坡度、打球战略性和果岭洞杯区的位置等各方面予以详细设计。一个完整的果岭详图应包括果岭的具体形状、造形与坡度变化状况、排水管线布局等（图4-14）。每个洞的果岭都应出据一份详图。果岭详图的具体设计过程如下。

### （一）确定果岭的面积和形状

在球场总体平面规划图和球场造形图完成时，已经确定了每个果岭的基本形状和面积，但在进行详图设计时，需要对它们予以进一步的细化和微调。根据每个球道的难易程度、球道的战略意图、果岭所处的地形状况、球场的总体风格以及球场养护的方便性等多种因素的需要，对每个果岭的具体形状和大小进行调整，确定最终的果岭形状和面积。果岭的形状应符合所在球道的战略性要求，果岭的面积大小能够满足洞杯规划分区的要求，符合球道战略的要求，同时利于球场的养护管理和运营。果岭的面积太小将不利于运营，在球场打球强度较大时，会导致果岭草坪的严重的践踏损伤，从而影响到球场的运营。同时，果岭面积太小也会制约洞杯位置的变化性，降低球道的战略性与变化性。但果岭面积太大则会增加球场的养护成本。因此，在进行果岭详图设计时，应综合各方面的因素为每个果岭确定一个适宜的面积。

### （二）果岭细造形设计

果岭造形设计是一项富有艺术性的工作。果岭虽然相对平坦，但它却不是平板一块，一般的果岭表面都有一定的细微起伏，为了表达这种细微的起伏，需要在球道造形的基础上使用0.1或0.2 m等高线来表现它的起伏。进行果岭表面和周边的造形设计时，需要考虑多种因素，如球道的战略性、果岭周边地形情况、洞杯位置设置的个数和变化性、果岭养护的难易程度、球手进出果岭区的流向等。果岭面的任何一个细微的起伏都会影响到推杆线路，因此，在进行表面造形时，一定要仔细和谨慎。设计师在进行果岭面造形时，实际是对果岭表面坡度的控制和设计。在这个过程中，设计师的头脑中装满的都是坡度指数，通过在果岭面

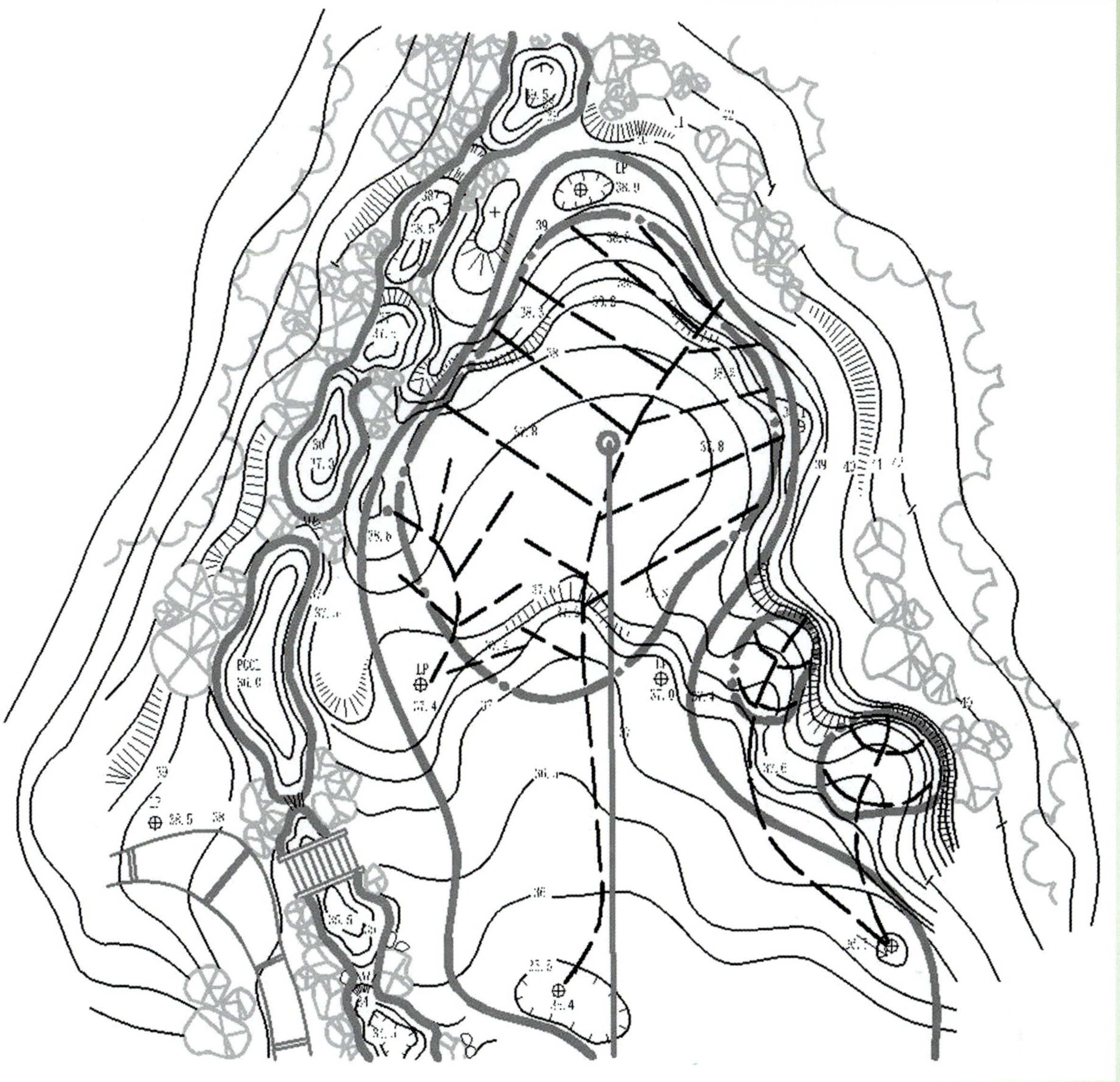

图4-14 果岭详图

上坡度的变化来创造不同的洞杯位置和不同难度的推杆线路，而这种不同的洞杯位置都对应着不同的攻球上果岭的线路，用以奖励或惩罚球手，从而实现球道的设计战略意图。果岭的细造形设计首先从洞杯区的规划开始。

1.洞杯区规划

为了丰富果岭的变化，设计师在进行果岭表面造形设计时，都会有意地将整个果岭面划分为若干个洞杯区和洞杯分割区。因此，一个果岭实际上是由洞杯区和洞杯隔离区两部分组成的（图4−15）。

洞杯区是适于安放洞杯的区域，地形非常平缓，每处洞杯区可以至少安放一个洞杯；洞杯隔离区是分布在洞杯区之间用于分割洞杯区的间隔区，它的起伏坡度比较大，不适于安放洞杯，主要用于创造推球的难度和变化性。因此，设计师在果岭表面造形设计过程

图4-15　变化丰富的果岭洞杯区

果岭面被分割成了明显的3个洞杯区，它可以极大地丰富打球的变化性。

中，也是对果岭上洞杯位置的一个设计过程。

在具体设计时，设计师针对每个果岭至少要规划3个以上不同难度的洞杯区域，每个洞杯区域应规划1个或多个安放洞杯的位置，每个果岭的安放洞杯位置的总数不应少于7个。规划和设置好果岭的洞杯区域和安放洞杯的位置后，按照难、中、易等难度系数级别分别给它们赋予不同的难度等级，然后再利用等高线来表现不同洞杯的位置区域，分隔出不同的洞杯区域，通过对洞杯间隔区内沟或脊的设置来分隔不同的洞杯区。洞杯分隔区和洞杯区内的坡度设计要考虑事先设定好的不同洞杯间难度的差异，利用坡度的变化来影响和有意创造这种难度变化。当然，不同洞杯区的难易程度与果岭周边的障碍也密切相关，应将它们和坡度创造的难度置于一起进行考虑。完成了果岭表面的洞杯区域和洞杯间隔区的起伏设计，也就基本上完成了果岭表面的造形设计。

良好的洞杯区设计可以极大地丰富攻球上果岭的变化性，可以引导球手充分利用果岭面的起伏进攻果岭，洞杯区所处的位置不同，击球上果岭的战略性会有明显差异，球手需要根据自己的球在球道上的位置选择一种适当的方式来进攻果岭。有的时候可以直攻洞杯，而有的时候则需要采取迂回战术，利用果岭面的起伏，使球滚动到洞杯处。有的时候，洞杯在果岭的此洞杯区，而将球攻到彼洞杯区时，将会面临一个难度很大的穿越洞杯间隔区的推杆。

在果岭设计原则中，已经说明果岭表面的总体坡度一般在2%~3%，但这只是一个笼统的概念。事实上，在果岭表面造形设计时，对于不同的洞杯区域和不同草种类型的果岭，其坡度会有很大的差异。对于匍匐翦股颖果岭，洞杯区内的坡度一般要控制在1.5%~2%，以符合推杆的要求，而洞杯间隔区可以加大到5%~8%。对于狗牙根和海滨雀稗果岭，洞杯区内的坡度可以达到3%，而洞杯间分隔区的坡度可以达到10%以上。因此，在一般情况洞

图4-16　坡度变化剧烈的洞杯间隔区

果岭中间的台阶坡度变化太剧烈，不利于养护。

杯区的坡度一般较小，起伏比较平缓，以便符合推球的要求，而洞杯区间的分隔区一般坡度和起伏较大，以便分隔洞杯区，但是洞杯分隔区的坡度变化也不宜太大，起伏不宜太剧烈、突兀，应该与洞杯区能够自然顺畅地衔接，否则会给果岭草坪的修剪带来麻烦，容易产生剪草啃草皮的情况（图4-16）。

2.果岭朝向和方位设计

在进行果岭表面细造形设计时，需要考虑果岭的朝向和方位，并与洞杯区一起统筹设计。果岭的朝向和方位对于球手选择进攻果岭的战略有很大影响，果岭朝向和方位的不同使得球手需要使用不同的方式去进攻果岭。尽管现代高尔夫球场的果岭基本上都被抬高，以便于球手观察果岭面，将它作为靶的去攻击，但在实际设计过程中，设计师会使用不同的果岭的朝向和方位的变化来考验球手各种进攻果岭的技能。在进行果岭朝向设计时，设计师会使有的果岭面全部向球手暴露，从球道上可以清楚地看到整个果岭面，比如后高前低的果岭就属于这种情况，所有的果岭面都朝向球手，球手可以根据果岭面的情况选择适当的打法去进攻果岭；而有的果岭则会有一部分朝向球手，其他部分则处于隐蔽状态，暴露出来的洞杯区部分，可能利于球手攻击，而隐蔽的洞杯区就像是隐藏着的秘密，球手不容易判断洞杯区的具体状况，不利于球手直接攻击，给球手增加了一种神秘感（图4-17）。即使果岭面都朝向球手时，果岭上不同洞杯区的倾斜方向也可能不同，有的洞杯区的朝向正对着球道中央，而有的则可能对着球道的左侧或右侧，这样，不同的洞杯区的朝向对应着不同的球道位置。随着旗杆所在洞杯区的位置不同，导致从球道不同部位攻击果岭的难度有很大差别，球手可根据旗杆所在洞杯区的朝向有意识地选择上一杆击球的落点，为下一杆进攻果岭创造良好的条件。另外，面对不同的洞杯区的朝向，球手会根据球所在位置选择不同的进攻旗杆的方式。由此，我们不难发现果岭洞杯区的朝向不仅会影响球手进攻果岭的打球战略，同时对球道的战略性也有一定的影响。

因此，在进行果岭细造形设计时，设计师都会通过洞杯区朝向和方位的变化来增加攻球上果岭的变化性，这种朝向和方位的变化也是设计师们常用的手段。在设计洞杯区的朝向和

图4-17　隐蔽的果岭洞杯区

果岭后方部分处于隐蔽状态，在球道上不能看到果岭后方的洞杯区。

方位时，要与洞杯区所设定的难度等级相协调，使洞杯区内部的起伏变化与洞杯区的朝向相互结合，达到预期的设计效果。

### 3.果岭面地表排水设计

果岭表面的坡度变化，除了打球战略性的需要外，也是果岭表面排水的需要。果岭表面如果是平板一块，不仅缺乏打球战略的变化，同时给果岭表面的排水带来很大的问题。果岭表面细造形设计过程也是对一个果岭面地表排水坡度和方向的设计过程。

果岭表面的地表排水是否通畅，对于维护一个良好的果岭非常重要。果岭草坪极低的刈剪高度和极高的刈剪强度以及高强调的践踏，使得果岭草坪的生长受到极大的外在胁迫，一旦果岭表面的排水不良，就会导致果岭草坪的死亡。尽管果岭本身一般都被抬高，已经为果岭的地表排水创造了良好的条件，但这不等于果岭表面的排水已经具有了通畅的线路，还需要在果岭表面细造形中进行详细的设计。在进行果岭表面细造形设计时，应事先为果岭表面设定好排水线路，使果岭表面具有通畅的排水线路。设定表面排水线路应与洞杯区的布置位置和洞杯区的坡度设计结合在一起进行考虑，使每个洞杯区及其分隔区都有通畅的排水路线，使洞杯区的坡度与排水线路有机结合为一体。一般情况下，应该为果岭面设计2个以上的地表排水线路，使果岭面具有通畅的排水条件。

### 4.果岭周边细造形设计

果岭周边细造形设计也是果岭详图的一部分，它对打球战略和球场的养护与运营都有显著的影响，果岭周边细造形是果岭设计非常重要的组成部分，而不是在果岭周围随意设计几个草丘和草坑。实际上，它同果岭表面的细造形具有同样的重要性，需要设计师付出心血，予以精心的刻化。在进行果岭周边细造形设计时，应从球道本身的战略性、果岭排水线路和球员流向的合理性以及果岭区的景观、养护管理的便利性等几个方面为出发点进行设计。

果岭周边通常都会布置一些草丘和草坑等造形起伏，以创造更多的打球变化性，丰富果岭边的造形，果岭周边的细造形设计就是对这些微小的草丘、草坑和草沟等起伏予以详细的设计。果岭周边任何一个小的草丘、草坑等起伏都会对攻球上果岭的一杆产生明显的影响（图4–18）。在果岭周边是否设置草坑或草丘或是使用草丘还是使用草坑，其效果会完全

图4-18　丰富细腻的果岭周边造形

果岭周边的这些细微的地形起伏会对进攻果岭产生很大的影响，可以丰富打球的变化性。

不同；在什么位置设置草丘或草坑所产生的效果也不会一样，这需要设计师给予仔细认真地研究后才能确定，这项工作看似简单，实则包含了一个非常复杂的内容，需要考虑打球战略等方方面面的因素。比如，在果岭正前方设置一个草丘与设置一个草坑对打球的影响完全不同，如果设置草丘则会使球手只能看到果岭两侧的果岭面，而草丘正后方部分所对应的果岭面是不能被看到的，在洞杯置于这个草丘后方时，球手则不能直接攻击洞杯，只能猜测洞杯的位置，凭自己的想象选择一种适合的方式去攻击果岭（图4–19）。但若将草丘去掉或换成草坑，情况就完全不同了，洞杯则会完全暴露出来，球手可以清楚地看到洞杯所在的位置，球手可以直攻旗杆。再比如，在果岭的一侧设置一个草丘，而洞杆放置于草丘下方的果岭面时，有经验的球手就不会直攻旗杆，而会将球攻到草丘的侧坡上，利用草丘的坡面使球滚动到洞杯处，相反，如果直攻旗杆，反倒不会取得好的效果。又比如，有的果岭在周边设计很多草坑与切球区，并有意设置一个坡度较大的斜坡，使果岭面向之倾斜，在这种情况下，球手需要控制好击球的力度和方向，球手在进攻旗杆时，需要打出非常强烈的倒旋球，使球在果岭上能够在落地后迅速停住，否则，球会沿果岭的侧坡滚动到果岭外的草坑处，留下一个

图4-19 果岭前的草丘

果岭前的这个草丘和沙坑对攻果岭会产生很大的影响，它要求球手根据旗杆所在的位置，对攻果岭前一杆落球点做出正确的选择。

很长的再次切球上果岭的距离。很多时候，果岭边的草丘和草坑都有引导击球的作用，好的球手会善于解读设计师的这些意图，充分利用果岭边的这些起伏去进攻果岭（图4–20）。我们常看到很多有经验的球手在攻球上果岭时，不总是直接攻击旗杆，有时会采取迂回战术，将球打到一个适当的位置，利用坡度的变化使球滚动到洞杯处，这说明他们理解了果岭边地形起伏设计的意图，并对它们有意地加以利用，从而带来很好的效果。果岭周边细造形的设计要与果岭边的切杆区和果岭边的沙坑等障碍纳为一体进行设计，使它们与果岭的造形从多角度、多方面融为一个有机的整体，共同创造打球的战略性和变化性。

果岭周边的细造形设计也要充分考虑果岭表面排水的通畅性，将它与果岭表面的排水线路纳为一体，形成一个完善的表面排水系统。果岭周边的细造形应使果岭区具有完全通畅的排水线路，使雨水可以全部汇集到指定的汇水区，不应在任何地方存在排水不畅的问题，

图4-20 果岭周边地形的借用

果岭造形与周边地形有机融为一体，既流畅自然、变化丰富，又为打球提供了更多的变化。当旗杆插在果岭的右侧和后方时，果岭右侧和后方的草丘和坡面都是球手进攻果岭可以借用的地形。

任何果岭周边的起伏不应阻碍雨水的排放，不应使果岭区产生积水的现象。

果岭周边的细造形设计还要充分考虑果岭养护和球场运营的便利性，果岭周边造形应具有流畅的起伏，不应有变化过于急剧的坡面，起伏的坡度不应太大，否则，会给果岭区的养护带来困难，增加养护成本。

果岭边的造形设计还应充分考虑球员进出果岭的流向。应通过果岭边草丘的合理布局，使球手在果岭区的流向具有合理性，既要使球手进出果岭的通道便利顺畅，减少打球塞车现象，又要能通过果岭边的造形分散球手的行走线路，避免行走同一路线给果岭区与果岭周边的局部区域草坪产生严重践踏，给球场管理带来麻烦（图4-21）。进行果岭周边造形设计时，还要考虑与果岭边球车道路的结合，使果岭边造形与球车道路良好地结合在一起，应有意图地通过造形的设置使球手从球车道路到果岭边的行走线路通畅而有秩序，并可以分散球手的行走线路。

果岭周边的细造形设计应考虑到果岭区的整体景观效果，将果岭细造形与果岭景观融为一体进行设计。果岭周边的造形应使果岭区具有顺畅而富有动感的起伏，从而变化球手的视觉效果，良好的周边造形也可以为果岭创造一个衬托的背景，给球手进攻果岭提供一个良好

图4-21　通道狭窄的果岭周边造形

果岭后方的通道单一而狭窄，导致球员的流向过于集中，使通道处的草坪践踏损伤严重。

的视觉效果。而过于突兀，与果岭和周边的地形不能自然衔接的周边地形设计，景观效果会很差（图4-22）。总之，果岭周边的细造形应该与果岭边的沙坑、水面、园林树木等融为一个有机的整体，通过它们之间的有机结合和合理的设计，使整个果岭区具有一个优美的景观效果。

图4-22　有碍景观的果岭周边造形

果岭前方的这几个草丘太过突兀，与果岭周边的地形衔接不畅，景观效果很差。

## （三）果岭排水管线布置

在果岭详图设计中，其中一项工作是布置果岭渗排水的管线。果岭作为一种特殊的草坪区域，需要具有良好的排水系统。尽管在进行果岭细造形设计时，已经为果岭设计了良好的地表排水系统，但这还不够，为了确保果岭基础具有良好的排水功能，为草坪生长提供较好的条件，还需要给果岭设计地下渗排水系统。

果岭渗排水是使果岭根系层中多余的水分，能够通过根系沙层的渗透流入到根系层下面渗排水管中尽快排除，以防由于根系层湿度过大，影响草坪根系的发育。果岭渗排水管的布置方式一般采用鱼脊式（图4-23）。在果岭表面细造形的基础上，根据果岭表面起伏的情况，设置一条或几条主排水管线，主排水管线一般布置在果岭面中较低洼的凹沟线上，一端顺坡向下通向果岭外的主排水系统中，另一端沿沟线向上延伸到果岭之外的冲洗井中。主管线的冲洗井一般距离果岭边界1~3 m，并设置在相对较高的地点上，以利于果岭主排水管的

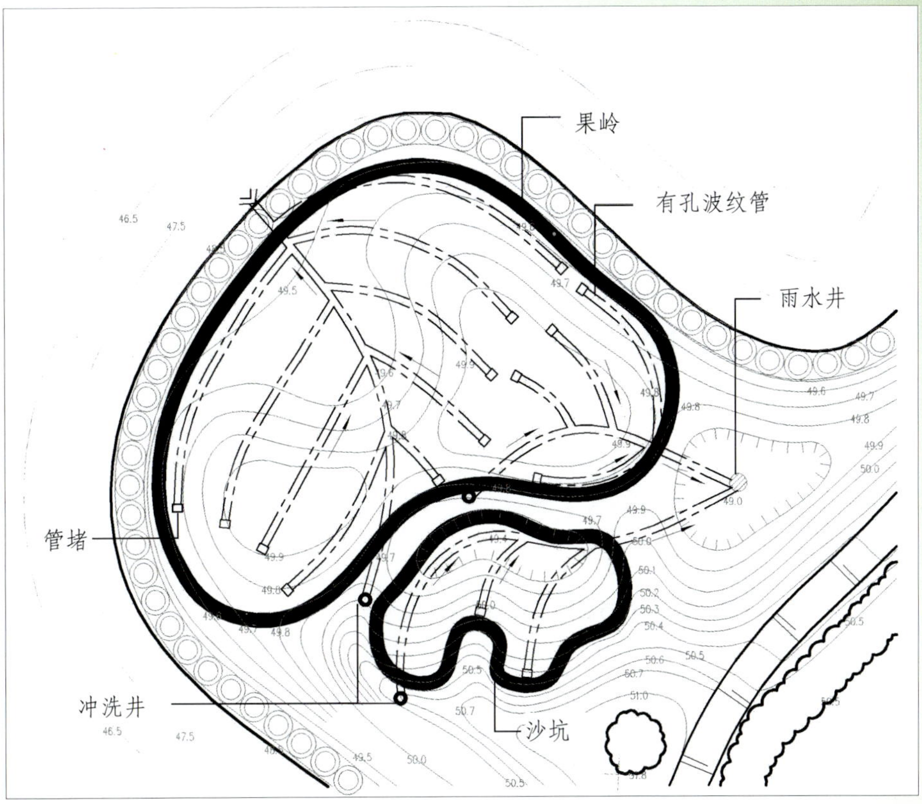


图4-23　果岭与沙坑渗排水管布置图

冲洗。主管线要沿果岭面的凹沟线布置，主要是为了施工的便利和保持排水管埋设深度的一致性。具体在每一个果岭中，需要布置几条主管线，主要取决于果岭面起伏的复杂程度，如果在果岭上只有一条明显的凹沟，而其他区域都比较高，则只需要沿凹沟布置一条主管线；如果果岭面起伏变化比较复杂，有几条凹沟，则需要在较深的、较显著的几个凹沟线路上都布置主排水管线。一般情况下，一个果岭的主排水管线不会超过3条线路。

主排水管线布置好后，布置支排水管线。支排水管线以主排水管为脊，从主排水管向外延伸至果岭边缘或延伸至其他主排水管线的支管附近。支管线要高于主管线，以便支管中的水可以顺畅排到主管线中，再从主管线排到果岭外的主排水系统中。主排水管一般都位于低点，支排水管从主排水管的低点向外顺着果岭面的坡度逐渐升高，一直到果岭边缘，由于主排水管设置在果岭中的凹沟处，处于最低点上，因此，支管线很容易做到高于主管线，只需要沿果岭面的坡度向上延伸布置就可以实现。

在一条主管线上可以外延布置多条支管线，主管线两侧都可以布置支管，因此，整个排水管线的布局看上去像是一条鱼脊骨，主排水管就像是鱼脊骨的脊梁，支排水管像是从脊梁上伸出来的支刺。同侧支管线的布置间距一般为4~6 m，具体支管线间距的大小主要取决于当地的降水状况，降雨强度大、降雨量多的地区，支管线的间距应设计得小一些，支管线可以设计得相对密集一些。

在设计果岭渗排水管网时，需要特别注意果岭表面的起伏状况，切忌不要使果岭的主排水管线布置在较高的地方，而支排水管线布置在较低的地方，这样既增加了施工的工作量，又会使排水管的埋设深度过深，并且埋设深度不一致，从而影响果岭的渗排水的速度和渗排水的均一性。

## 六、沙坑详图

沙坑虽然面积不大，在球场中只占很小的一部分，但它却是球场的精髓，是球场的画龙点睛之笔，需要在设计中予以精雕细刻，以充分表现沙坑内部和周边的起伏变化和沙坑的风格。沙坑详图设计就是针对球场中的每个沙坑进行的精细刻画，使沙坑的各个部分表现得更加具体而突出。

沙坑详图设计可以分为沙坑大小、形状和方位的确定；沙坑细造形设计及沙坑渗排水管的布置等步骤。

### （一）沙坑大小、形状和方位的确定

设计师在进行总平面规划时，已经确立了球场沙坑的总体风格和类型。在进行沙坑详图设计过程中，应按照球道的战略意图和总体设计理念进行对沙坑的大小、形状和方位进行微调，通过对沙坑的进一步调整和细化设计，使沙坑更加突出地表现球道的设计理念和球场的风格。

### （二）沙坑细造形设计

同果岭细造形设计一样，沙坑细造形设计也是在球场造形图基础上，针对每个沙坑使用更加细微的等高线来表述沙坑的起伏形状。设计内容主要包括沙坑内部的细造形设计和沙坑周边的细造形设计。果岭边沙坑的细造形与果岭细造形一同设计，纳入果岭详图之中；球道沙坑需要单独予以细造形设计。

沙坑细造形设计以球场总体设计理念为指导进行，需要反映球场的总体风格和总体设计理念。按照已经确定的沙坑的类型和风格，通过对沙坑的细造细设计，进一步反映和强化沙坑的设计理念，通过沙坑细造形来详细表述沙坑内部和周边的起伏，从而更加详细和准确地表述沙坑的风格。

1.沙坑内部细造形设计

沙坑内部的细造形设计包括沙坑面、沙坑底、沙坑边唇等部分的地形起伏设计。沙坑都是一个填充有沙子的内凹式的坑体，沙坑面从视觉来区分有草面和沙面之分。草面沙坑的沙坑面是草坪，而沙面沙坑的沙坑面是沙子。沙坑面在沙坑中是极其重要的一部分，尤其是沙面沙坑的沙坑面，沙坑面既可以体现沙坑的风格，也是景观效果的一个表现，因此，在进行沙坑细造形设计中应对沙坑面的设计给予充分的重视。

沙坑面的设计是对沙坑面的坡度和起伏的设计，沙坑面的坡度设计应考虑沙坑的风格、沙坑的景观效果、沙坑的养护和沙坑对球手惩罚的程度等多方面因素。仰起的沙坑面有利于创造良好的景观效果和良好的视觉效果，但也要考虑其养护的难易程度，过分陡峭的沙坑面

会增加沙坑养护的成本，坡面上的沙子容易滑动到沙坑底，从而增加人工耙沙的频率。坡度较大的沙坑面也会极大地加大打球的难度。综合各方面的因素，一般情况下，沙坑面的坡度最好不超过25%。当然，沙坑面的坡度还决取于沙坑的风格，有的球场的沙坑几乎没有多少沙坑面，有的时候只是一个草坪坡面。沙坑面的设计过程就是要综合上述这些因素，给沙坑面设计一些适宜的坡度。出于沙坑可视性等方面的考虑，沙坑面应设计为面向球手的坡面。

面积较大的沙坑会有多个沙坑面，而对于这样的沙坑，应在各沙坑面间具有一定的起伏，各沙坑面最好也设计为不同的坡度，通过不同沙坑面间坡度的变化和沙坑面间造形的设计，可以创造出具有多变起伏、视觉效果丰富的沙坑面，从而创造出良好的景观效果（图4-24）。沙坑面的起伏变化可以在很大程度上增加沙坑在视觉和打球的变化性，使沙坑的变化更加丰富，减小沙坑在景观和打球惩罚性上的单一性。

图4-24 丰富多变的沙坑造形

流畅多变的沙坑内部造形使沙坑具有了丰富的变化，也为打球增加了更多的变化。

沙坑底位于沙坑的最底部，一般是一个比较平缓的坑底，沙坑中的雨水会汇集到沙坑底，通过沙坑底中的渗排水管排到沙坑外。出于沙坑内部起伏变化的考虑，面积较大的沙坑会有几个沙坑底。沙坑底一般都设计得比较平缓，落在沙坑底的球要较在沙坑面上的球对球手的惩罚程度要小。

沙坑边唇不是每个沙坑都必须要有的一个部位，沙坑边唇的有无取决于沙坑所处的位置和沙坑的风格。果岭边的沙坑一般都要有边唇，以防球手将球从沙坑中推击到果岭上，使沙坑失去应有的惩罚作用（图4-25）；而对于球道沙坑可以不设计边唇。但在有些球场，设计师出于对球场沙坑总体风格的考虑，会对所有的沙坑都设计有边唇。球道沙坑在设计有边唇时，尤其在边唇较高并有草丘配合时，会在很大程度上增加沙坑的惩罚程度，因为球手一般都需要在球道沙坑中进行长距离击球来攻击下一目标，而长铁杆或木杆不容易打出弹道较高的轨迹。沙坑边唇的高度没有严格的限定，主要取决于沙坑的风格和设定的沙坑惩罚程度等，一般情况下，沙坑的边唇高度不少于10 cm，尤其果岭边的沙坑。

图4-25　浅而没有边唇的果岭沙坑

如此浅而没有边唇的果岭沙坑，球手可以轻易将球从沙坑推出到果岭上，使得果岭沙坑的惩罚性大打折扣。

2.沙坑周边细造形设计

沙坑周边通常都会设计比较丰富的造形，以配合沙坑的内部造形。沙坑周边造形是沙坑整体的一个部分，它会影响到沙坑的各方面的功能和特性，需要随同沙坑内部细造形一同予以精心设计。

沙坑周边的细造形设计主要包括草丘、草坑等起伏的设计，设计中应考虑沙坑的风格和景观效果、沙坑的惩罚程度、沙坑周边草坪的养护难度、沙坑地表排水、球手在沙坑附近的流向等多方面的因素。

首先，沙坑周边起伏的设计应与沙坑的整体风格相辅相成，强化和丰富沙坑的总体风格和沙坑的景观效果。比如，有的沙坑本身比较平坦，在沙坑周围一般不需要设计太多、太复杂的起伏，以保留沙坑固有的平坦开放的特性；而有的沙坑起伏较大，具有明显的坡度较大的沙坑面，则可能需要在沙坑周围设计一些草丘以配合沙坑的丰富的起伏变化，加强和丰富沙坑的整体视觉效果（图4-26）。

图4-26 丰富的沙坑周边造形

沙坑周边丰富的起伏造形既可以增加沙坑的变化性，又可以为沙坑提供衬托的背景，提升沙坑的景观效果。

其次，沙坑周边的造形设计应充分考虑沙坑的惩罚程度，在沙坑的正前方和两侧设计比较高而陡的草丘，可以极大地增加沙坑的惩罚程度，强化沙坑的惩罚性。因此，沙坑周边细造形设计应将沙坑的惩罚程度与球道的难度结合到一起进行考虑，应与球道的设计难度和球道战略相协调。

再次，在进行沙坑周边造形设计时，地表排水也是需要着重考虑的一个因素。设计中应尽量使沙坑外部的雨水不要流入到沙坑内部，最好通过在沙坑边设置草丘、草沟和草坑等方式，尽可能将雨水引导到沙坑外部排放。这主要是出于以下几个方面的考虑。

（1）沙坑内部是通过地下渗水管排水，排水速度缓慢，外部水流入到沙坑中，很难快速排出，会影响球场运营；

（2）沙坑外部的水流入到沙坑内部时，会将沙坑面上的沙子冲刷到沙坑底部，从而增加耙沙次数和管理成本；

（3）沙坑外的杂物和泥土会随着雨水冲刷到沙坑内，从而增加了污染沙坑沙的机会，也加大了堵塞沙坑渗排水管的可能性，进而加大了球场养护费用；

（4）外部雨水进入沙坑内部时会引起对沙坑边唇的冲刷，增加了边唇修复的次数。

最后，进行沙坑周边细造形设计时，球员在沙坑附近的流向也是需要重点关注的问题。沙坑边的起伏设计应考虑到与球车道路的紧密结合以及合理分散球手行走线路的问题，应为球手进出沙坑设计多条行走线路，避免因沙坑周边的细造形设计不当而封闭球手进出沙坑的行走线路，给球手打球带来不便。另外，单一的行走线路也会对沙坑周边草坪产生高强度践踏，从而增加了球场养护的难度。

### （三）沙坑渗排管布置

与果岭渗排水一样，沙坑渗排水管线布置通常也采用鱼脊式的布置方式。沙坑中主要通过渗排水管排放流入到沙坑中的雨水，因此，沙坑中应布置充足的渗排水管。沙坑中渗排水管的间距一般可以设置在3~5 m。由于沙坑形状变化比较复杂，因此沙坑中渗排水管布置一般比较灵活，应根据沙坑内部起伏的状况合理布设渗排水管线。沙坑面上的坡度较大，不容易积水，沙坑面上的渗排水管可以布置得相对稀疏；而沙坑底是雨水集中汇集的区域，容易积水，沙坑底的渗排水管应布置得相对较密集。沙坑中主排水管可能是一条，也可能是多条，要根据沙坑内部起伏的状况而定，但不管怎样应保证沙坑内部具有良好、充足的渗排水系统。沙坑的主渗排水管的末端应通到沙坑外的冲洗井中，以利于对排水管道的冲洗。

# 第二节　高尔夫球场排水系统设计

高尔夫球场的排水系统对于球场草坪维护和球场运营都是至关重要的，良好的排水系统意味着快速排除球场中的地表雨水和土壤中多余的水分，这一是为草坪生长创造良好的条件，以免多余的水分影响草坪根系的呼吸和诱发草坪病害；二是为了球场在降雨后较短的时间内，球手可以下场打球，增加球场的运营时间。因此，在球场施工图设计过程中，应该为球场设计一个完善的、畅通有效的排水系统，为球场日后的维护和运营创造良好的条件。

高尔夫球场的排水系统主要包括主排水和渗排水。主排水是指对球场地表雨水的排除，也称大排水；渗排水是指对土壤中多余水分的排除，也称盲排或细排水。这两个排水系统对于高尔夫球场都是必不可少的。它们在形式上虽然有所不同，但在功能上都是相同的，也是相辅相成的，两个系统并不是完全独立的，而是相互关联的。

## 一、主排水系统设计

球场的主排水系统设计主要包括管道、沟渠、进水口和出水口的设计。管道和沟渠主要用于传输雨水，将收集的雨水输送到出水口排放，担负排水系统中的雨水输送功能。进水口主要用于收集雨水，将地表雨水汇集到排水管中，在高尔夫球场中进出口通常是指雨水井；出水口主要用于排放雨水，将管道或沟渠输送来的雨水从此排放出去。

在球场造形图设计过程中，已通过合理的地形设计将各区域的雨水分别汇集到各雨水井处或球场水系中，形成了完善的地表雨水汇集系统。在球场主排水系统设计中，再通过对排水管道和进出口水的设计，将汇集的雨水输送和排放到指定的地点。这样，通过对球场的雨水收集、输送和排放等部分的系统的合理设计，高尔夫球场可以形成一个完整的地表雨水排水系统。

## （一）管道排水设计

在高尔夫球场中，主排水主要采用管道形式进行，而明渠排水使用的较少，一般只在场地周围需要设置截流沟时使用。管道排水和明渠排水的设计过程和设计内容基本一致，在此只以管道排水设计为代表来加以阐述。管道排水设计由以下几个设计步骤和设计内容所组成。

### 1.排水管线布置

在球场造形图完成之后，球场中的雨水井的位置都已经展示在造形图上。管道排水设计可以以此为基础进行排水管线的布置，通过管线将雨水井串接起来，并将管线的末端连接到出水口处。进行排水管线布置应遵循以下几个原则。

（1）尽量利用雨水井间的地表高差实现排水管线要求的排水坡度。

（2）每条排水管线上串接的雨水井不能过多，每条管线的排水线路不能过长，以免增加排水的难度，降低排水的通畅性。

（3）可能的情况下，排水管线的布置应尽量分散，并就近排放，以减小排水管的管径尺寸，利于排水的通畅。避免由于管线串接的雨水井过多，使得管线接受的汇水量过大，导致排水管线末端的管道过粗。

（4）排水管线的布置应该顺畅，最好与排水的走向相协调，以利于雨水快捷与顺畅的排放。主管线的连接应尽量舒畅，不应过分曲折；支管线布置方向应与主管线排水方向相协调，如果支管线布置方向与排水主导方向相反，会导致管线的排水不畅。设计时，应通过调整管线的走向，使主管和支管的排水走向与主排水方向相一致。

（5）雨水排水管绝不能从果岭、发球台和沙坑中间穿行，以免在管道维护时对这些区域造成破坏，也防止因排水管的穿行使果岭与发球台的草坪生长不均匀。

（6）布置排水管线时，应尽量减少穿行球车道路，以免给施工带来不便，给日后的管道维修带来麻烦。

（7）布置排水管线时，最好尽量减少穿行球道的次数，以减小管道维护对球场日后养护的影响。

（8）布置排水管线时，应考虑地形因素的影响，使管线尽量减少穿行较大的山丘，以免给管道施工和以后的维护带来不便。

（9）布置排水管线应避开球场的构筑物和建筑物。

（10）排水管最好通过雨水井进行连接，管线的走向尽可能采取直线方式，以减小暗井的使用和管线转弯的次数，以免造成排水不畅。

按照以上排水管线的布置原则，将造形图中的所有雨水井通过排水管线分别串接为若干个不同的排水线路，并将各排水管的末端引向就近的出水口处。这样，球场的排水管线布置就完成了。当然，在此阶段完成的排水管线布置也只是一个初步的布局，还需要在接下来的排水设计中，加以进一步的调整与细化，使之更加合理、完善。

2.确定暴雨强度和径流系数

在完成了排水管线初步布局之后，接下来就要计算每条管道的尺寸。管道尺寸的大小需要通过管道汇水量计算得出，而计算汇水量应首先确定球场所处地区的暴雨强度和球场内部草地的地表径流系数。

暴雨强度的值可以通过球场所在地的当地气象资料查取，也可以通过计算获得。在球场设计之初，业主都要向设计单位提供一份球场当地的气象资料，在气象资料中可以查取20年或50年一遇的最大降雨强度，可以依据此数据作为暴雨强度来计算雨水汇集量。

利用球场所在地区的暴雨强度公式也可以计算获得当地的暴雨强度。若通过计算获得暴雨强度，首先要确定2个相关参数，一是暴雨设计重现期，对高尔夫球场来说，一般可以选择20年一遇为重现期；二是设计降雨历时，在一般情况下，可以以20 ~ 30 min作为排水管降雨历时。有了这2个参数，可以按照不同地区的暴雨强度计算公式计算出球场所在地区的暴雨强度。关于不同城市和地区的暴雨强度计算公式，可以通过查阅相关的排水设计手册等资料获取。

地表径流系数是指汇集到排水管中的雨水量与降落到地面的雨水量的比值。由于降落到地表的雨水不是全部都变成地表径流汇集到排水管道中，其中一部分会被地面的土壤吸收，所以地表径流系数一般都小于1，只有降落在球场水面中的雨水径流系数才为1。地表径流系数会因地表材料吸水性能的不同而有所不同，同时它也会受到地形坡度变化的影响。因此，地表径流系数需要根据地表植被、土壤类型和地形坡度3个因素确定。表4-1 为不同场地条件下的地表径流系数。

表4-1　地表径流系数

| 土壤类型 | 林地 | | | 草地 | | |
|---|---|---|---|---|---|---|
| | 平地 | 丘陵地 | 山地 | 平地 | 丘陵地 | 山地 |
| 沙壤土 | 0.10 | 0.25 | 0.30 | 0.10 | 0.16 | 0.22 |
| 粉黏土 | 0.30 | 0.35 | 0.50 | 0.30 | 0.36 | 0.42 |
| 黏重土 | 0.40 | 0.50 | 0.60 | 0.40 | 0.55 | 0.60 |

注：平地坡度为0 ~ 5%，丘陵地坡度为5% ~ 15%，山地坡度为15% ~ 50%。

在高尔夫球场中，尽管地表覆盖物和土壤类型差别可能不是很大，但各区域的地形起伏变化一般比较大，因此，需要根据不同坡度区域所占的比例，通过加权的方式来计算一个平均的地表径流系数。

**3.划分汇水区域和排水流域**

汇水区域的划分，主要是为了方便计算每个雨水井的汇水面积，有了汇水面积才能进一步计算管道的汇水量。在球场造形图上，所有的地形都非常清楚地反映在图上，根据造形图上的沟、脊分水线，可以很容易地为每个雨水井划分出向它们汇集雨水的区域界线（图4–27），从而利于统计任意一个雨水井的地表雨水汇水面积。

图4-27　球场汇水区域划分图

在划分汇水区域和排水流域时，不仅要考虑球道内的地表汇水区域还要考虑球道外，尤其是球场外来水的汇水流域，对于山地和丘陵地球场，这种情况很普遍，有时球道内的汇水区域并不大，而大部水汇水流域则来自球场外部，应该将球场外的雨水汇流区域也计算进来，以使汇水面积计算更准确，以免影响球场排水系统的畅通、安全。漏掉外部汇水流域，会使球场排水管道变小，不足以充分排放地表雨水，给球场排水带来不必要的麻烦。

4.分区、分段计算汇水量

有了上述的准备工作，便可以进行管道汇水量的计算了。汇水量可以按下列公式予以计算。

$$Q=C\times I\times A$$

式中：$Q$为汇水量；$C$为径流系数；$I$为暴雨强度；$A$为汇水面积。

汇水量的计算可以分区、分段地进行，按每条排水线路分别计算每段排水管所汇集的雨水量，排水管的汇水量是通过计算雨水井的汇水量获得的。从最远端的一个雨水井开始，分别按顺序向管线末端计算汇集到每个雨水井的汇水量，直到该排水线路上最末端的一个雨水井。每个雨水井的汇水总量是其自身所汇集的雨水量再加上该排水线路上游所连接的各雨水井的汇水量的一个总和，也就是该雨水井及其上游各雨水井汇水量的总和。每条管道的汇排水量就是其上面一个雨水井的汇排水总量。

如图4-28所示，雨水井$D_6$的出水管的流量就是$D_1$、$D_2$、$D_3$、$D_4$、$D_5$和$D_6$ 6个雨水井汇水量的总和。显然，每条排水线路从上游到下游的汇水量在逐渐增加，最后计算出的排水管道径也随之逐渐增大，从$D_6$雨水井中外接出去的排水管道的尺寸大小就是按照$D_6$雨水井的汇水总量为基础进行计算所获得。

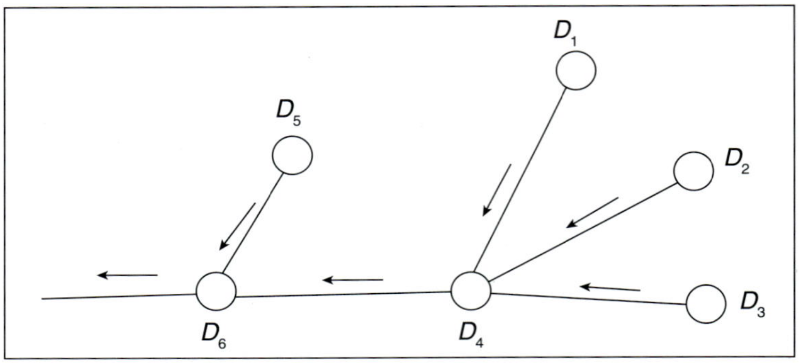

图4-28　球场排水管流量计算图

5.确定管道排水坡度

在计算最终的排水管道尺寸前，还应先确定管道的排水坡度。在高尔夫球场造形图设计过程中，对各雨水井之间的排水坡度已给予了初步考虑。通常，在进行地形设计时，已给雨水井设计了地表标高，并考虑了排水管的初步连接线路和雨水井间的高差，以便为主排水系统设计提供方便。在进行主排水的排水管线布置时，也基本上是按照这一思路进行管线的串接。尽管通过管道埋深的调整，也可以调节排水管的坡度，但在实际设计过程中，通常以雨水井之间的地表标高的高差和排水管长度来计算排水管的坡度。在进行管道排水坡度设计时，应以雨水井的地表标高来计算每条排水线路上的排水管坡度。如果管道排水坡度偏小，可以重新调整雨水井的地表标高，使之符合排水坡度的要求。

排水管道依其管径的不同，对最小排水坡度的要求也不相同，雨水管道的最小排水坡度规定如表4-2所示。

表 4-2　雨水管道各种管径最小排水坡度

| 管径／mm | 200 | 300 | 400 | 500 | 800 | 1 000 | 2 000 |
|---|---|---|---|---|---|---|---|
| 最小坡度 | 4‰ | 3.3‰ | 2‰ | 1.7‰ | 1.5‰ | 1.3‰ | 1‰ |

6.计算管道水力，确定排水管道的管径

有了排水管道的流量和管道的坡度，便可以进行管道水力计算。排水管道的管径（管道内径）可以通过查阅水力计算表获得，也可以通过水力计算公式计算获得。

表4-3是一个雨水管道水力计算表，根据管道的排水坡度、管道汇水流量和管道内的排水流速可以查得相应排水管道的尺寸。通常情况下，各种排水管道在自流条件下的排水流速不小于0.75 m/s。

通过计算获得排水管内径时，可以按下列公式进行计算。

$$D=(nQ/0.312\sqrt{S})^{3/8}$$

式中：$D$为管道内径（m）；$Q$为设计排水流量（$m^3/s$）；$S$为管道纵坡（以小数计）；$n$为管道粗糙系数（与材料有关，可参考生产厂家提供的材料参数）。

以该公式计算所得的管道内径尺寸，是以管道在满管流量的情况下以排水管最大排水能力计算所得。

在取得了排水管道管径尺寸后，还需要对其进行进一步的调整，以确立每条排水管的最终管径尺寸。无论是查表，还是通过计算，我们所获得的管径都是基于管道在满管流动条件下获得的，事实上，每条排水线路的上游管道不可能达到满管流动排水的状态，因此，需要对排水线路上游的管道管径进行调整。

尽管在实际计算过程中，计算出的排水管道的管径有时会小于150 mm或200 mm，但在实际排水设计过程中，一般不设计管径小于200 mm的排水管道，因为有调查数据表明，在同等条件下管径为150 mm的管道堵塞次数，是管径200 mm的管道的2倍。尽管使用小于管径200 mm的小管径管道可以节约建造成本，但它会给球场日后的养护增加更多的费用，因此，高尔夫球场主排水系统中，最好不设计管径小于200 mm的排水管道。

经过管道管径的计算和对管径作进一步调整，最终可以确立管道的内径尺寸。经过上述几个设计流程，基本上已经完成球场管道排水系统的设计。

最后，将管道的管径、管道的长度、管道的排水坡度等数据标注到排水管线布置图上，形成一张完整的球场管道排水系统图（图4-29）。

7.排水管道安装详图

尽管高尔夫球场的排水管道施工比较简单，但在管道排水设计中，也应该设计相关的管道施工详图，作为排水管道施工的指导。管道排水施工详图主要包括管道埋设剖面图和管道连接详图等。

管道剖面图主要涉及排水管道的埋设深度和埋设方法，在可能的情况下，高尔夫球场排水管道最好埋设得深一些，以减少与喷灌管道的相互交叉与干扰。排水管道最浅的埋设深度要考虑草坪管理机械对管道的碾压损伤和球场草坪打孔作业的打孔深度，一般情况下，最浅埋设深度不应小于40 cm。通常情况下，排水管道的埋设深度以80~100 cm为宜。

表4-3　雨水管道水力计算表

| 坡度I/‰ | 流量和流速 | 管径／mm | | | | | |
|---|---|---|---|---|---|---|---|
| | | 150 | 200 | 250 | 300 | 350 | 400 |
| 2 | Q | | | | | 61.2 | 87.3 |
| | V | | | | | 0.54 | 0.70 |
| 4 | Q | | 19.5 | 35.3 | 57.4 | 89.5 | 123.5 |
| | V | | 0.62 | 0.72 | 0.81 | 0.93 | 0.98 |
| 6 | Q | 11.1 | 23.9 | 43.2 | 70.4 | 106.1 | 151.4 |
| | V | 0.63 | 0.76 | 0.88 | 1.00 | 1.10 | 1.21 |
| 8 | Q | 12.8 | 27.5 | 49.9 | 81.2 | 122.4 | 174.7 |
| | V | 0.72 | 0.88 | 1.02 | 1.15 | 1.27 | 1.39 |
| 10 | Q | 14.3 | 30.8 | 55.8 | 90.8 | 136.9 | 195.4 |
| | V | 0.81 | 0.98 | 1.14 | 1.29 | 1.42 | 1.56 |
| 15 | Q | 17.6 | 37.7 | 68.4 | 111.3 | 167.7 | 239.4 |
| | V | 0.99 | 1.20 | 1.39 | 1.57 | 1.74 | 1.90 |
| 20 | Q | 20.3 | 43.5 | 78.9 | 128.4 | 193.6 | 276.3 |
| | V | 1.15 | 1.39 | 1.61 | 1.82 | 2.01 | 2.20 |
| 25 | Q | 22.7 | 48.7 | 91.6 | 143.6 | 216.4 | 308.9 |
| | V | 1.28 | 1.55 | 1.81 | 2.03 | 2.25 | 2.46 |
| 30 | Q | 24.8 | 53.3 | 96.7 | 157.3 | 237.1 | 338.4 |
| | V | 1.40 | 1.70 | 1.97 | 2.23 | 2.46 | 2.69 |
| 40 | Q | 28.7 | 61.6 | 111.6 | 157.3 | 273.8 | 390.8 |
| | V | 1.62 | 1.96 | 2.27 | 2.42 | 2.85 | 3.11 |
| 50 | Q | 32.1 | 68.8 | 124.8 | 181.7 | 306.1 | |
| | V | 1.81 | 2.19 | 2.54 | 2.57 | 3.18 | |
| 60 | Q | 35.1 | 75.4 | 123.3 | 203.1 | 335.3 | |
| | V | 1.98 | 2.40 | 2.56 | 2.87 | 3.48 | |
| 70 | Q | 37.9 | 81.5 | 147.7 | 222.5 | | |
| | V | 2.14 | 2.59 | 3.01 | 3.15 | | |
| 80 | Q | 40.5 | 87.1 | 157.8 | 240.4 | | |
| | V | 2.29 | 2.77 | 3.22 | 3.40 | | |

注：流量（Q）单位 L/s；流速(V)单位　m/s；管道粗糙系数 $n$=0.014。

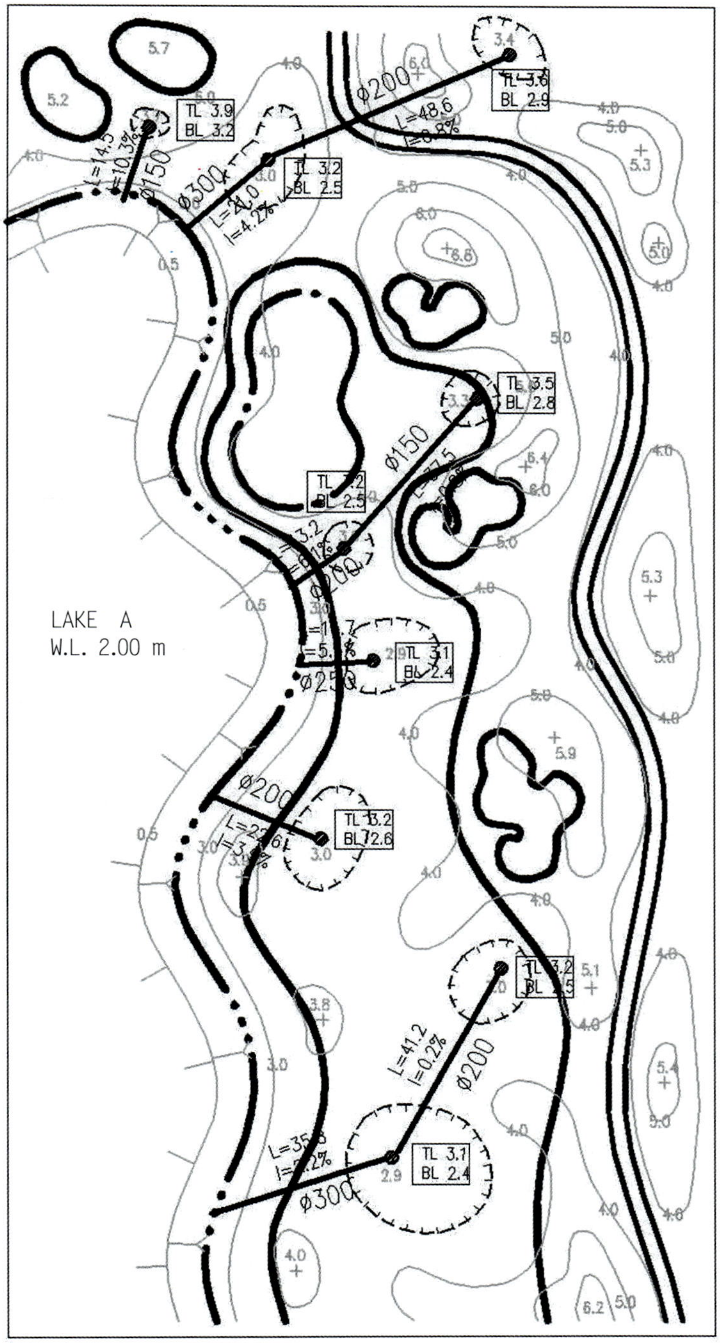


图4-29　高尔夫球场排水系统平面布置图

## （二）进出水口设计

高尔夫球场主排水系统的进水口主要是指雨水井，它担负着汇集球场地表雨水的功能。在进行球场造形图设计时，各雨水井的位置都已标示在图上，本部分的设计主要是针对雨水井的尺寸大小和雨水井的剖面。

从理论上讲，雨水井的尺寸规格应由具体一个雨水井的汇水面积和汇水量而定，汇水面积和汇水量越大，雨水井的井口尺寸应该越大。但在实际设计过程中，出于规格统一、井箅定制方便和便于施工等方面的原因，常将一个球场的雨水井尺寸定为1 ~ 3种规格。一般情况下，高尔夫球场雨水井的顶口口径为30 ~ 80 cm，雨水井口径过大，会影响球场的美观，口径过小则不利于雨水的排放。

雨水井的深度要依据管道尺寸和管道埋深以及管道坡度而定，球场各雨水井的深度可能都不相同，在设计中，可以将雨水井的顶标高和底标高标示于排水图中，以供施工时参考。设计时，应绘制雨水井剖面图或雨水井结构图，以用于指导雨水井建造施工（图4−30）。

球场排水系统的出水口是指通向球场中的水面或球场外部排水系统中的管道出水端口。一般情况下，高尔夫球场的管道出水口可以直埋通向水面中，但在有些情况下，如排水管道比较粗或通向球场外部排水系统时，需要在管道的出水端口建造一个出水口，出水口的结构形式多种多样，可以采用如图4−31的形式。

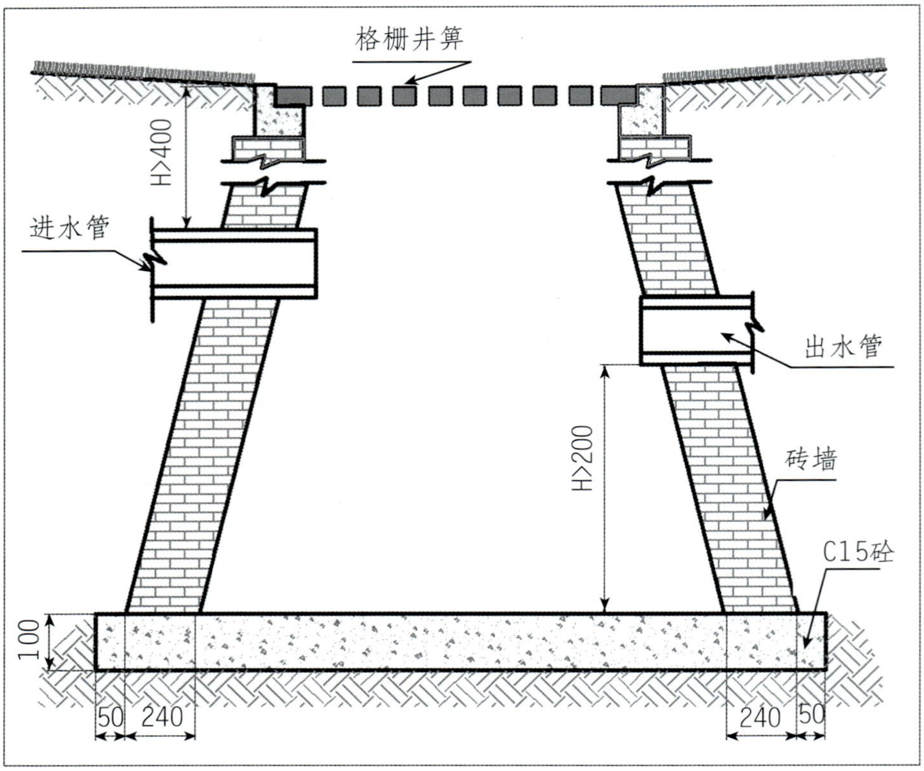


图4-30　高尔夫球场雨水井剖面图

## 二、渗排水系统设计

渗排水系统是高尔夫球场排水系统中一个重要的组成部分，由于高尔夫球场中果岭、发球台、球道草坪为适应高尔夫运动的需要修剪得都比较低，草坪的根系都不很发达，因此，需要为这些草坪区域创造良好的渗排水系统条件，以便及时排除土壤中多余的水分，为草坪根系的健康生长提供良好的环境。

1.果岭渗排水

果岭渗排水是一个复杂的、多层次的渗排水系统，是由几个层面共同配合、共同作用下形成的一个完善的渗排水剖面，来实现果岭的渗排水（图4-32）。

通过果岭剖面图，可以看到整个果岭剖面是由根系混合层、中间层、砾石层和渗排水管层4层所构成。每层的作用各不相同，但在它们的共同作用下，可以将果岭中多余的水分快速排除，同时

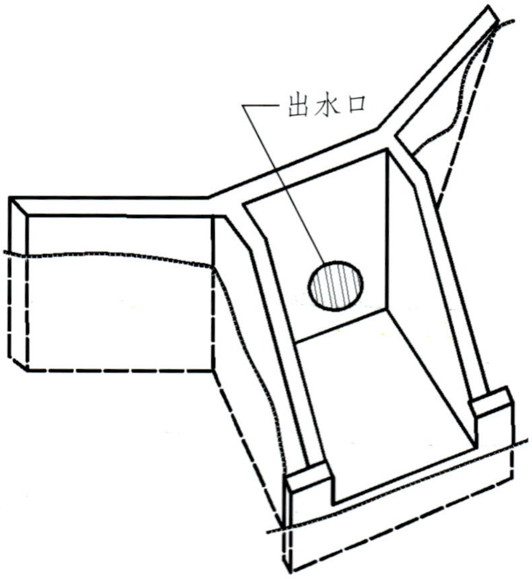


图4-31　排水系统出水口结构图

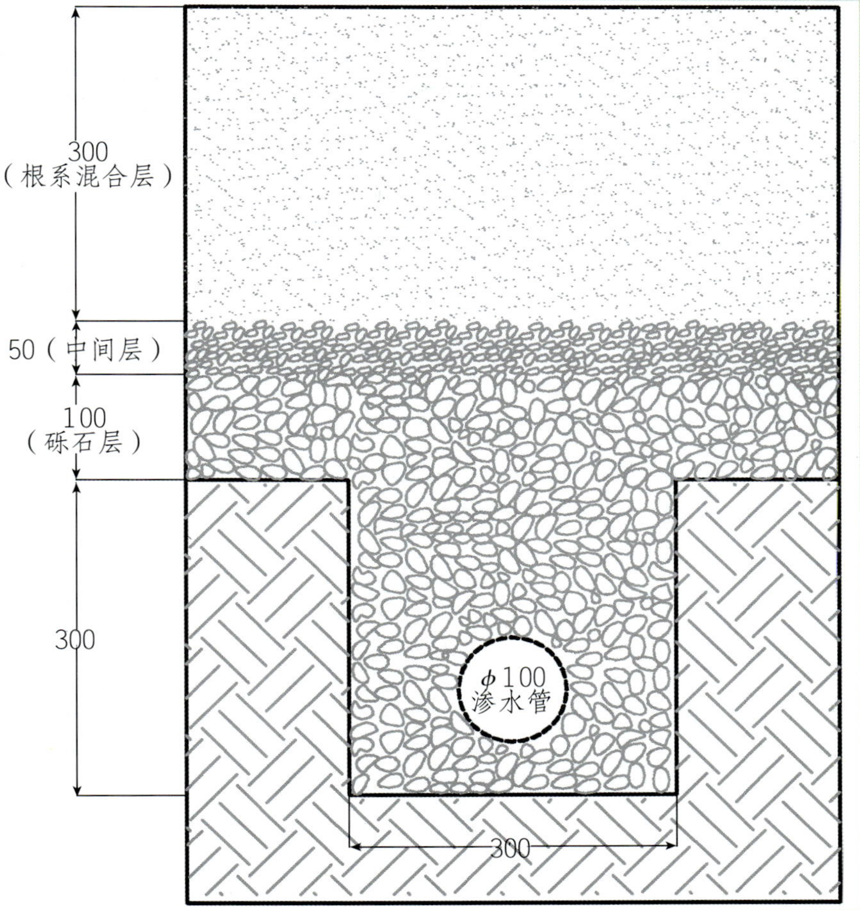

图4-32　果岭剖面图

贮蓄适当的水分供给草坪生长。该果岭剖面（图4-32）是美国高尔夫协会推荐使用的果岭建造方法，也是目前应用最广泛的果岭建造方法。该果岭剖面是美国高尔夫协会果岭部经过50多年的不断研究所取得的成果，它可以为果岭草坪生长创造一个非常良好的条件，以使果岭草坪在低修剪的条件下能够健康生长。

在该果岭剖面中，如果根系层的沙子颗粒组成与砾石层的颗粒组成配比适当、基配合理，可以实现桥连因子、渗透因子和均一性因子的话，可以省去中间层，这样，果岭的剖面结构就变成了3层，即根系层、砾石层和排水管层。是采用3层结构还是4层结构主要取决于各层沙子与石子颗粒的配比状况。

根系混合层是由沙子和改良材料组成的混合物，是果岭草坪生长的基础，为了满足果岭渗排水和果岭草坪生长的需要，根系层混合物的沙粒组成应符合表4-4的要求，其物理和化学性状应满足表4-5的要求。

中间层是由粒径较大的粗沙组成的沙层，不仅能够起到防止根系层沙粒向下移动进入到砾石层中去的作用，还具有增加整个果岭剖面持水能力的作用，土壤中的水分可以在此层形成一个蓄水面，为果岭保持适当的水分供给。中间层的沙粒组成为粒径1~4 mm的粗沙。

砾石层是由粒径6 ~ 12 mm的碎石组成的一个水分过滤层。石粒的组成为：大于12 mm石粒小于10%，6 ~ 9 mm石粒至少占65%，小于5 mm石粒小于1%。

排水管层位于果岭剖面的最底层，是由填充砾石的渗排水管和管沟组成的一个排水层，它将从果岭剖面上层渗透下来的水分汇集到排水管中迅速排除。果岭渗排水中使用的排水管道常为有孔波纹管，管沟中填充的砾石与砾石层中相同。波纹管的大小根据当地的降雨情况而定，在我国北方地区通常采用ϕ100 mm管径的渗排水管，对于南方地区可以采用管径较大的波纹管如ϕ200或ϕ300 mm波纹管。

果岭渗排水管的布置方式常采用鱼脊式，排水管的布置间距和布置方法见果岭详图设计。

表4-4　根系层混合物沙子颗粒组成

| 颗粒 | 粒径/mm | 比例（质量比） |
| --- | --- | --- |
| 砾石 | >2.0 | 最多不超过10% |
| 极粗沙 | 1.0~2.0 | |
| 粗沙 | 0.5~1.0 | 最低不小于65% |
| 中沙 | 0.25~0.5 | |
| 细沙 | 0.15~0.25 | 最多不大于25% |
| 极细沙 | 0.05~0.15 | |
| 粉粒 | 0.002~0.05 | 最多不大于8% |
| 黏粒 | <0.002 | |

表4-5　根系层混合物理化性状

| 理化性状 | 指标范围 |
| --- | --- |
| 总空隙度 | 35%~55% |
| 空气空隙度 | 15%~30% |
| 毛细空隙度 | 15%~25% |
| 饱和水传导率 | |
| 正常状态 | 15~30 cm/h |
| 加速状态 | 30~60 cm/h |
| 有机质含量 | 2%~4%(质量比) |
| pH值 | 6.5~7.5 |

2.沙坑渗排水

沙坑是一个填充沙子的坑体，也是一个地表雨水汇集的区域。尽管在进行沙坑设计时，尽量使地表雨水不流入到沙坑中，但仍会有降雨和草坪喷灌的水汇集到沙坑中。出于打球和管理方面的考虑，汇集到沙坑中的水不能使用雨水井进行收集向外排放，因此只能采取渗排水的形式进行排水。

沙坑渗排水主要通过在沙坑沙层下部埋设渗排水管的方式实现。通过渗排水管将流入到沙坑中的雨水和蓄含在沙层中的水分快速排除，以便为打球创造良好的条件。

沙坑渗排水设计包括沙坑排水剖面图（图4-33）和沙坑渗排水管布置两方面的内容。沙坑中常用的渗排水管为有孔PVC波纹管，其管径大小以当地的降雨强度来决定。通常情况下，我国北方地区使用$\phi$100管径的波纹管，南方地区可使用$\phi$200或300管径的波纹管。在沙坑剖面中，需要在渗排水管与沙层之间设计一层过滤网，以防沙坑沙向下渗漏堵塞排水管，该过滤网可以设置在沙坑沙层和管沟砾石之间，也可以直接包裹排水管管沟。填充管沟的砾石与果岭渗排水管沟砾石相同。沙坑中排水管的布置方式常采用鱼脊式或炉箅式，具体的布置方法和排水管间距详见果岭与沙坑详图设计。

3.发球台渗排水

发球台是否需要设计渗排水系统，要根据球场当地的降雨情况而定，不是所有的球场的发球台都需要具有渗排水系统。对于地处气候比较干旱地区的球场，发球台无需设计渗排水系统，但对于降雨比较充沛的我国南方地区球场，发球台通常需要设计渗排水系统。

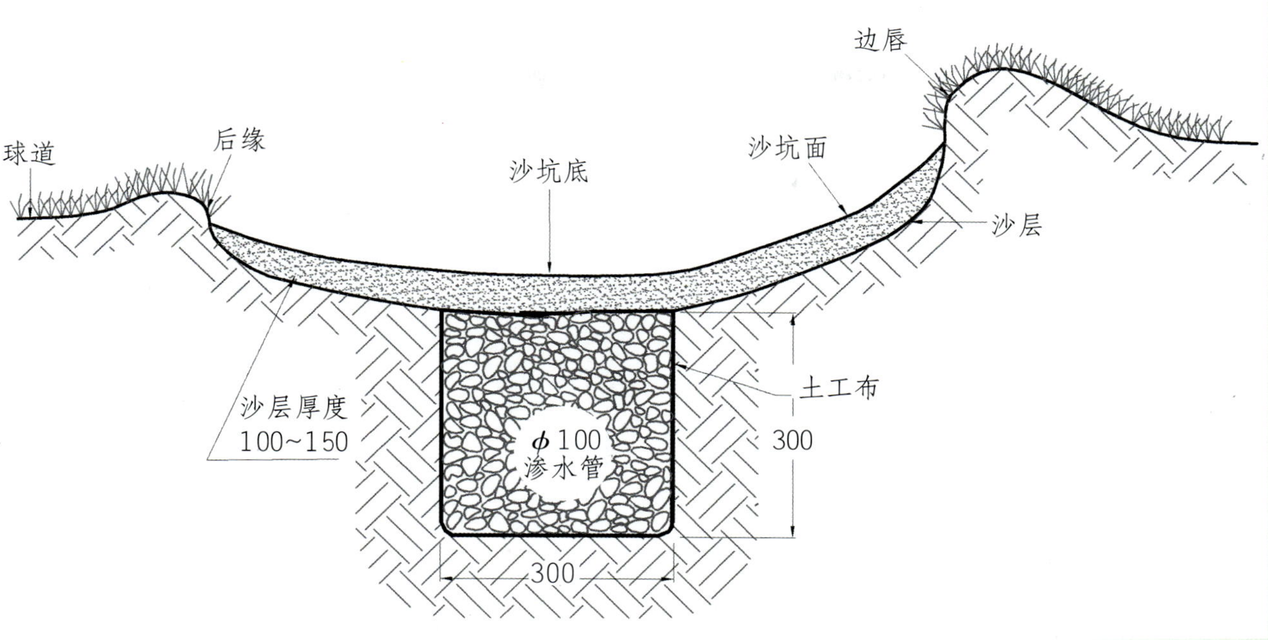


图4-33　沙坑剖面图

发球台是高尔夫球场中接受践踏最集中、践踏强度最强的草坪区域，需要具有非常良好的排水系统排除土壤中多余的水分，以利于草坪根系的健康生长，为发球台草坪的生长提供良好的条件，以接受高强度的践踏。尽管发球台一般都高于周边地面，本身具备了良好的地表排水条件，但是在降雨比较多的情况下，发球台的草坪根系层会经常积存过多的水分，从而导致草坪根系的发育不良，也容易因高强度践踏使土壤板结，因此，在这种情况下，应该为发球台设计渗排水系统，将草坪根系层蓄含的多余水分及时排除。

发球台渗排水系统可设计为2个层次：即根系混合层和渗排水管层（图4-34）。发球台的根系混合层与果岭根系混合层的组成相同，主要是由混合沙和土壤改良材料组成的混合物，混合物的沙粒组成和物理化学性状等指标可以与果岭根系层混合物相同，但一般没有果岭要求的严格。

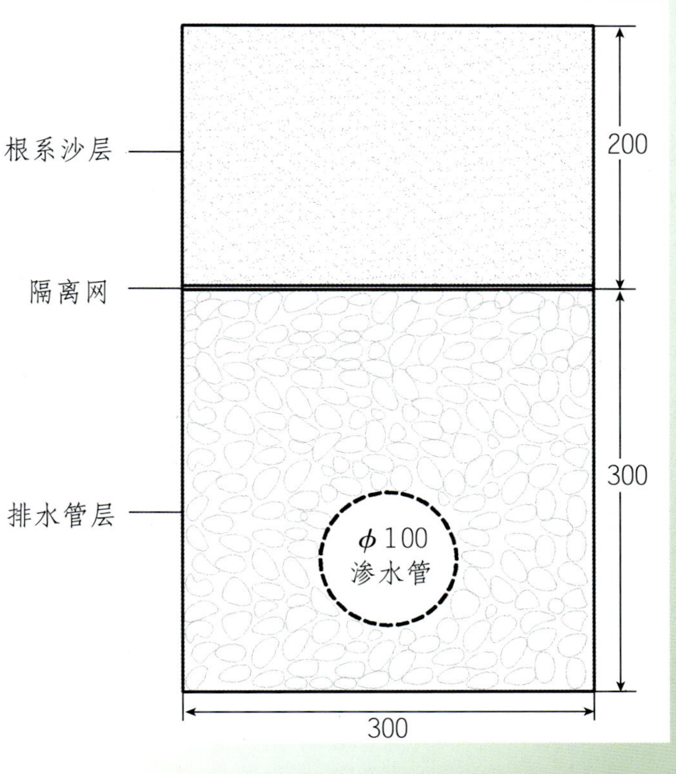


图4-34　发球台剖面图

发球台的排水管层的结构与果岭相同。发球台排水管的布置方式也常采用鱼脊式（图4-35）。渗排水管的具体布置方法与果岭的类似。

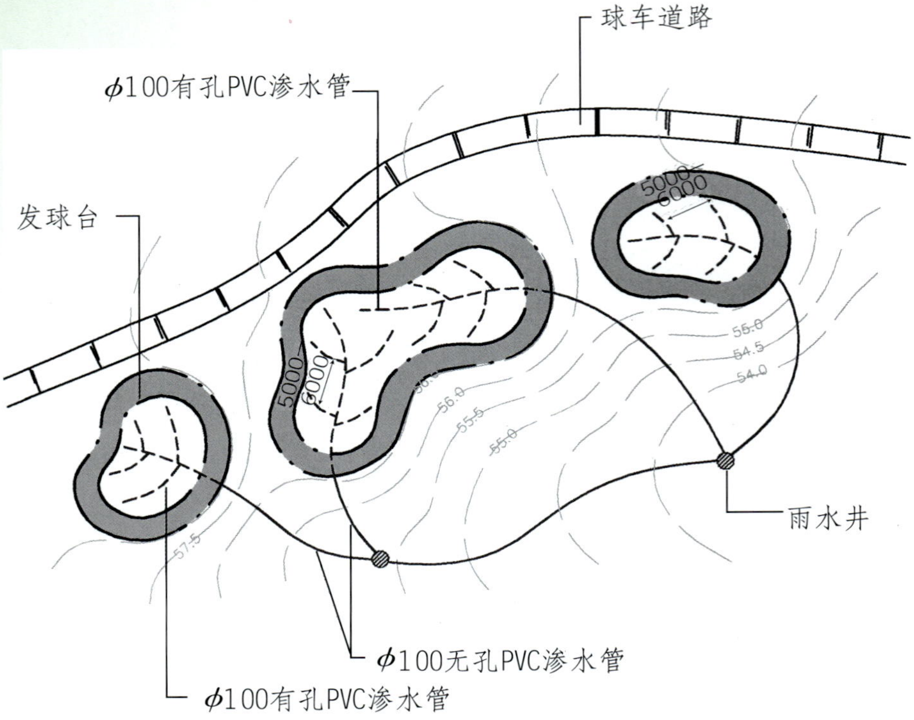


图4-35　发球台渗排水管布置图

4. 球道渗排水

高尔夫球场中球道是否需要设计渗排水系统，主要取决于以下几个方面的因素：

（1）场地的降雨情况　在雨水较多的地区，需要设计渗排水系统。

（2）场址的土壤情况　在场址的土壤为渗水性较好的沙质土壤时，无需设计渗排水系统。在球场场址土壤极其黏重的情况下，最好为球道设计渗排水系统。场址土壤极其黏重时，土壤中的水分向下渗透的速度极慢，容易在球道草坪的根系沙层中产生大量水分的蓄存，而不能及时排除，从而影响草坪根系的发育和球道草坪的健康生长。另外，在球场土壤为盐碱土时，应设计充裕的球道渗排水系统，以通过渗排水系统淋渗土壤中的盐分，降低土壤的含盐量和pH值，为球道草坪生长创造较好的条件。

球道中的渗排水应布置在水分容易汇集的区域，如雨水井边、汇水沟和山坡坡角等地。雨水井边是球道土壤水分的主要汇集区，雨水井四周坡面沙层中的水分会顺坡移动汇集到雨水井周围，从而在雨水井边容易产生蓄水情况，因此，雨水井边通常是球道渗排水设计的重点区域。通过对雨水井周边及其向外一定范围的辐射区域进行渗排水系统布置，可以基本上实现球道的渗排水，为球道创造一个良好的渗排水系统。雨水井周边渗排水管网的布置可以采用鱼脊式、炉算式或者比较自由的形式（图4-36）。

山坡坡角也是球道中容易产生土壤水分汇集和积水的区域，在坡面较长的情况下，山坡上土壤中的水分会顺坡向下移动，汇集到坡角，大量的水分汇集容易使坡角区域的草坪产生积水的现象。对于这样的区域，可以通过在山坡坡角处设计拦截式渗排水方式排除土壤中多余的水分（图4－37）。

球道渗排水的剖面结构基本上也是由根系层和排水管层2个层面构成的，与发球台的渗排水剖面结构基本相同。根系层中的沙子没有果岭和发球台要求的严格，粒径以0.25~1 mm的中粗沙为主体，需要具有一定的排水和透气性能，排水管层结构与果岭和发球台基本相同。

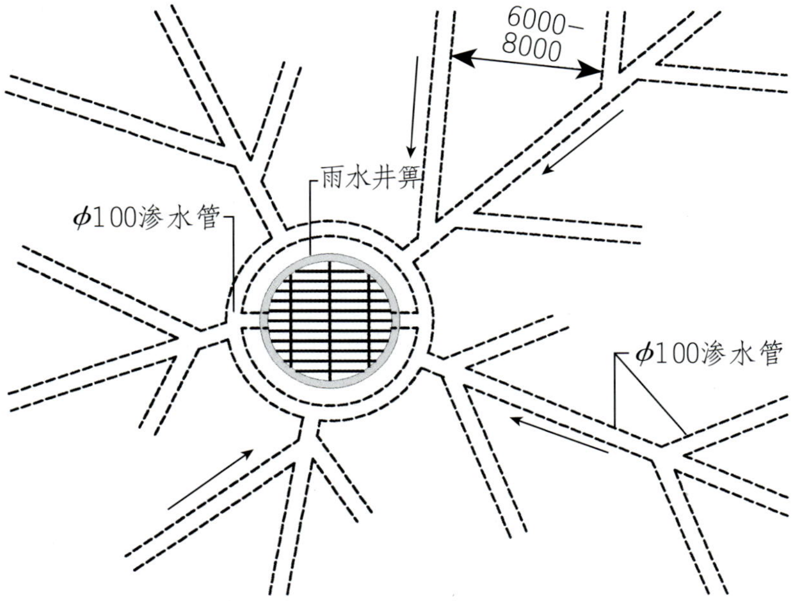


图4-36　球道渗排水管布置图

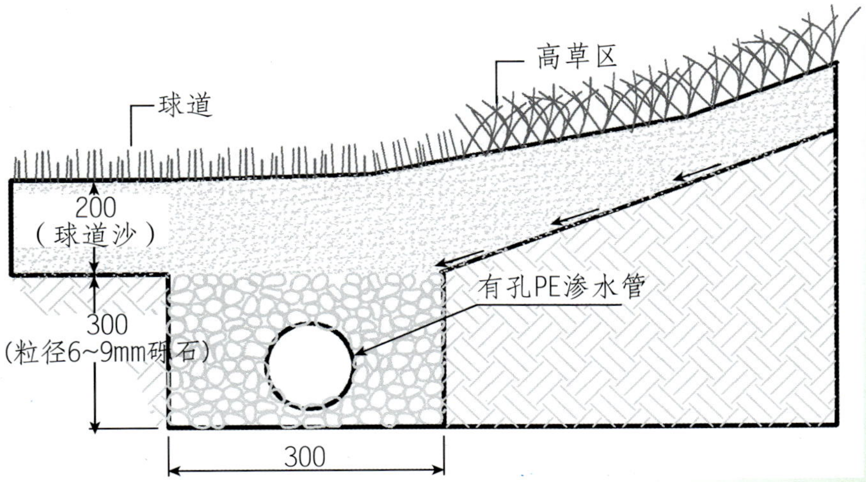


图4-37　坡面拦截式渗排水剖面图

# 第三节　高尔夫球场喷灌系统设计

高尔夫球场的喷灌系统是为球场草坪生长提供充足的水源，为球场草坪创造一个覆盖均匀、全面、水量充沛、管理便利的灌溉条件，为草坪生长打下一个良好的基础。球场喷灌系统设计包括的内容主要有：针对球场不同的草坪区域合理地布置喷头与出水口；合理地进行给水管线的布置与管径的设计；确立一个运行便利的、完善的喷灌控制系统。一个完整的球场喷灌设计应该包括从水源取水、水的输送和喷洒直至灌溉控制的一个综合的系统。

## 一、喷头布置

球场喷灌系统设计的第一步工作是为球场的各草坪区域进行出水口的布置，球场喷灌中的出水口主要包括喷洒的喷头和快速取水器。喷头的布置需要在球场造形图上进行，在球场造形图上，为球场的每个草坪区域如果岭、发球台、球道和高草区等确定喷头的具体布置方式和每个喷头具体的布设位置，使整个球场草坪区域形成一个覆盖均匀的喷洒系统。

### （一）果岭喷头布置

果岭是球场中对打球影响最重要的草坪区域，也是管理最精细、管理强度最大的草坪区域。因此，果岭的喷灌是非常重要的一个基础条件。尽管有的球场的喷灌设施比较简单，但果岭都具备良好的喷灌条件，球场中的每个果岭都应布置有足够数量的喷头。果岭的喷头布置主要考虑喷头的射程和喷头布置形式等方面的因素。

#### 1.果岭喷头射程的确定

从理论来说，喷头的射程取决于果岭的宽度，不同的果岭应选择不同射程的喷头，但从实际情况来说，这是不现实的，过于复杂的喷头型号既不利于建造也不利于球场的养护，因此，通常情况下，一个球场中的所有果岭通常使用同一射程的喷头。确定果岭喷头射程时，常以球场大部分果岭的普遍宽度为基数来计算和确立一个适当的果岭喷头的射程，对宽度和面积较大的果岭，可以通过增加喷头的数量来弥补射程上的不足。

果岭草坪比较精细，通常不宜选择射程太大的喷头，以减小喷洒水滴过大对果岭草坪的损伤和对果岭面产生的大强度的冲刷。因此，果岭喷头的射程只要能满足果岭正常喷洒覆盖即可，不宜过大，但也不宜太小，以免果岭内产生漏浇的现象。一般情况下，果岭上常选择16～20 m射程的喷头。

#### 2.果岭喷头的布置方式

果岭的形状变化丰富，很不规则，因此，很难采用常用的正三角形或正方形的喷头布置方式来布置喷头，通常可采用不等边三角形的方式将喷头布置到果岭的边缘（图4-38）。但在具体确定喷头位置时，应尽量通过调整喷头的位置，使果岭达到一个喷洒覆盖比较均匀的效果。果岭喷头布置最重要的原则是使喷头喷洒覆盖均匀、全面。

通常情况下，一个果岭常布置4~6个喷头，对于面积较大的果岭，数量可能更多；对于面积较小的果岭，一般至少也要布置4个，除非面积非常小的果岭可以布置3个。

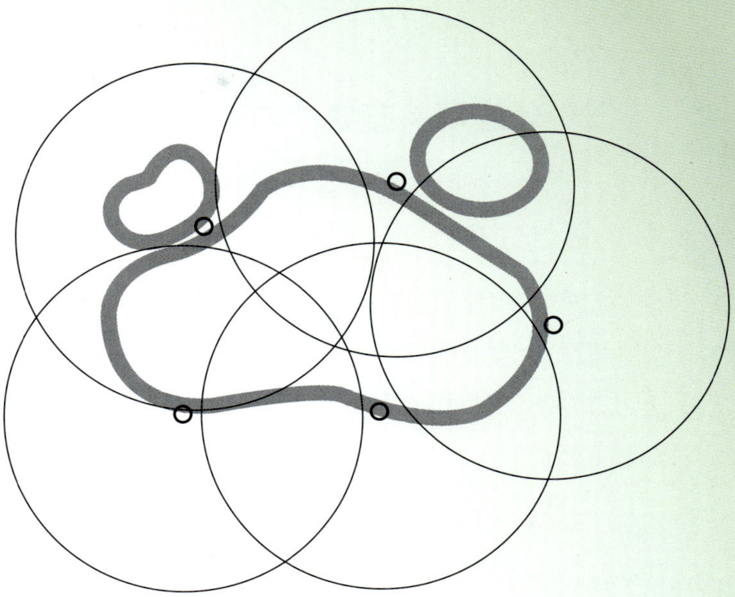
图4-38　果岭喷头布置示例图

3.果岭喷头布置原则

（1）喷头不应布置在果岭面内，也不应距离果岭太远，应布置在果岭环内或果岭环边上。

（2）与球道相接处的果岭喷头最好不要布置在球道中心线上，果岭前区喷头位置应尽量多地覆盖到果岭前区的球道，以减小球道喷头对果岭的喷洒。

（3）喷头布置应尽量使果岭面喷洒覆盖均匀，使果岭中心区域具有充足的覆盖，可能情况下，使喷头的间距相同。

（4）选择喷头时，应为果岭选择雾化程度较好的喷头，喷头的射程不能超出厂商推荐的射程。

4.果岭快速取水器布置

为了补充灌溉和定点灌溉以及特殊情况下人工灌溉的需要，每个果岭需要布置一个快速取水器。果岭的快速取水器常布置在距离果岭10~20 m之内的果岭周区内。

## （二）发球台喷头布置

球场单个发球台的面积常在100~400m$^2$之间，为了管理的方便，一个球场的发球台常选择同一个射程的喷头，一般情况下，可以选择与球道喷头相同射程的喷头，喷头射程一般为20~25m。对于面积较小的发球台，尽管这样的射程有些偏大，但它可以覆盖发球台周边的高草区。

发球台喷头的布置方式比较简单，常布置在发球台的两侧，面积较小的发球台可以布置1个喷头，面积较大的发球台可以布置2~4个喷头（图4−39）。布置发球台喷头时，应尽可能使发球台的喷洒覆盖均匀、全面。

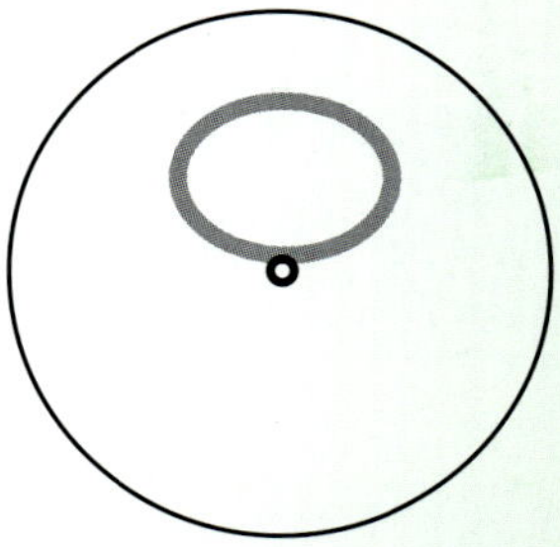
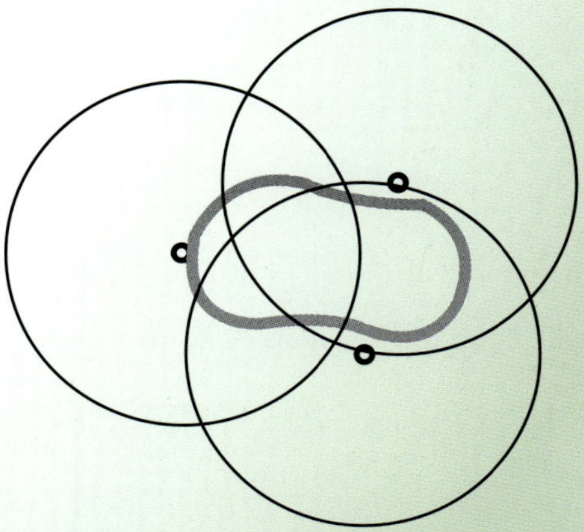
图4-39　发球台喷头布置示例图

发球台喷头最好不布置在发球台内部，应布置在发球台的侧面，以利于管理的方便和减小对打球的影响。

### （三）球道喷头布置

高尔夫球场球道是面积比较大的草坪区域，球道宽度一般为25~50 m，大部分球道宽度为30~40 m。球道也是球场中比较重要的打球区域，应布置有充足的喷头，为球道草坪生长提供良好的喷灌条件。

1.球道喷头射程和喷头间距的确定

为了管理的方便，球道一般选择同一射程的喷头，尽管球道是一条宽度不等的草坪条带，但可以通过喷头以不同方式的布置来利用同一射程喷头达到均匀、全面的喷洒效果。球道可以选择射程20~25 m的喷头。球道喷头的间距大小除了取决于喷头的射程外，还受喷洒的强度和风力的强度的影响，一般情况下，球道喷头间距为喷头射程的1~1.3倍。

2.球道喷头布置方式

根据球道宽度的不同，球道喷头可以采用多种布置形式，球道喷头的布置要较发球台和果岭灵活得多。采用何种布置方式取决于球道的宽度和球场建造投资费用，高尔夫球场球道喷头常有以下几种布置方式。

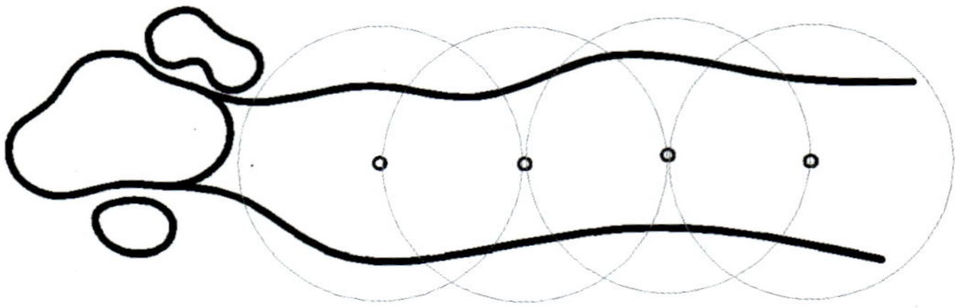

图4-40　球道喷头单行布置

（1）单行布置　在球道中心线布置一行喷头喷洒整个球道（图4-40）。这种布置方式可以大大节省喷头的数量，但喷洒均匀程度和覆盖幅度都较差。很明显，球道中央接受的喷洒量要远大于球道边缘，覆盖很不均匀，另外，喷洒覆盖的草坪区域也明显不全面。

这种布置形式一般只适用于球道非常狭窄的区域，比如宽度小于25 m的球道区。在某些建造投资不足的球场，也会采用这种喷头布置方式来喷洒球场所有的球道区，但在可能的情况下，尽量不要为球道设计这种单行的喷头布置形式。

（2）双行布置　双行布置是在球道中布置两行喷头，喷头之间常采用三角形或正方形的布置形式（图4-41），但三角形的喷头布置要较正方形布置的水量分布更均匀。双行布置明显较单行布置

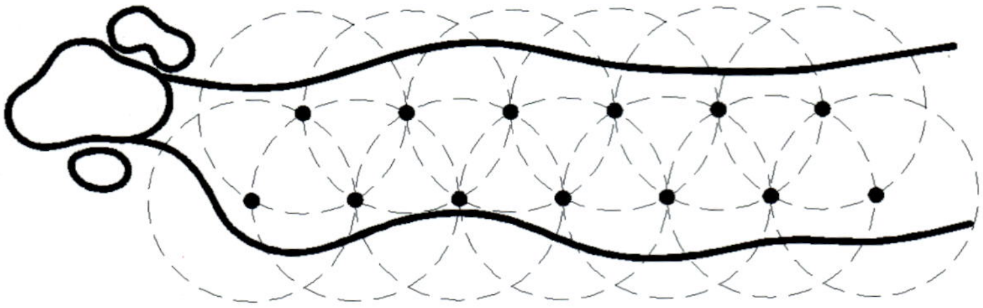

图4-41　球道喷头双行布置

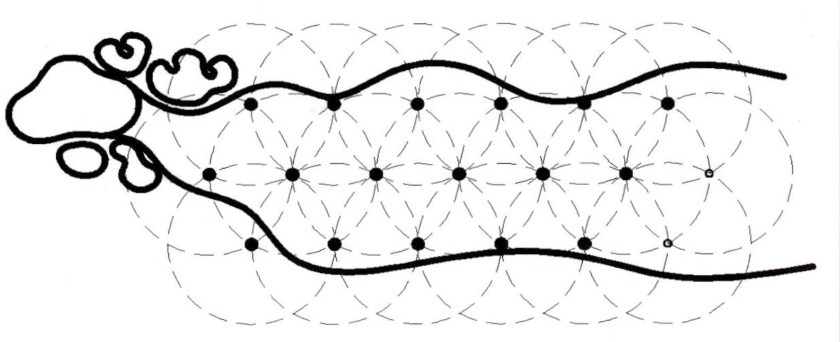

图4-42　球道喷头三行布置

的水量分布均匀得多，覆盖也更加全面。双行布置一般适于宽度在40 m左右的球道区域。在高尔夫球场的球道中，双行布置形式应用得最普遍，因为大部分球道的宽度在30~40 m。

（3）三行布置　三行喷头布置形式在球道喷头布置中应用得较少，只用于球道很宽的局部区域，如球道宽度大于50 m的球道区域需要采用三行布置的形式。同双行布置一样，三行喷头布置也常采用三角形或正方形方式布置（图4−42）。

在球场球道喷头布置设计时，不能拘泥于上述某种喷头布置方式，应采取比较灵活的形式来布置球道的喷头，采用适宜的喷头布置方式，使球道的喷洒水量均匀，覆盖全面。

3.喷头布置原则

（1）进行球道喷头布置时，应注意避让球场中的球车道路、沙坑、水面、树木等。

（2）果岭前区球道的喷头布置应尽量使之不要喷洒到果岭上，以免影响果岭的喷灌均匀程度。

（3）球道喷头布置时，应考虑球道喷头对高草区的覆盖影响，高草区的草坪一般与球道草坪在管理上有一定差别，应尽量减小球道喷灌对高草区的覆盖。

4.球道快速取水器布置

为了满足补充浇水的要求，球道常需要布置一些快速取水器，一般情况下球道每隔50 ~100 m需要设置一个快速取水器。球道快速取水器一般布置在球道边两侧的高草区中，既利于球道草坪的补充灌溉，也利于高草区补充浇水使用。

## （四）高草区喷头布置

目前大部分高尔夫球场都更多地采用全覆盖的喷灌方式，即在球场的高草区也采用与球道喷头相同的喷洒方式进行喷灌，使整个球场的草坪均通过喷头喷洒方式进行浇灌。但在以前，大多数球场在高草区中不专门设置喷头喷灌，主要依靠人工灌溉和自然降雨。

高草区内的喷头布置基本与球道相同，可以选择与球道相同的喷头，也可以选择射程更大的喷头。高草区草坪所要求的喷灌强度和需水量都要较球道小，喷洒均匀度也没有球道要求那么严格，因此，高草区喷头的布置间距可以较球道喷头间距大一些，以减少喷头的数量。

高草区内喷头的布置方式与球道基本相同，可以采用单行、双行和三行的方式布置，喷头之间采用三角形或正方形布置方式，由于高草区内常种植有大量的树木，在进行高草区喷头布置时，应重点考虑树木、灌木和地被植物对喷灌水量要求的差异以及树木对喷头喷洒的影响，在这些区域可以减少喷头的布置。

高草区一般不需要单独设置快速取水器，球道的快速取水器一般可以满足高草区补充浇水的需要，但在高草区非常宽阔的情况下，需要单独设置快速取水器。

## 二、喷灌管道布置

球场各草坪区域喷头布置完成后，接下来需要用管道将它们连接起来，以形成一个完整的喷灌管道供水系统。喷灌管道的设计一般可以按照以下几个步骤进行。

### （一）喷灌单元划分

在进行喷灌管道布置前，应首先对已布置好的喷头进行分组，即进行喷灌单元的划分，将球场中的所有喷头划分成若干个喷灌单元，每个喷灌单元包括几个喷头，由一个闸门或电磁阀控制。将喷头划分成喷灌单元是为了便于球场喷灌系统的灵活操作和运行，利于实施小区域喷洒水量的控制，利于调节风向对喷头喷洒的影响，利于调节地形对喷头喷洒的影响。

在具体进行喷头喷灌单元划分设计时，应考虑以下几个方面的因素。

（1）考虑风向对喷头喷洒的影响，尽量通过喷灌单元的划分来弥补风向造成喷洒覆盖的不均匀。

（2）考虑地形对喷头喷洒的影响，尽量使同一地形坡度的喷头处于同一个喷灌单元，以使同一喷灌单元的喷头所接受的水压尽量相同，从而增加喷头喷洒的均匀程度。

（3）不同草坪区域如果岭、发球台、球道和高草区的喷头应分别划为不同的独立的喷灌单元，以利于喷灌的操作，避免因各草坪区域喷灌强度的不同造成喷灌管理的不便和喷洒覆盖不均匀。

（4）可能的情况下，应将果岭前的球道区喷头与球道喷头区别划分为不同的喷灌单元，以利于果岭前球道区草坪喷灌的单独控制。因为该区域草坪常较球道其他部分的喷灌强度大。

球场喷灌单元划分一般以不同的草坪区域进行划分，常采用的划分方式如下：

每个果岭可以划分为1~2个喷灌单元，每个单元包括2~3个喷头。

每个球洞的发球台区可以划分为2~4个喷灌单元，每个单元包括3~4个喷头。

球道和高草区每3~5个喷头组成一个喷灌单元，根据喷头数量划分为若干个喷灌单元。

对于采用VIH喷头的喷灌系统，每个喷头都带有一个控制电磁阀，可以单独实施对任意一个喷头的控制。其喷灌单元的划分是通过对喷头进行编组来实行轮灌控制。VIH喷头的喷灌单元的划分更加灵活和方便，可以随时对喷灌单元重新调整，而非VIH喷头的喷灌单元一旦划分好，并将管道按喷灌单元连接好后，喷灌单元便不能再进行调整了，每个喷灌单元所包括的喷头不能再变动了，它们只能由该喷灌单元的阀门予以同时控制。因此，对于采用VIH喷头的自动喷灌系统在进行管道系统设计时，可以不先进行喷灌单元划分，而在进行喷灌制度制定时再划分，但对于使用非VIH喷头的半自动控制系统和手动控制系统，则必须在进行管道布置设计之前进行喷头喷灌单元的划分。

### （二）喷灌单元管道布置

划分好喷灌单元后，便可对每个喷灌单元进行管网布置设计。球场的喷灌管道按照管径的不同，可以分为主管、干管和支管3个级别，主管是一级管道，向干管和支管供水；干管是从主管上接出的二级管道，向支管供水；支管是最末一级管道，向喷头直接供水。喷灌单元内的管道基本属于支管，其管网布置是通过支管将每个喷灌单元的各个喷头连接起来，并将喷灌单元的供水支管连接到供水管道的主管或干管上，并由一个阀门加以控制。

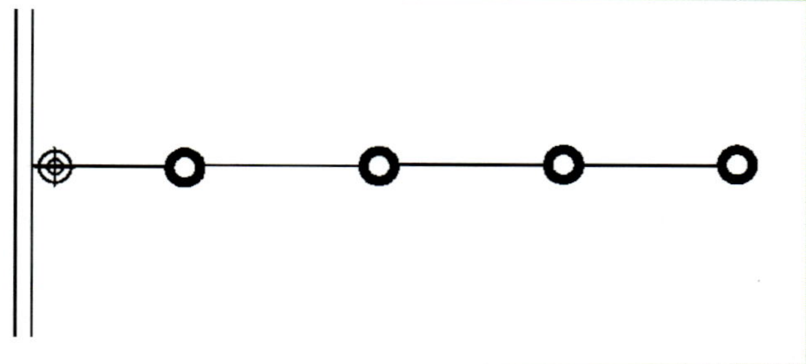

图4-43　喷灌单元支管串联示例图

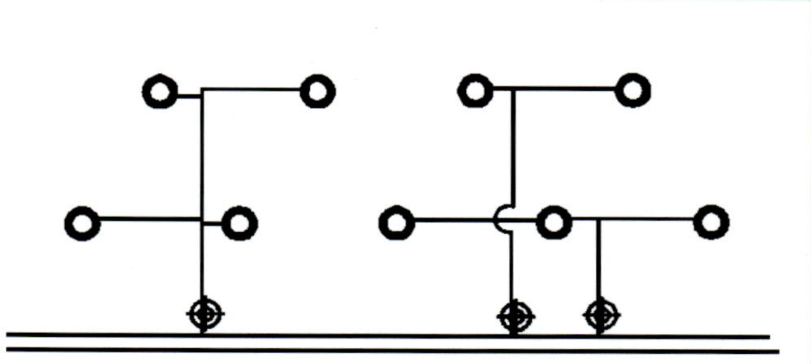

图4-44　喷灌单元支管并联示例图

喷灌单元的管线布置可以采用串联（图4−43）或并联的方式（图4−44）或串、并联相结合的方式。不论采用哪种连接方式，在进行具体支管布置时，都应使一个喷灌单元内的各喷头间的水压差别尽量减小，距离干管较远的末端喷头的水压损失一般较大，因此，应尽量减小支管延伸的长度，以减小水头的压力损失。另外，布置支管时，还要考虑地形对水压损失的影响，尽管在对喷头进行喷灌单元分组时已经考虑了地形坡度的因素，但在进行喷灌单元管线布置时，还要考虑地形对各喷头水压损失的影响，以使同一单元内的各喷头间水压的差别尽量缩小。

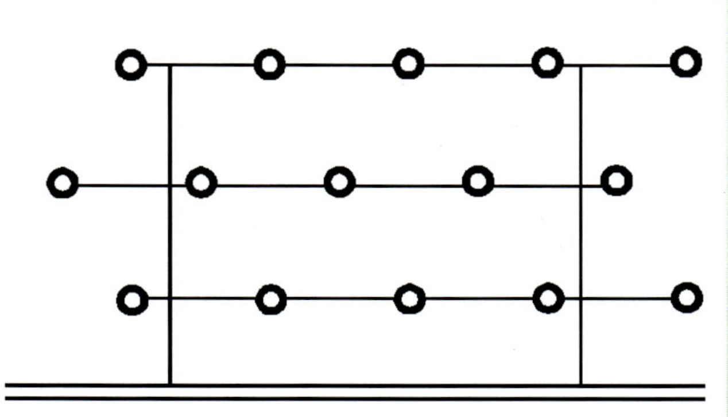

图4-45　喷灌单元支管网状连接示例图

对于使用VIH喷头的自动喷灌系统，可以使用网状的支管连接方式（图4−45），这种支管连接使喷头的水压更加均衡，利于喷头的均匀喷洒，但使用的支管较多。

喷灌单元管道布置完成后，每个喷头都被支管连接起来，支管的管网系统已经建立起来，接下来要对主管和支管进行布置，并将各支管管网连接到主管或干管上。

### （三）主管与干管布置

主管担负着从球场供水水源向球场各干管和支管供水的功能，主管的布置从供水水源处开始。球场中的主管道通常布置成环形管网，尽管环形管网所使用的主管道数量要多，但这可以减小管道的压力损失，便于管网压力的平衡，便于使用与维修。布置主管时，应考虑地形因素的影响以及向干管和支管供水的便利性等多方面的因素。

干管的布置以主管为基础，干管从主管出发，最好又回到主管，与主管形成次级的环形管网。干管布置的数量和布设的位置主要取决于向支管供水的便利性和管理操作的方便性。

主管与干管布置好后，将所有喷灌单元的支管连接到干管或主管上，同时将快速取水器也连接到主管或干管上，这样整个喷灌系统就具有了一个完整的管网供水系统，实现由水源向喷头的分等级的供水系统。当然，这一管网系统不是最终的，它还有待于进行进一步管道管径计算，以便对管网进行合理的调整，确立最终的管网体系。

### （四）喷灌管道布置原则

（1）优化管线布局，尽量减小管道数量。

（2）管道不能从发球台、果岭、沙坑和水域等特征区域中穿过，以免以后管道维修时对这些区域造成破坏。

（3）尽量减少管道穿行球车道路的次数。

（4）主管道和支管道最好靠近球车道路布置，以方便喷灌操作。

## 三、确定管道尺寸

喷灌管网布置完成后，需要通过管道压力和流量的计算为所有管道确定管径的大小。要确定管道的尺寸，首先要制定一个球场喷灌系统的运行时间和运行计划，即确定一个合理的喷灌制度。

### （一）喷灌制度的确定

在喷灌单元划分时，球场中的所有喷头已被划分成了若干个喷灌单元，在具体的喷灌操作过程中，由于泵站的供水量和出水压力都有限，不可能一次性将所有的喷灌单元都打开进行喷灌，需要将所有喷灌单元划分成若干组进行轮换喷灌，即将喷灌单元划分成若干个轮灌组。因此，在进行喷灌系统设计时，应首先确立一个合理的喷灌制度，并依此制度进一步确定管网的流量和尺寸。确立喷灌制度的步骤如下：

#### 1.确定喷灌系统每天总运行时间

球场的喷灌系统每天的运行时间不宜过长，否则会影响球场的运营，也不利于球场的喷灌操作。尽管缩短球场喷灌的日运行时间有利于球场的运营和管理，但若日运行时间过短，会极大地增加管道的流量和尺寸，从而大幅度增加喷灌系统的建造费用。同时，也不利于系统的安全运行。因此，应根据球场的具体情况为球场喷灌确定一个合理的日运行时间。通常情况下，日运行时间以3~5 h为宜。

2.确定每个轮灌组日喷洒时间

根据所选择喷头的出水量和喷灌强度以及草坪每天的需水量，确立喷头每天开启运行所需的时间。按照当地的气候条件和土壤水分的蒸发量以及草坪土壤状况，为球场草坪确定一个适当的日供水量，再按所选喷头的喷洒强度计算出每天轮灌喷洒所需的时间。若每天只进行一次喷灌，则计算出的时间为每个轮灌组一次喷洒所需的时间。一般情况下，每个轮灌组每天喷洒时间平均为10~30 min。

3.计算轮灌组数量

在确定了喷灌系统总的日运行时间和每个轮灌组日喷洒时间后，可以计算出喷灌系统的轮灌组数量，从而可以将喷灌系统的所有喷灌单元划分成相应数量的轮灌组，也就是将整个喷灌系统总的日运行时间划分成相应数量的分段运行时间，有多少个轮灌组就有多少个运行时间段。

4.轮灌组的划分与编序

已知了轮灌组的数量和总的喷灌单元数量，可以计算出每个轮灌组所包含的喷灌单元的数量以及喷头的数量，进而可以将所有的喷灌单元划分到各轮灌组中，并进行排序。每个轮灌组由几个喷灌单元组成。在进行轮灌组划分和排序时应注意以下几个原则。

（1）不同草坪区域的喷灌单元尽量不要划分到一个轮灌组中，而应使相同性质草坪区域的喷灌单元划分到同一轮灌组中，即将果岭、发球台、球道和高草区的喷灌单元分别进行编组，将相同性质的草坪区域划入同一个轮灌组。因为草坪区域性质不同，所选用的喷头类型和所要求的喷洒时间均不相同。采用按不同性质的草坪区域分别进行编组，可以方便草坪喷灌管理，使喷灌操作更加灵活和便利。

（2）相同性质草坪区域的轮灌组所包含的喷头个数应尽量相同，以利于喷洒水量同等，方便喷灌管理。

（3）轮灌组编序时应使相邻片区的球道喷灌单元编入相同的轮灌组，便于喷灌操作与管理。

（4）轮灌组划分应尽量平衡管网的压力，使每个喷灌单元管网压力尽可能趋于相同，便于喷头的均匀喷洒。

通过以上几个步骤，为球场的喷灌系统建立了一个完善的喷灌制度，既确定了球场喷灌总的日运行时间、每次轮灌所需的时间，也确定了轮灌的次序和每次轮灌应开启的已编组的喷灌单元。

## （二）管网压力与流量计算

喷灌制度确立后，每个喷灌组所包含的喷灌单元数量和喷头个数被确立下来，即喷灌系统每次运行所开启的喷头总数量已经确定，接下来便可以按照每个轮灌组和每个喷灌单元分别计算管网的流量和压力损失，以确定管道的具体尺寸。

1.喷灌单元管网压力与流量计算

管网的压力和流量计算应从后向前进行，先从喷灌单元开始，然后到轮灌组，再到干管管网，最后到主管管网。每个喷灌单元都是一个独立的喷灌回路，可以单独计算其管网的流量和压力损失，计算时应以喷灌单元中条件最差的一个喷头为对象，即管线最长、压力损失最大的喷头。根据管线的长度、地形高差的变化和喷头所要求的出水量和工作压力来计算每个喷灌单元的水头损失，最后计算出每个喷灌单元所需的流量和进水口的压力，以此确定每个喷灌单元管网的管道尺寸。

2.轮灌组压力与流量计算

每个轮灌组由若干个喷灌单元组成，其中会有一个喷灌单元属于条件最差的喷灌单元，进行轮灌组压力损失计算时，要以该喷灌单元为基础进行。在选择最差喷灌单元时，应符合以下条件：

（1）需要的流量最大；

（2）从水源到该喷灌单元的距离最长；

（3）回路的压力损失最大。

根据最差喷灌单元所需的流量和压力，可以确定其相应的干管或主管所应提供的压力和流量。

3.干管与主管的压力与流量计算

每条干管上都有若干个出水口通向喷灌单元，在喷灌单元与轮灌组压力与流量计算过程中已经确定了通向喷灌单元的每个出水口所要求的压力与流量。进行干管压力与流量计算时，应按干管的流程、沿程分别计算干管的水头损失和流量，最后得出每段干管的压力和流量，并统计每条干管与主管相接处进水口所需的压力与流量。以此计算出各干管的管道尺寸。

主管上有多条分支连接到干管和喷灌单元，主管的压力与流量计算也应首先沿主管的沿程分别计算主管本身的水头损失，然后选择条件最差的一个轮灌组，以其主、干管上各出水口所需的压力与流量为基数，分段统计所要求的主管的压力和流量，从主管的远端沿程向主管的水源进水口分别统计所要求的压力和流量，最后得出水源进水口处主管所应达到的压力与流量。该压力与流量就是喷灌系统的设计压力与流量。以此计算出主管的管道尺寸。

在进行管道压力损失和流量计算时，应考虑一定的附余量，以免喷灌系统在工作过程中压力与流量亏损，影响系统正常运行。

## （三）管道尺寸确定

在进行管网压力与流量计算过程中，支管、干管和主管会得出多种尺寸，甚至在同一个喷灌单元的支管管径也会不同。为了减小繁杂的管道尺寸给施工和日后管理带来的不便，在确定管道尺寸时，应对它们进行合理的归纳，使管道尺寸趋于统一。

在一般情况下，同一喷灌单元以及不同喷灌单元之间支管的管径应尽量一致；干管的管径根据需要可以有一定的变化，但应尽量减小管径种类差别；球场中主管的管道管径通常都是统一的。

确定好所有管道尺寸后，将它们分别标注到图纸上。至此，管道系统的布置就完成了，喷灌系统便具有了一个完整的管网供水系统。

## 四、喷灌控制系统设计

球场喷灌控制系统可以分为手动控制系统和自动控制系统。在早期的球场中，喷灌控制系统都是手动控制。随着高尔夫球场喷灌的发展，自动控制系统逐步应用到球场的喷灌中，由于自动控制系统具有节省人力和方便管理等诸多优点，逐步取代了手动控制系统，现在绝大部分球场都采用自动喷灌控制系统。

### （一）手动控制系统

手动控制系统采用人工开启的闸阀来控制供水和喷头的开启，在每个喷灌单元与主管和支管相连的管道上安装手动闸阀控制喷灌单元喷头的运行，在主管和支管上也设置一些闸阀控制管网的供水。手动控制系统的设计，主要是对闸阀的布置。在布置闸阀时，应尽量考虑使闸阀的位置方便管理使用，最好使闸阀靠近球车道路边的主管和支管，不应将闸阀设置在球道中。

### （二）自动控制系统

自动控制系统是在无人操作的情况下，通过控制器自动控制喷灌系统的运行，通过预定的程序和信号的传递控制喷头的开启与关闭。

自动控制系统一般由电磁阀、分控箱和中央控制器组成，更先进的自动控制系统还包括有气象站。

每个喷灌单元由电磁阀来控制，对于使用VIH喷头的自动控制系统，每个喷头都具有一个电磁阀，可以不再单独设置电磁阀，每个喷头都可以独立被控制，只是在编组时，将若干个喷头编入一个喷灌单元。在电磁阀与分控箱之间有两条信号线相连接，一条为控制线，另一条为公用线，负责从分控箱向电磁阀传递信号，将分控箱中编定的程序输送到电磁阀。控制线采用并联的方式，从分控箱分别单独连接到每个电磁阀，而公用线则采用串联的方式，从分控箱串接到各个电磁阀（图4-46）。分控箱可以单独实现对电磁阀的控制，也可以连接

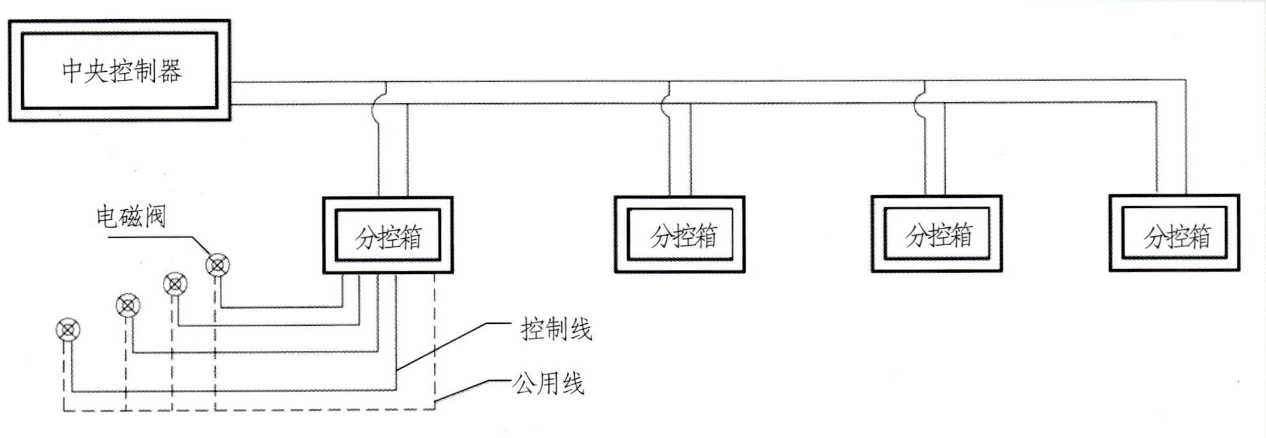


图4-46　自动控制系统线路连接示例图

到中央控制器上，从中央控制器中获取信号来实现控制。分控箱通过信号线连接到中央控制器上，中央控制器将编好的程序输送给分控箱，再从分控箱传递给电磁阀，实现自动控制。中央控制器上安装有通向泵站的控制线，以实现对泵站的随同控制。

高尔夫球场自动控制系统设计主要包括分控箱的布置、信号线与电缆线的布置和轮灌组运行程序的编排。

球场自动控制系统设计应首先确定所需的分控箱数量，按照分控箱上的站点数量和喷灌系统设计的电磁阀的数量确定球场自动控制系统的分控箱的数量，一般一个18洞球场需要15~25个分控箱，然后将这些分控箱分别布置到球场中。布置分控箱时应考虑喷灌操作的便利性，为了便于接近和管理，常将分控箱布置在球车道路附近；为了使分控箱运行时便于观察其所控制喷头的工作状况，分控箱一般布置在其所控制的喷灌片区范围内较利于视野观测的地点上；分控箱的布置位置还应考虑其对打球和景观的影响，其所处位置不应影响打球和球场的景观，通常设置在较偏僻的高草区内。

分控箱布置完成后，则要进行信号控制线与电缆线的布置。将信号控制线和电缆线从分控箱连接到每一个电磁阀，再从分控箱连接到中央控制器，同时，还要将信号控制线连接到泵站上。电缆线与信号控制线一般与主管和支管一同铺设，因此，电缆线与信号控制线通常沿主管或支管并行布置。电缆线与信号线布置好后，应根据所需电压的大小和连接电磁阀数量的多少，分别为它们分段确定具体的电线规格大小，并将相应的规格标注到每段电缆线和信号线上。

中央控制器一般设置在草坪管理区的办公楼中，自动控制系统设计时应将各分控箱的信号控制线布设到中央控制器上，同时为中央控制器布置好电缆线。

## 五、泵站设计与泵组选择

泵站作为球场喷灌的供水龙头，是非常重要的一个设施，泵站不能正常运行，球场喷灌系统就会处于瘫痪状态，会严重影响到球场的养护与运营，因此，在进行球场喷灌系统设计时，应对泵站系统予以精心的设计。

### （一）泵站位置的确定

高尔夫球场的泵站常设在供水水源的边上，球场中的人工湖和河流等都可作为供水的水源。在具体确定喷灌系统泵站位置时，应考虑以下因素。

（1）泵站处的水源应相当充足，以便为球场喷灌提供足够的水量。喷灌水源的水质应符合草坪灌溉的要求。

（2）泵站的位置应便于与球场喷灌系统的连接，方便喷灌系统的运行。

（3）泵站位置应便于接近，便于使用与管理，泵站与球场的球车道路系统应有便利的道路相连接。

（4）泵站位置应不影响打球，泵站应设在对打球相对安全的区域。

（5）泵站所处的位置应减小对球场景观的不利影响。

### （二）泵房结构设计

泵房是用于安装与庇护水泵及其附属设备的建筑物，设计泵站时应对该建筑物予以设计。根据所选泵组的类型和机组的数量确定泵房的尺寸和结构形式：卧式水泵机组需要的占地面积大，需要泵房的尺寸较大；而立式水泵机组连接紧凑，需要泵房的尺寸较小。泵房的结构相对比较简单，但在具体进行泵房结构设计时，应考虑以下几个方面的因素。

（1）利于泵组及其附属设备的安装。

（2）泵房结构形式应方便泵站的使用与维修。

（3）具有比较稳定的建筑结构和良好的抗震性能。

（4）泵房内应具有很好的防渗结构，防止湖水渗入到泵房内。

（5）泵房内应设计有良好的地面排水设施，以便及时排出进入到泵房中的水。

（6）泵房的外观应不影响球场的景观。为了减小对球场景观的影响，球场内的泵房有时设计为地下或半地下形式。

### （三）泵站进水池设计

为了便于泵站取水和防止杂物及泥沙等进入到水泵中，在泵站设计时，应设计泵站进水池，尤其在以河水做喷灌水源时，更应设计这一设施。泵站进水池应设计有拦污隔栅和泥沙池以隔离杂物，沉降泥沙。进水池设计时应考虑水流走向对水流稳定的影响，以便为水泵取水创造一个稳定、均匀的取水条件。水流流速不稳定会增加水泵的吸水阻力；水流产生旋涡时，会将水面的空气带入到水泵中，影响水泵的正常运行。因此，在进行进水池设计时，要仔细研究水流的状态，以便为进水池确定一个合理的结构形式和尺寸。

### （四）泵组选择

在前述的喷灌系统管网压力与流量计算过程中，已经计算出了喷灌系统的设计压力和设计流量，有了这两个基础数据，便可以为喷灌系统选择泵组。高尔夫球场的草坪面积较大，需水量和工作压力较高，一台水泵很难满足要求，因此，球场的泵站大都采用泵组的形式供水。根据系统的设计压力即水泵的扬程和设计流量合理选定水泵，并组合成泵组。在进行球场喷灌泵组选择时，应考虑以下一些因素。

（1）水泵的类型应符合泵站吸水扬程的要求。

（2）泵组的出水扬程与流量应稍高于喷灌系统的设计压力与设计流量，一般应高出10%以上。

（3）泵组内的水泵应选择相同型号的，便于安装和维修。

（4）应为泵组配备一台备用水泵，以确保球场喷灌系统的正常运行。

（5）所选的水泵应与配备的变频系统和喷灌自动控制系统相匹配。

（6）泵组的水泵台数要适当，以提高泵组的运行效率。

## 六、喷灌系统施工详图设计

球场喷灌系统在经过上述几个设计过程后，便形成了一个完整的喷灌系统平面布置图（图4-47）。在图4-47中，已经明确标示出了各种喷头的位置、管线布局和尺寸、各种阀门的位置、泵站的位置和自动控制系统的布局，并对喷头的型号和泵组的类型进行了选型。

一个完善的喷灌系统设计除了系统平面布置总图和系统电路总图外，还应包括一些喷灌系统安装详图的设计，其中有管道安装详图、喷头及快速取水器安装详图、阀门安装详图、自动控制系统分控箱及线路安装详图和泵站安装详图等。进行球场喷灌系统设计时，应一并予以设计。另外，还需要对喷灌系统设计中所涉及的所有材料和设备按规格与型号予以分别统计，形成一个完整的喷灌系统材料清单（表4-6）。

### 1.管道安装详图

管道安装详图包括管道的铺设方式（图4-48），主管、干管和支管之间结点处的连接方式（图4-48），管道接点处和拐弯处的固定方式（图4-49）等。对于冬季比较寒冷的地区，应考虑加深管道埋设的深度，防止管道冬季冻裂，同时还应考虑设计冬季喷灌管道排空。

### 2.喷头与快速取水器安装详图

球场内的喷头与快速取水器多采用伸缩架的方式与管道相连接（图4-50）。使用伸缩架的连接方式既有利于施工时调节喷头的高度和角度，也有利于在以后的球场养护时调节喷头的高度。

### 3.阀门安装详图

阀门安装详图应包括电磁阀、闸阀、排气阀、管道泄水阀等阀门的安装详图以及这些阀门的固定方式（图4-51）。阀门可以安装在阀门箱内，也可以安装在阀门井中，如果采用阀门井，还应设计阀门井详图。

### 4.自动控制系统安装详图

这类详图包括分控箱安装详图、信号控制线与电缆线安装详图等（图4-52）。

### 5.泵站安装详图

泵站安装详图包括泵组的连接方式、水泵的取水方式和泵组内管线的布置形式等。

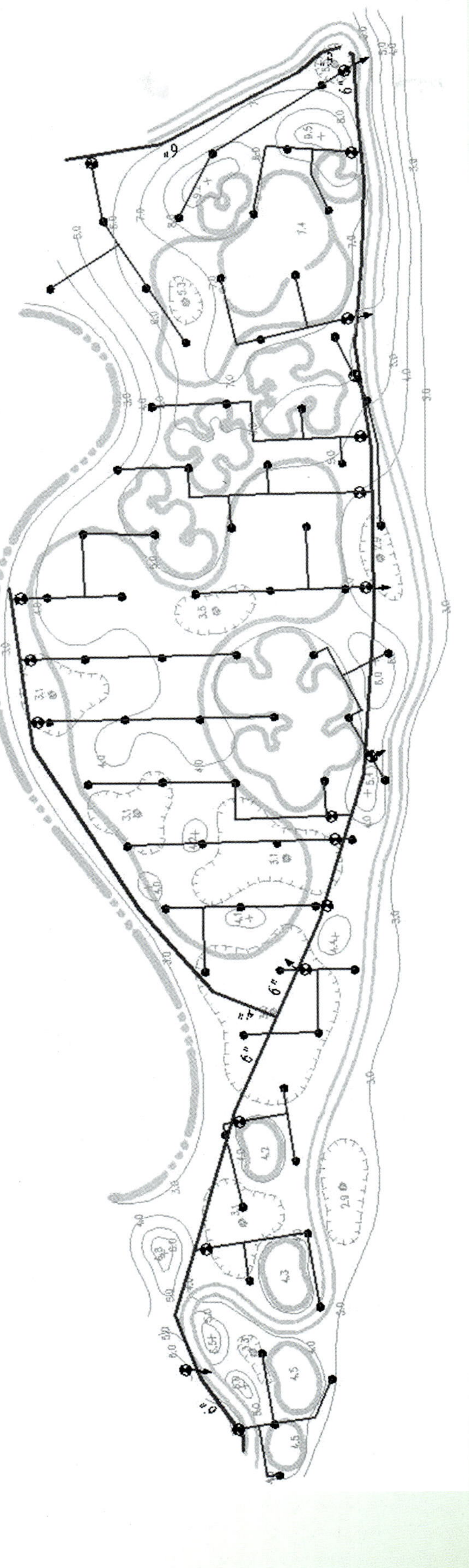

图4-47　喷灌系统平面布置图

表4－6　球场喷灌材料与设备清单（18洞）

| 项目 | 数量 | 单位 | 名称 | 型号与规格 |
|---|---|---|---|---|
| 一、管材与管件（PIPE AND FITTING） | | | | |
| 1 | 24 | m | PVC管 | ϕ315，1.25MPa,GSK |
| 2 | 255 | m | PVC管 | ϕ250，1.25MPa,GSK |
| 3 | 2 670 | m | PVC管 | ϕ200，1.25MPa,GSK |
| 4 | 2 470 | m | PVC管 | ϕ160，1.25MPa,GSK |
| 5 | 4 400 | m | PVC管 | ϕ110，1.25MPa,GSK |
| 6 | 27 500 | m | PVC管 | ϕ63，1.25MPa,GSK |
| 7 | 1 200 | m | PVC管 | ϕ32，1.25MPa,GSK |
| 8 | 550 | 只 | 外螺纹接头 | ϕ63×2寸PVC |
| 9 | 20 | 只 | 内螺纹接头 | ϕ63×2寸PVC |
| 10 | 650 | 只 | 正三通 | ϕ63×ϕ63×ϕ63PVC |
| 11 | 550 | 只 | 弯头 | ϕ63PVC 90° |
| 12 | 650 | 只 | 弯头 | ϕ63PVC 45° |
| 13 | 1 300 | 只 | 管堵 | ϕ32PVC |
| 14 | 550 | 只 | 变径 | ϕ63×32PVC |
| 15 | 1 050 | 只 | 直通 | ϕ63PVC |
| 16 | 1 400 | 只 | 弯头 | ϕ32PVC 90° |
| 17 | 300 | 只 | 直通 | ϕ32PVC |
| 18 | 500 | 只 | 内丝直通 | ϕ32PVC |
| 19 | 16 | 只 | 钢塑弯头 | 8寸×8寸45°　GSK |
| 20 | 6 | 只 | 钢塑弯头 | 8寸×8寸22.5°　GSK |
| 21 | 48 | 只 | 钢塑弯头 | 6寸×6寸22.5°　GSK |
| 22 | 24 | 只 | 钢塑弯头 | 6寸×6寸45°　GSK |
| 23 | 2 | 只 | 钢塑弯头 | 4寸×4寸22.5°　GSK |
| 24 | 4 | 只 | 钢塑弯头 | 10寸×10寸45°　GSK |
| 25 | 16 | 只 | 钢塑弯头 | 10寸×10寸22.5°　GSK |
| 26 | 36 | 只 | 钢塑弯头 | 4寸×4寸45°　GSK |
| 27 | 0 | 只 | 钢塑弯头 | 12寸×12寸45°　GSK |
| 28 | 1 | 只 | 钢塑弯头 | 12寸×12寸22.5°　GSK |
| 29 | 16 | 只 | 钢塑法兰（平承） | 8寸1.6 MPa |
| 30 | 20 | 只 | 钢塑法兰（平承） | 6寸1.6 MPa |
| 31 | 36 | 只 | 钢塑法兰（平承） | 4寸1.6 MPa |
| 32 | 4 | 只 | 钢塑法兰（平承） | 10寸1.6 MPa |
| 33 | 1 | 只 | 钢塑法兰（平承） | 12寸1.6 MPa |
| 34 | 14 | 只 | 分水鞍 | 10寸×2寸铸铁体加不锈钢栓 |
| 35 | 85 | 只 | 分水鞍 | 8寸×2寸铸铁体加不锈钢栓 |
| 36 | 60 | 只 | 分水鞍 | 6寸×2寸铸铁体加不锈钢栓 |
| 37 | 140 | 只 | 分水鞍 | 4寸×2寸铸铁体加不锈钢栓 |
| 38 | 1 | 只 | 钢塑三通 | 6寸×6寸×4寸(中)GSK 1.6MPa |
| 39 | 4 | 只 | 钢塑三通 | 4寸×4寸×4寸(中)GSK 1.6MPa |
| 40 | 1 | 只 | 钢塑三通 | 8寸×6寸×6寸(中)GSK 1.6MPa |
| 41 | 1 | 只 | 钢塑三通 | 10寸×8寸×12寸(中)GSK 1.6MPa |
| 42 | 1 | 只 | 钢塑三通 | 10寸×8寸×8寸(中)GSK 1.6MPa |

续表4－6

| 项目 | 数量 | 单位 | 名称 | 型号与规格 |
|---|---|---|---|---|
| 43 | 1 | 只 | 钢塑三通 | 6寸×4寸×4寸(中)GSK 1.6MPa |
| 44 | 1 | 只 | 钢塑三通 | 4寸×4寸×8寸 (中)GSK 1.6MPa |
| 45 | 4 | 只 | 钢塑三通 | 8寸×8寸×4 (中)GSK 1.6MPa |
| 46 | 1 | 只 | 钢塑三通 | 8寸×6寸×8 (中)GSK 1.6MPa |
| 47 | 1 | 只 | 钢塑三通 | 8寸×6寸×6 (中)GSK 1.6MPa |
| 48 | 1 | 只 | 钢塑三通 | 10寸×10寸×4 寸(中)GSK 1.6MPa |
| 49 | 8 | 只 | 钢塑三通 | 6寸×8寸×8寸 (中)GSK 1.6MPa |
| 50 | 15 | 只 | 钢塑三通 | 4寸×6寸×6寸 (中)GSK 1.6MPa |
| 51 | 3 | 只 | 钢塑三通 | 4寸×4寸×6寸 (中)GSK 1.6MPa |
| 52 | 1 650 | 只 | 异三通 | $\phi$63×$\phi$63×32 |
| 53 | 2 | 只 | 管堵 | $\phi$110 |
| 二、闸阀及阀门箱（GATE VALVE AND BOX） | | | | |
| 1 | 8 | 支 | 闸阀 | 8寸1.6 MPa铸铁 |
| 2 | 300 | 支 | 2 寸铜制 | 高质高台1.6MPa |
| 3 | 12 | 支 | 进排气阀 | AIP−2寸 COMB AIR VLV |
| 4 | 10 | 支 | 闸阀 | 6寸1.6 MPa铸铁 |
| 5 | 18 | 支 | 闸阀 | 4寸1.6 MPa铸铁 |
| 6 | 2 | 支 | 闸阀 | 10寸1.6 MPa铸铁 |
| 7 | 40 | 只 | 方形阀门箱 | VB−1419 12寸 |
| 8 | 500 | 只 | 圆形阀门箱 | VB−708 8寸 |
| 三、喷洒设施及连接器（SPRINKLES） | | | | |
| 1 | 288 | 只 | 2 寸电磁阀 | |
| 2 | 1 050 | 只 | 喷头 | RIANBIRD700B |
| 3 | 50 | 只 | 喷头 | RIANBIRD700B |
| 4 | 130 | 只 | 取水阀阀体 | 474−01 |
| 5 | 20 | 只 | 取水阀钥匙 | 464−02 |
| 6 | 20 | 只 | 取水阀弯头 | 477−01 |
| 7 | 270 | 个 | 固定卡 | Olamp SIZE32−worm |
| 8 | 130 | 条 | 固定桩 | 4 cm×4 cm 80 cm长角铁 |
| 9 | 1 300 | 套 | 千秋架 | 12寸L1寸DSJSPIGOT−BSP |
| 四、控制设备（CONTROL SYSTEMS） | | | | |
| 1 | 1 | 套 | 中央控制器（含气象站） | SP−01−1−03 |
| 2 | 18 | 台 | 分控箱 | LTCP16P6M4 |
| 3 | 2 | 台 | 分控箱 | LTCP24P6M4 |
| 4 | 80 | 根 | 接地铜棒 | 5/8#×8# |
| 5 | 80 | 只 | 卡子 | 5/8#×8# |
| 6 | 1 | 圈 | 裸铜线 | 6# |
| 7 | 150 000 | m | 红色加厚控制线 | #14/1（1.5 $mm^2$铜线） |
| 8 | 30 000 | m | 白色加厚控制线 | #12/1（2.5 $mm^2$铜线） |
| 9 | 1 200 | m | 三芯铠装电源线 | (增压泵专用)50 $mm^2$ |
| 10 | 7 500 | m | 三芯铠装电源线 | 6$mm^2$ |
| 11 | 12 000 | m | 中控信号线 | P7216−D |
| 12 | 500 | 只 | 防水接头 | 3M DBY KIT |
| 13 | 500 | 只 | 防水接头 | 3M DBR KIT |

续表4－6

| 项目 | 数量 | 单位 | 名称 | 型号与规格 |
|---|---|---|---|---|
| 五、泵组及电柜（PUMP STATIONS） | | | | |
| 1 | 3 | | 水泵与电机 | 3×55 kW/台，扬程≥87 m |
| 2 | 1 | 套 | 电柜 | 恒压变频柜 |
| 3 | 3 | 套 | 钢管及底阀 | 包括集水罐 |
| 4 | 1 | 套 | 恒压水泵 | 1×3.3 kW/台，扬程120 m |
| 5 | 1 | 台 | 交流稳压器 | 220 V，3.3 kVA |

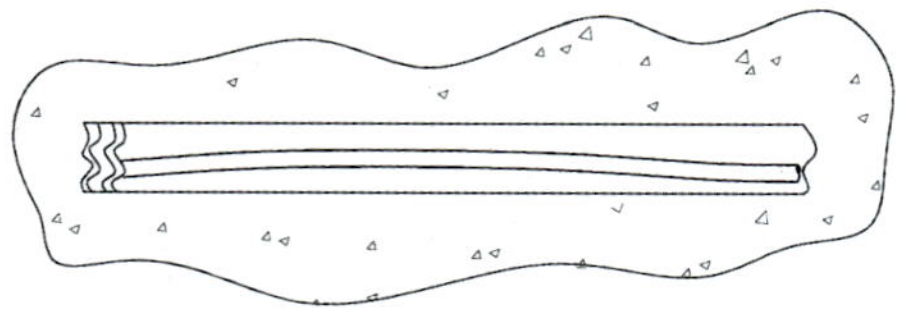

PVC管道铺放示意图

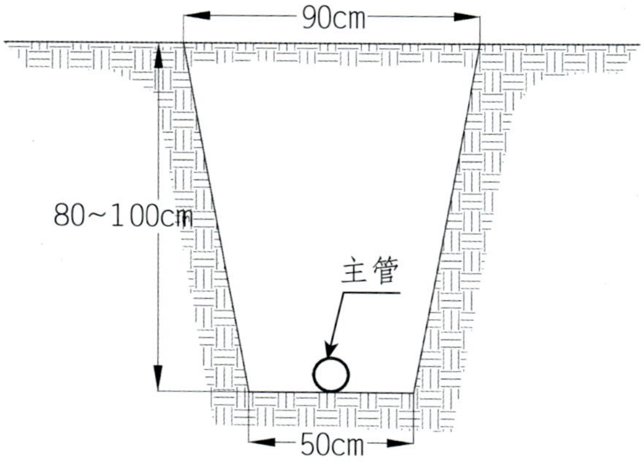


主管道剖面图

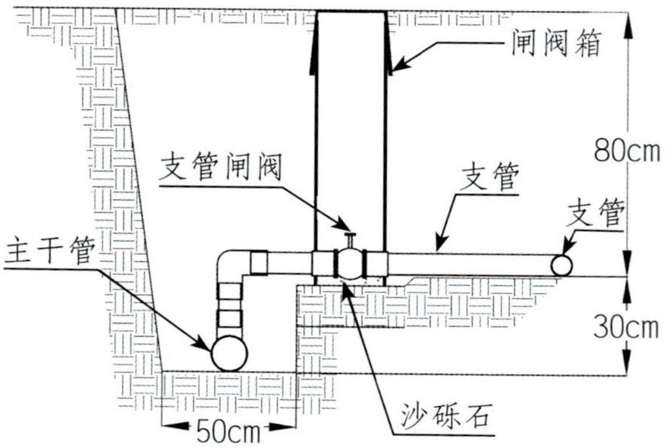


干管与支管的连接方式图

图4-48　管道安装详图

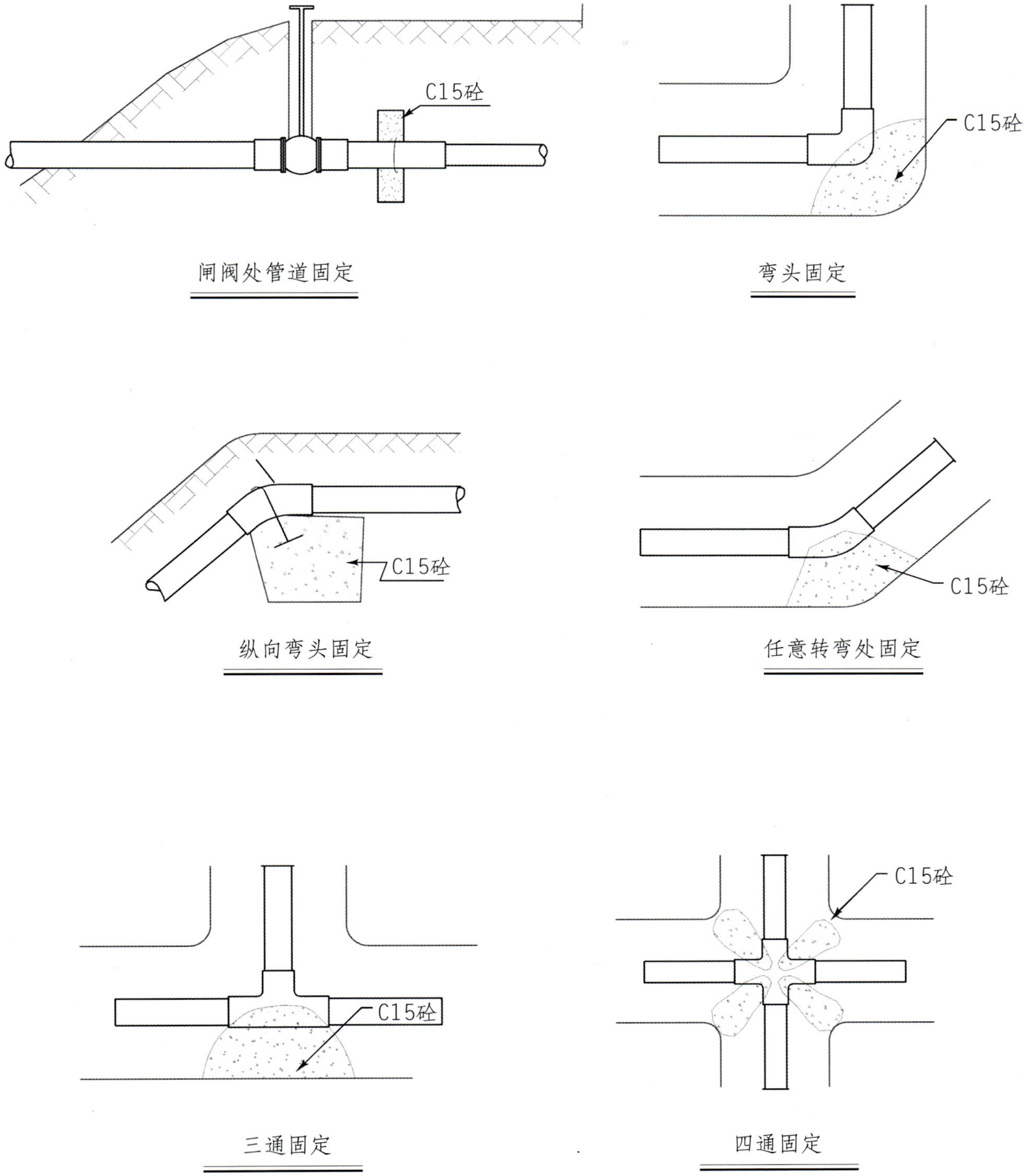
C15砼
闸阀处管道固定
C15砼
弯头固定
C15砼
纵向弯头固定
C15砼
任意转弯处固定
C15砼
三通固定
C15砼
四通固定

图4-49　管道固定详图

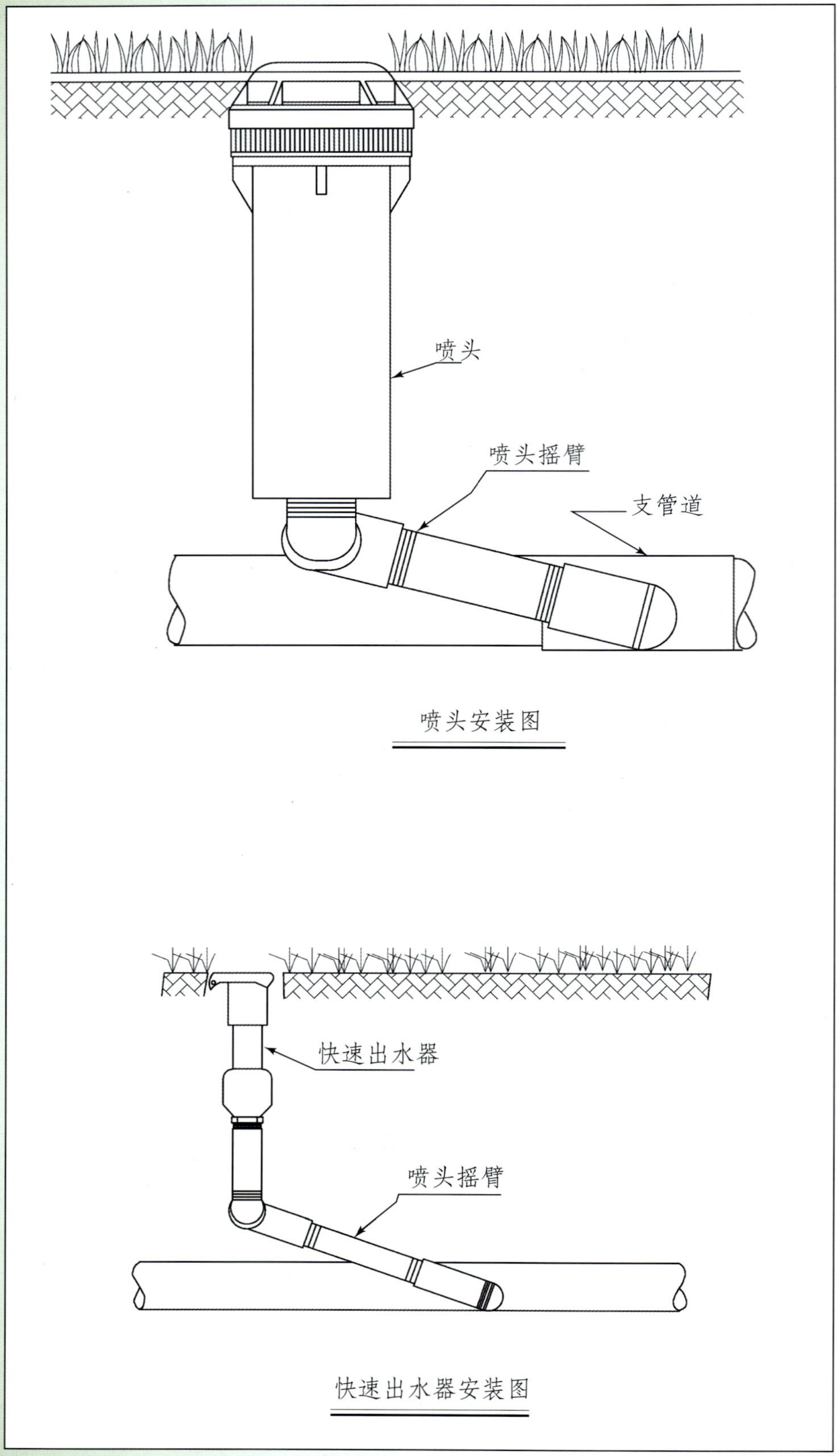


图4-50　喷头与快速取水器安装详图

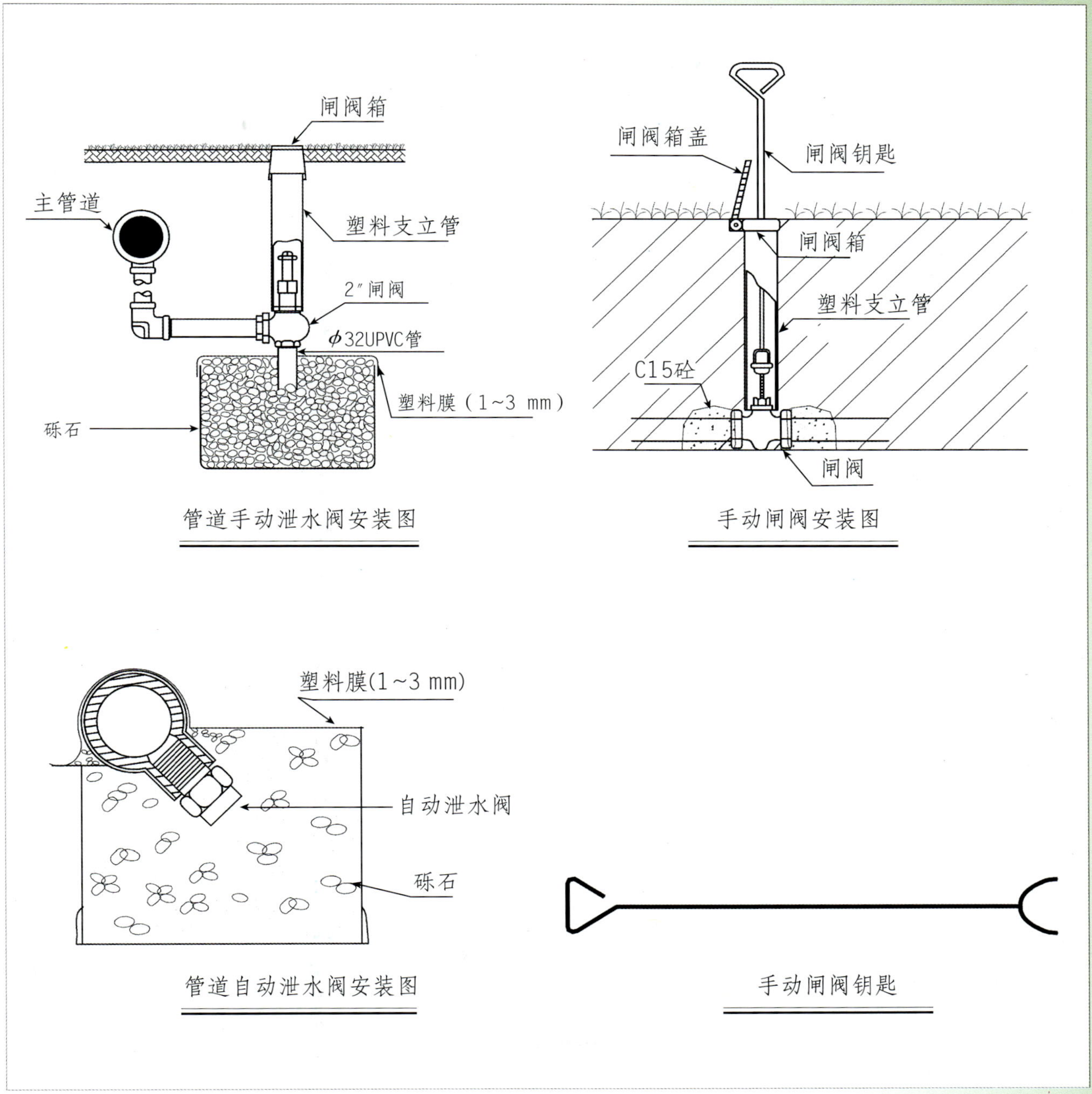
闸阀箱
主管道
塑料支立管
2″闸阀
φ32UPVC管
塑料膜（1~3 mm）
砾石
管道手动泄水阀安装图
闸阀箱盖
闸阀钥匙
闸阀箱
塑料支立管
C15砼
闸阀
手动闸阀安装图
塑料膜(1~3 mm)
自动泄水阀
砾石
管道自动泄水阀安装图
手动闸阀钥匙

图4-51　闸阀安装详图

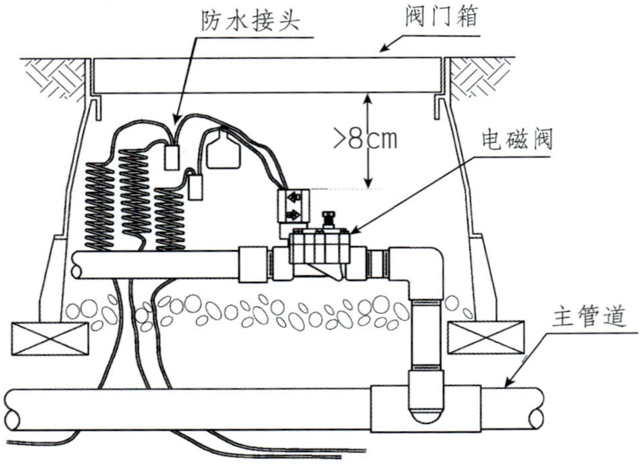


电磁阀安装图

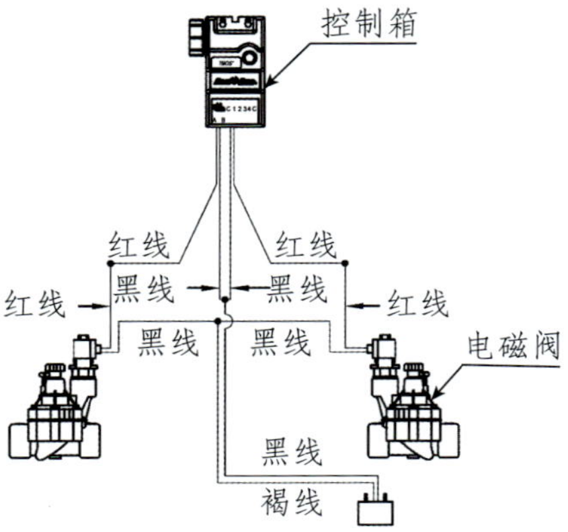


分控箱线路安装图

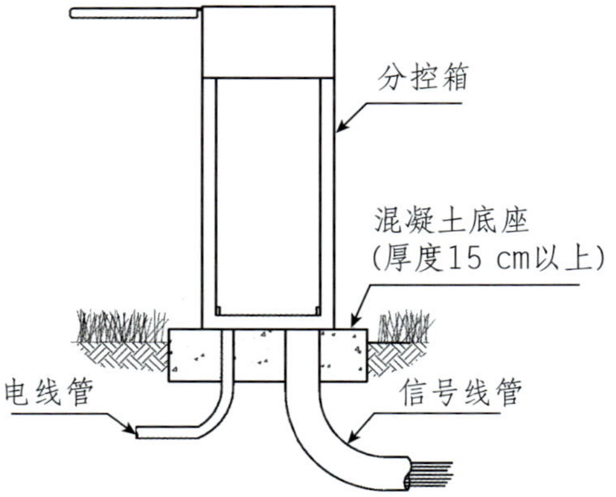


分控箱底座安装图

图4-52　自动控制系统电气安装详图

# 第四节　高尔夫球场水域详图设计

在高尔夫球场中通常会规划有湖面、小溪等水面，在进行球场施工图设计时需要对球场的水域体系进行详细的设计，用于指导与水域工程相关的各项工程。球场水域详图设计主要包括水面边坡处理、水面防渗、水面溢流和水面跌水等施工图的设计。

## 一、水面边坡处理形式

球场中对水面边坡进行处理一是为了稳定水面边坡，保护湖岸不被冲刷；二是为了使水面边坡具有较好的景观，以丰富球场的整个景观效果。高尔夫球场中的水面边坡处理主要有砌石边坡、木桩边坡、堆石与置石边坡和水草结合式的自然边坡等形式。

水面边坡是球场景观的一个重要组成部分，其处理形式及景观的优劣直接影响球手对球场总体景观的感受和对球场品质的评价，因此，在具体设计过程中应根据球场的总体风格和场地具体的地质条件、材料特性及当地材源等多方面因素，因地制宜地为球场的水面确立与之相适宜的水面处理方式，力求为球场创造一个优美和谐的水面景观环境。

### （一）砌石边坡

砌石边坡是以块石、碎石、条石或毛石等石材砌筑的墙体为水面的驳岸护坡，以增加水面边坡的稳定性（图4-53）。设计中砌石边坡的结构除了主体墙体外，还应包括墙体下承重的基础和垫层以及沉降缝与伸缩缝等。墙身的厚度和基础的尺寸应根据墙体的高度与角度、边坡地质情况等因素予以确定，具体的设计参数可以参阅相关的园林工程驳岸设计。

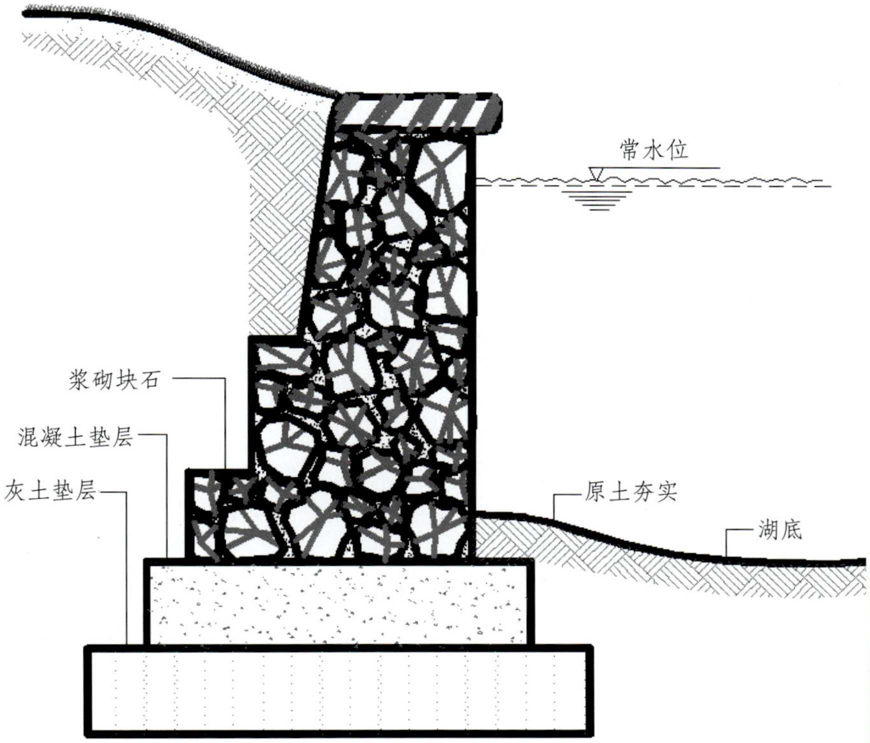


图4-53　砌石湖岸结构图

一般情况下，砌石边坡的墙体顶标高应较常水位标高高出20~50 cm。该高差不宜太大，否则会使墙体暴露出水面太多，影响水面的景观；当然也不宜过低，以免水对湖岸造成冲刷。具体的水位高差应根据湖面的汇水面积的大小、暴雨强度和湖面的泄排水能力等因素予以确定。

砌石边坡既可以是直壁的，也可以是斜面的，还可以是不规则的。所选用的石材也是多种多样，但最好取自当地或利用场址原有的石料（图4-54至图4-56）。

砌石边坡是球场所有边坡处理形式中相对比较稳定，对水面边坡保护较好的一种。在球场中，常用于临水的果岭边和发球台的边坡处理，以增加果岭与发球台边坡和基础的稳定性，也常用于边坡较陡的湖面和土质稳定性较差的湖面边坡处理。

### （二）木桩边坡

水面木桩边坡对球场景观具有很好的装饰作用，木质的材料使水面景观看上去更加柔和、自然（图4-57）。由于木桩边坡造价较高，在球场中使用不是很普遍。木桩边坡的材料可以使用经过防腐处理的枕木和不易变形的其他木材，也可以采用仿木桩的混凝土桩或其他形式的仿木桩。

木桩边坡的设计，不仅包括木桩本身的规格和安装方式，还应包括木桩基础的设计。关于木桩边坡的具体设计可以参考园林工程木桩驳岸的设计。

木桩边坡适合设置在临水果岭等重要区域的水边边坡处理，以便为这些需要重点装饰的景观区域创造良好的景观效果。

### （三）堆石与置石边坡

堆石与置石边坡是在水面的边坡上自然堆放和摆放石块，用以遮盖与保护水面的边坡，以防边坡土壤外露影响水面景观。经过精心合理设计的堆石和置石边坡可以为球场创造非常好的水面景观效果。堆石边坡比较适于湖面边坡坡度比较平缓的水面。堆石与置石边坡可以采用堆叠大块的岩石，也可以采用铺放较小的鹅卵石，将这些石材以一定的美学方式自然地堆放或铺放在水面的边坡上（图4-58）。设计时，应合理地确立置石的底标高和顶标高，以免在水面的水位降低时，边坡土壤暴露影响景观效果。置石的底标高应低于水面最低水位20~30 cm，置石的顶标高应高于水面的正常水位，置石的顶标高应具有变化，以丰富置石景观的美观效果。

在精致细腻风格的球场中，堆石和置石边坡处理是常采用的一种水面边坡处理形式。通过对水面边坡和岸边堆石与置石的巧妙设计，再加上园林植物的精心配置，可以使水面具有精巧细致的景观效果，体现球场精美细腻的总体风格（图4-59至图4-61）。

### （四）水草结合自然式边坡

水草结合式的边坡是在水面正常水位线以上的边坡上种植耐湿性能较好的野草或其他地被植物，使水面与草坪自然地衔接为一体。这种边坡处理形式，从景观上显得更加自然和谐，水面与草坪或花草自然地形成一个景观整体，给人一种自然、洁净、舒缓、平展开阔的美学感受（图4-62、图4-63）。

水草结合式的边坡是最简单、最经济的一种水面边坡处理形式，适合于水面边坡比较平

图4-54　碎石砌石湖岸

图4-55　河卵石砌石湖岸

图4-56　块石砌石湖岸

图4-57　木桩湖岸

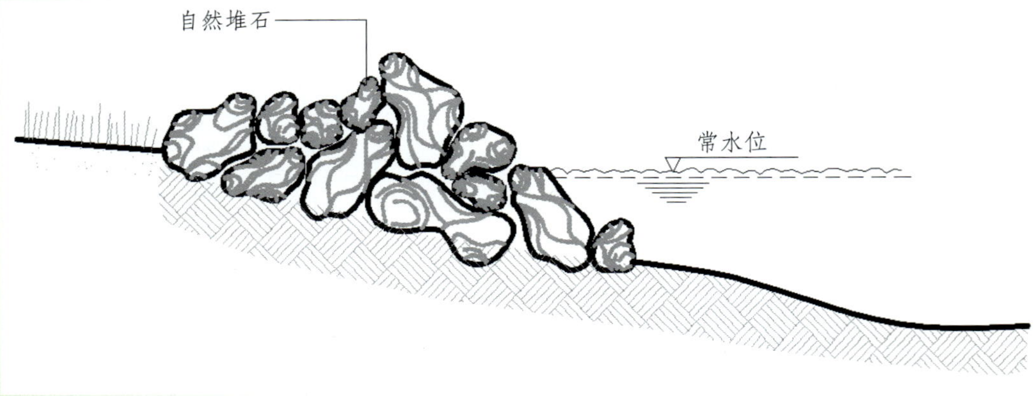


图4-58　自然堆石湖边坡图

图4-59　自然置石湖边坡

图4-60　自然堆置鹅卵石湖边坡

图4-61　自然堆石湖边坡

图4-62　自然野草湖边坡

图4-63　草坪与水面相接式湖边坡

缓、土质比较稳定的水面。水草结合式边坡会给球场养护带来一些不便，它需要湖面经常保持一个固定的常水位，以免水位降低将边坡土壤暴露，影响水面景观，同时也要避免水位过高，淹没水边草坪，导致草坪死亡。另外，水草结合边坡给水边草坪的养护也会带来一些不便。因此，在设计这种形式的边坡时，应考虑球场日后养护的难度，在设计时应尽量控制好边坡的坡面，选择好抗湿能力较强的草坪或地被植物。

## 二、水面防渗

由于水资源的不断匮乏，为了节约地下水资源，在高尔夫球场中对水面进行防渗处理已经变得越来越普遍。尤其在我国北方的球场，更是如此。高尔夫球场的水面防渗主要有土工膜防渗和黏土防渗2种形式。

### （一）土工膜防渗

土工防渗膜是球场中越来越被普遍采用的一种防渗方式，它具有防渗效果好、施工方便等诸多优点。球场中常用的防渗膜主要有PVC、RPP、EPDM、HDPE等（图4-64、图4-65）。

各种防渗膜都有不同的特性，有的防渗膜适于暴露于阳光中，如RPP和EPDM，而有的防渗膜则不适于暴露，如PVC和HDPE；有的防渗膜抗裂性强，而有的则抗裂强度一般。因此，在进行水面防渗膜设计时，应根据所选择的防渗膜的特性予以合理的设计。对于PVC和HDPE防渗膜，最好在防渗膜表面设计有30 cm的细沙覆盖层，以保护防渗膜免受阳光的辐射，并可防止膜体被尖硬物体损伤。

采用防渗膜进行湖底防渗时，应为湖底设计一个比较硬实、光滑的基础，以防止防渗膜被扎穿或被撕裂。基础的厚度和处理的方式，应根据所选择的防渗膜的种类和湖底原土质的情况予以确定。在铺设防渗膜的湖底基础上，应设计排气井和排气管，用于将防渗膜底部的气体外排，以防湖底产生的气体膨胀将防渗膜鼓起，造成防渗膜的损坏。对于地下水位较高的地区，在湖底基础上需设计引导排水的排水管或泵排水系统，以便在地下水位上升较高时将地下水引走，以防地下水位太高抬升防渗膜体，对防渗膜造成损伤。

### （二）黏土防渗

黏土防渗是一种传统的湖底防渗方式，它虽然没有防渗膜的防渗效果好，但比较经济和环保。常用的黏土防渗材料主要有红黏土和膨润土等。设计时，应根据所选择材料特性和对防渗效果的要求确定一个比较适宜的黏土铺设厚度。铺设厚度一般要达到30~50 cm。另外，设计时应该根据湖底土质的状况，对湖底基础予以合理的设计，使之具有比较硬实的基础及更好的防渗效果。

## 三、水面溢流

球场中的水面都是雨水的汇集区域，当水面的水位超过正常水位时，需要将过多的雨水

图4-64　湖底防渗膜铺设与水面置石处理

图4-65　水面防渗膜处理

外排，以免水位上升淹没草坪。球场中的水面，为了景观的需要都设计有一个常水位，因此，球场湖面雨水的外排常采用溢流的方式，将高于湖面常水位的雨水通过湖面的溢流口和溢流管外排到球场外的排水系统中。在球场湖面的雨水不能以溢流的方式外排的情况下，还需要设计强排系统，通过水泵来排除过多的雨水。

球场湖面溢流排水设计包括湖面溢流口设计和雨水强排系统设计。湖面溢流口设计主要是确定溢流口的位置、溢流口的尺寸和结构。溢流口的位置应选在距离球场外排水系统较近和利于溢流管布置的湖面边上。溢流口的尺寸大小取决于湖面的汇水量和常水位与湖岸的高差，湖面的汇水量按照以前所述的球场排水系统设计中最大暴雨强度汇水量的计算方法计算。根据湖面的汇水量可以确定溢流口的断面积，然后根据常水位与湖岸的高差，计算出溢流口的长度和高度，从而确定湖面溢流口具体的尺寸。

溢流口的结构应根据湖面的土质状况和溢流口的长度而定，可以采用现浇砼或砖砌、石砌等方式。

在具体的湖面溢流口施工图设计中，应在水域详图中给出溢流口的具体位置，并设计有溢流口的平面和断面图（图4-66），用于指导溢流口的建造施工。

湖面雨水强排系统的设计只是在球场中的雨水不能自然外排时需要，强排系统设计首先应计算湖面的汇水量，根据汇水量的大小来确定强排系统水泵的出水量，以此来确定抽水水泵泵组的型号和规格以及水泵房的大小和形式。

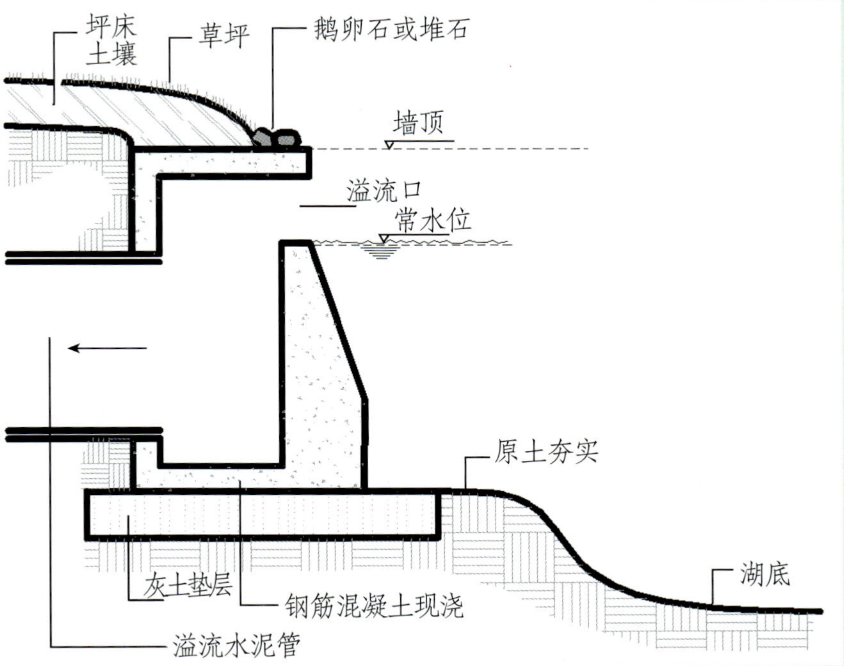

图4-66　湖面溢流口结构图

## 四、水面跌水

为了给水面创造一个动态的水景效果，在高尔夫球场的水面上有时会设计一些跌水，从而使水流动起来，丰富球场水面景观的效果。高尔夫球场水面跌水，可以利用湖面间的自然落差来创造跌水，也可以通过人工泵水来提高水位标高形成水面跌水。

进行水面跌水设计首先应在水面边选择好设置跌水的位置，跌水位置应选在利于球手欣赏的重点景观区域，以强化重点区域的景观效果，比如果岭边、发球台附近和会所附近等。

确定好跌水位置后，根据跌水的高差确定一种适宜的跌水方式，采用一阶跌水、二阶跌水或多阶跌水的处理形式使水面产生出较好的跌水效果。

球场中的跌水一般都采用岩石作为跌水材料，按照确定的跌水形式来设计石头的叠放形式。在进行石块的叠放布置设计时，应力求使石块的摆放生动、活泼、富有美感，并利于水流的跌起冲涌，以便更好地创造出浪花四溅的跌水景观效果（图4−67）。

图4-67　北京叠泉乡村球场的跌泉

跌水层次丰富,动感十足,气势磅礴。

## 第五节　高尔夫球场景观与园林植物配置设计

在高尔夫球场设计三要素中，景观要素占有非常重要的地位，它在很大程度上影响着球场的艺术性和球场的品质。因此，在球场设计过程中，设计师应对球场的景观予以精心的设计，使球场具有丰富的艺术价值。

### 一、球场造景艺术要素

高尔夫球场的造景艺术与园林造景有很多类似之处，球场中的景观大都借用园林造景的手法，将园林造景与高尔夫运动有机结合为一体，形成独具特色的高尔夫景观。从园林造景艺术来说，造景手法主要包括叠山造景、理水造景、建筑造景和植物造景。在这4种造景要素中，除了建筑造景在高尔夫球场中应用得比较少之外，其他3种造景方式都是高尔夫球场中常用的手法和主要的景观要素。在高尔夫球场中，从景观角度来看球场的土方和造形工程实际上就是叠山造景艺术；球场的水域工程就是理水造景的过程；球场中的植物配置就是利用植物进行造景。因此，球场造形设计、水域设计和园林植物配置设计实际上都是进行球场造景的设计过程。

高尔夫球场的造景要素除了这3个主要的园林造景要素之外，还有一个与普通园林不同的造景元素，它就是沙坑。沙坑是高尔夫球场有别于普通园林的一个独特的造景元素，沙坑是构成高尔夫球场景观的一个重要组成部分。

提及高尔夫球场景观，人们多会想到的是植物造景，事实上，在球场中上述4个造景元素同样重要，它们对球场的景观艺术价值都有极大的作用，在球场设计中都应受到同等重视。

### （一）叠山造景

在球场施工图设计过程中所进行的土方与造形设计的主要目的是使球场形成符合高尔夫运动规律的地形与起伏，以满足进行高尔夫运动的需要，但从园林造景角度来说，土方与造形的设计也是对球场进行叠山造景的一个设计过程，是为球场创造动感丰富、层次分明、起伏流畅等具有美学艺术的地形的一个设计过程，通过这些富有美感的地形设计将球场的美学艺术传递给球手。关于球场地形的设计在以前的球场造形图设计中已有论述，在此不再赘述。

在园林造景中，叠山造景不仅是指堆山造形，还包括堆石、叠石等造景方法，尽管堆石造景在高尔夫球场中没有园林上应用得那么普遍，但也常会出现在球场的景观之中，成为球场景观的一个组成部分。鉴于石材具有特殊的景观价值，在高尔夫球场中，堆石造景作为叠山造景的一个部分也是球场设计师常用的一种造景元素，设计师有时会因地制宜将这一造景元素应用到球场之中，使之与其他景观元素有机结合，共同展现球场丰富的景观效果（图4−68）。

石材景观在球场中的应用形式多种多样，通过对不同种类的石材的合理利用，可以创造出不同的景观效果。将石与水有机结合来创造丰富的景观在球场中应用得最普遍。在很多球场，我们可以看到在球场的一些局部区域，如会馆附近、水面边上、发球台和果岭附近，人为地堆置一些景观石，将石材这种景观元素植入到球

图4-68　乱石成趣

乱石与粗野的沙漠植物完美的结合，成就了球场独特的景观，凸现出球场的风格。

场中，为球场创造更加丰富的景观色彩和景观材质（图4-69）。石与植物相结合也能够创造出很好的景观效果。在有的球场，为了就地取材，因地制宜地创造景观，会将在球场中原有的或场地中挖方时以及石方爆破时产生的一些石块堆放或叠置在球道边来创造置石景观，这样既因地制宜地利用了现场原有的造景材料，又可以使球场景观与周边环境有机地融为一体，使球场风景更加自然和谐（图4-70）。另外，有些岩石本身也具有非常好的景观价值，可以单独作为一种景观。在有的球场，场址本身就以石林或裸露的岩石为主体风貌，岩石本身就是球场的一大特色。对于这样的球场，岩石就是球场的主体景观，在球场设计和施工过程中，应将每一处岩石予以充分利用，将它们与球场的特征区域以及其他景观元素巧妙地融为一体，使球场形成风格鲜明、与周边环境相协调的岩石景观（图4-71）。

图4-69　石草共融

通过对球场场址原有石材的巧妙利用，使之与水面和球道有机结合为一体，创造出了风格独特的自然石质景观。

在高尔夫球场中，采用堆石艺术手法来创造叠石的景观，最关键的是因地制宜，就地取材。球场面积很大，地域宽阔，不可能像在园林庭院的小环境中那样全部采用人为外运石材来创造比较集中的堆石景观。如需要设计石材景观，最好能就地取材，充分利用现场原有的岩石和石料。在场址没有石源的情况下，如需要布置一些石料景观，最好在局部的某些重点位置设置一些堆石和叠石景观，不应大范围地广泛使用，以免使球场的主体风格与周边环境不协调。

关于高尔夫球场中的堆石景观设计，可以参考园林叠石造景的艺术手法，球场中堆石石材的选择和堆石景观设计应考虑以下几个设计原则。

（1）堆石的位置设置应与球道的战略性相协调。岩石也是球场中的一种打球障碍，球打击到石头上时，会被弹击到无法预测的地方；球停留在堆石附近和岩石上时，会严重影响球手的下一杆击球，这些因素都会产生出打球障碍，使岩石给球手打球带来惩罚，因此，在

图4-70　石花相映

场地中自然堆放的乱石与野花相映成趣，
为球场增添了更加丰富的景观。

图4-71　巨石成林

天赐的富有个性的、宏伟的岩石群成为了Arrow Head球场最大
的特色，它本身就是一个极具艺术价值的景观元素。

进行堆石位置设计时，应充分考虑堆石对打球的影响，使之与球道的设计战略相辅相成。

（2）堆石景观应与球场其他景观元素相协调。设计球场堆石景观时，应与球场中的树木、花草、水面等景观元素有机地结合起来，使它们相互协作，共同为球场创造丰富多彩的景观环境，避免产生相互脱节、不伦不类的现象。

（3）堆石景观设置应与球场的地形相协调，使叠石堆山共同作用于一体，组成球场完美和谐的景观环境。

（4）堆石景观应与球场的总体风格相协调。

## （二）理水造景

水面在高尔夫球场中除了作为障碍之外，也是球场设计中极其重要的一个景观元素。由于水面本身所具有的独特的景观价值，使之成为球场设计师钟爱的一个造景元素（图4-72）。水是园林的血脉，水面具有丰富的艺术价值和内涵，在园林景观中占有非常重要的地位，这是由其本身的审美特征所决定的。

水具有柔性之美，具有可塑性。水体的柔性与球场地形的刚性可以创造出刚柔并济、气韵生动的美感。水具有洁净之美，清澈透明的水体会使人感觉清爽神怡，在球场绿色的草地衬托下的一汪碧水，会让人的心灵得到净化。水具有虚涵之美，平静的水面可以倒映万物，收纳万象于其中，给人一种亦真亦幻、似实似虚、变幻莫测的虚涵之美。水具有动感之美，水常给人一种静中有动、寂中有声的强烈感染力，球场中有了水这个活体的存在，就会更加富有生机，球场就似乎动了起来。水具有灵性之美，水是生命之源，球场中有了水，就会更加富有生命力，更富有活力和灵性。

球场设计师在进行球场水面设计时，应充分利用水的这些美学特性，并与球场的其他景

图4-72　水天一色映万物

蔚蓝的水面呼应着蓝色的天空和水中的倒影，与碧绿的草坪和多彩的树木一起为球场创造出了人间仙境般的景观环境。

观元素有机地配合，为球场创造丰富生动的水面景观。在球场规划和设计过程中，应有意识地对场址中原有的池塘、小溪、河流等给予充分的利用，创造球场的水面景观；在场址没有天然水系的时候，也可以通过修建人工水系创造出水面景观（图4-73）；在条件许可的情况下，如果能使水面动起来，则会使球场的水面景观更加丰富、富有动感（图4-74）。当然，球场水面景观的设计也应因地制宜，在水资源匮乏和不适宜建造水面的地方应减小球场的水域设置。水景的设计应与球场的总体风格相协调，不应随心所欲，乱加使用。

水具有流动性，也具有可塑性，对水面的设计实际上是对盛水容器的设计。高尔夫球场中水体景观的设计主要包括水面护坡处理、驳岸处理和跌水等内容，具体的水面施工图设计已在以前的水域工程设计时予以了详述。

### （三）沙坑造景

沙坑作为球场中的一个重要景观元素，不仅可以体现设计师或球场的艺术风格，而且可以创造出极佳的景观效果。沙坑的曲折流畅的线条和丰富的造形起伏本身就具有很好的美学特征，展示出很好的艺术美感（图4-75）。沙坑沙子的颜色和质地与植物或水面之间产生的强烈的反差，能够创造出视觉上强烈的对比，从而产生极好的景观效

图4-73　人工水景添丰采

守候在球道边的蜿蜒静谧的水面成为了球场中一道独特的景观。

图4-74　潺潺溪流活力生

潺潺流淌的小溪使整个球道似乎都动了起来，为球场增添了无尽的活力。

图4-75　整洁华丽的沙沆景观

简洁明快的沙坑线条和流动的起伏给球手带来无尽的美感。

图4-76　动感十足的沙沉景观

与球道蜿蜒相伴的风嶙沙坑创造出了动感丰富、流畅和谐的景观效果。

果。由于沙坑这一景观元素所具有的独特性，因此，在高尔夫球场中，它既可以被单独使用创造景观（图4-76、图4-77），也可以与水面景观配合应用，创造出水沙合壁的景观效果（图4-78），还可以与树木或野草等景观植物相配合，创造出具有强烈反差的迷人的景观（图4-79、图4-80）。

鉴于沙坑所具有的独特的景观价值，在球场的规划和设计中，球场设计师应对沙坑的景观予以精心考虑，不要把沙坑仅仅作为一种障碍来进行设计，应使沙坑充分体现其景观价值，将沙坑与其他景观元素有机地融合在一起，共同为球场创造优美的景观环境。

### （四）建筑造景

在高尔夫球场中，通过建筑物和园林小品来造景应用得非常少，园林设计中使用的亭、廊、榭、航、阁、塔等建筑物及园林小品在球场中很少被使用。球场中的建筑物比较少，并且主要是功能性的，主要包括休息亭、避雨亭和小桥等。在对休息亭、避雨亭和小桥等建筑物进行规划和设计时，应注意使它们的建筑风格与球场的总体风格相协调，应尽量使它们的建筑外形具有很好的景观装饰效果，为球场的景观添色增辉。这部分内容的设计隶属于土建类设计，在此不多赘述。

### （五）植物造景

植物造景是高尔夫球场中应用最广泛、最实用的造景手法。利用园林植物所具有的各种美学属性，通过对园林植物合理地搭配和巧妙地设计，可以为球场创造出丰富的美学价值和艺术价值。

树木在球场中的景观价值是毋庸置疑的，也是球场其他景观元素不能比拟的，这主要是因为树木是一种立体景观元素，较草坪、沙坑、水面等平面景观元素更富有变化性、更具有吸引力，更利于创造优美的景观效果。树木特有的立体景观特性使它在球场中具有特殊的景观价值，这主要表现在以下几点。

（1）可以分隔景观空间，使局部区域形成相对封闭的景观空间，吸引球手的注意力，烘托打球的气氛，增加打球的乐趣。通过树木在空间上的变化，可以使球道产生封闭或空旷

图4-77　组群沙沆景观

大面积的组合沙沆群为球道创造出非常优美的景观。

图4-78　沙坑与水面组成的球道景观

白色的沙坑与水面组成的海滩式的沙沆景观使球道景观更加丰富多彩。

图4-79 沙坑与茅草组合的球道景观

沙子的粗犷与茅草的野性相互映衬，与球场草坪对比强烈，形成了独特的景观效果。

图4-80 沙坑与树木组合的球道景观

白色的沙坑与缤纷的树木形成强烈的色彩反差，为球道创造出了美轮美奂的景色。

的视觉空间变化，从而变化球手的打球节奏。

（2）通过树木的合理配置，形成在高度和色彩上多个立体的景观层次，丰富球场景观的变化性。

（3）通过树木四季色相的变化，丰富球场不同季节的景观变化。

（4）在空旷的草坪上孤植高大的树木，利用树木宏伟庄严的景观效果，使球手的视觉空间产生变化，减少单调乏味的视觉感受。

（5）通过树木的合理布置，形成独立的背景空间，衬托打球的目标，使击球目标更加明显。

在本节以下的内容中，将针对园林植物的美学价值、高尔夫球场植物配置的艺术手法和具体植物配置设计等予以分别阐述。

## 二、球场园林植物的种类选择

### （一）园林植物种类

高尔夫球场中的园林植物按植物学特性可以分为树木、花卉、野草和草坪等几种类型。它们都是构成球场园林景观的主要组成部分，是球场中植物造景的主要元素。

树木通常是高尔夫球场景观的主体，是组成球场景观的主要元素。树木可以分为乔木和灌木2种类型，在球场的植物配置中一般常将乔木作为主体树种。花卉有多年生花卉和一年生花卉之分，在球场植物造景中，花卉是一种辅助元素，一般只在局部区域进行点缀，以丰富和变化球场景观的色彩，球场原场址的野花常被作为重要的景观植物。

草坪是球场进行高尔夫运动的载体，同时也是球场景观的基础，是球场景观布景的底色和背板，它为球场创造优美的景观环境和视觉效果打下了良好的基础。球场中，不同质地、不同色泽和不同修剪高度的发球台、果岭、球道和高草区草坪本身就是一种景观，它为球场的园林树木的配置和创造球场优美的景观效果提供了一个很好的背景。野草对于装点球场的景观也有很好的效果，野草在质地和色泽及高度上与球场的主体草坪都有明显的反差，可以产生鲜明的对比；野草在色泽上的季节变化，可以丰富球场景观的变化性；野草自然式的生长习性和状态，可以使球场显得更加自然和谐。球场场址原生的多年生的野草可以作为很好的材料装饰球场，商业上的野草组合草种也可用于创造球场的野草景观。

园林植物之所以能被广泛地应用到球场之中，除了使球场具备运动功能之外，还主要是为了使球场具有丰富的艺术价值。园林植物具有的丰富的美学属性，可以极大地提高球场的景观价值，园林植物不仅具有色彩美、姿态美、香味美、声响美和光影美等物理方面的属性美，还具有刚直美、高洁美、雅逸美和潇洒美等精神方面的属性美。因此，园林植物在生物学上的类型只是它的表观属性，而更深层次的艺术属性则表现在它的审美价值上。

按照园林审美功能和观赏角度来分类，球场中的园林植物可以分为观花类、观果类、观叶类、观干类和地被类等。其中，每个类型都有众多的品种，不同类型之间有时也会有一定的交叉。

1.观花类

图4-81 球场的观花类植物

果岭边的这株盛开的樱花树昭示着春天的生机，为球场平添了几分美丽。

观花类园林植物的景观主要表现在花的色、香、姿的美丽，在树木枝叶的映衬和烘托下，花木更具有妖娆、妩媚的丰姿和色彩，花木芬香的气味也使人陶醉（图4-81）。球场中观花类园林植物以花灌木为主，如连翘、迎春、丁香、棣棠、榆叶梅、珍珠梅、绣绒菊、牡丹、黄刺玫、锦带花、猬实、天目琼花、香荚蒾、云南黄馨、夹竹桃等。

部分乔木也具有观花的园林价值，如玉兰、碧桃、樱花、海棠、紫薇、栾树、合欢、木棉、紫荆、杜鹃、相思树、桂花、流苏树等。

草本花卉也是球场中常使用的观花植物，如多年生的野菊花、鸢尾、桔梗、火炬花、美人蕉、唐菖蒲、毛茛、委陵菜、三叶草、二月兰、一二年生的三色堇、飞燕草、花菱草、虞美人、月见草、美女樱、波斯菊等。

2.观果类

在树木枝头上色彩缤纷、硕果累累的果实，也是一种景观，它会让人感到生命的充实和收获的喜悦。在高尔夫球场的植物配置中加入一些观果类的树木，可以丰富景观的色调和观感。球场中常用的观果类的园林植物主要有：金银木、石榴、柿、山楂、胡桃、丝绵木、四照花、接骨木、紫珠等。

3.观叶类

很多园林植物的叶片随着季节的变化，在颜色上会发生明显的变化，从而增加球场景观色彩的变化。不同色泽的叶片点缀在绿色的背景中，可以产生色彩丰富的景观效果（图4-82）；而成片的色彩绚丽的叶片也可以形成一道美丽的风景。球场中常用的观叶类的植物主要有：枫树、黄栌、紫叶李、银杏、椿树、柽柳、乌桕、火炬树、火棘等。

4.观干类

观干类树木的主要特征是高大、宏伟、雄壮、挺拔、气势轩昂，可以产生一种刚直不阿、积极向上的美感。另外，某些园林树木的枝干具有与众不同的质地和色泽，也是一种别

图4-82　球场的观叶类植物

火红的枫树使球场变得更加妩媚动人，让人感觉到秋天的脚步已来临。

图4-83　球场上的观干类植物

光秃秃的灰白色树干与绿色的草坪形成强烈的反差，也是一道独特的风景。

样的景观（图4-83）。在球场中，常用的观干类的树木主要有：银杏、香樟、珊瑚朴、银桦、白皮松、白桦树、梧桐树、紫薇、紫竹、红瑞木等。

5.观冠类

观冠类树木的主要特征是枝冠茂密、姿态优美。形态各异、树形美观的树木为球场的景观增添了几分妩媚动人的丰姿，使球场景观更加生动活泼（图4-84）。观冠类的树木是球场树木配置的主体，这类树木主要有：油松、香松、罗汉松、香樟、国槐、栎树、榕树、柠檬桉、皂荚、龙爪槐、悬玲木、垂柳、馒头柳、糠椴、枳椇等。

6.地被类

地被类园林植物是球场景观的一个绿色背景，主要以草坪和一些护坡类地被植物为主。地被植物不仅可以充当景观的背景，有时它们本身也是一种非常有特色的景观（图4-85）。球场中除草坪之外，场址内原生的野花和野草也是很好的地被植物，具有很好的景观装饰效果（图4-86）。球场中常种植的地被植物主要有：白三叶、匍地柏、委陵菜、蓬莽菊、大叶油草、狼尾草、羊茅、爱德荷翦股颖、小糠草、格兰马草、商业野草组合、野花组合等。

## （二）园林植物选择

高尔夫球场中的园林植物的选择主要从植物的景观价值、养护管

图4-84　球场的观冠类植物

果岭边的大树枝繁叶茂、蔚为壮观，给果岭平添了几分姿色。

图4-85　球场的地被类植物

混合的野花和野草可以为球场创造出迷人的景观。

图4-86　场址原生的野草

将球场原生的野草予以保留和合理利用可以创造出别样的景观。

理和运动功能三方面予以考虑，其中前两项是需要着重考虑的主要因素，在具体进行球场园林植物选择时，可以参考以下原则。

（1）选择的园林植物应适应当地的气候、土壤条件，对球场当地的病虫害具有良好的抵抗能力。

（2）选择的园林植物应具有丰富的变化性，无论从观赏角度、美学功能和植物的类型与品种等各方面都应具有丰富的多样性，避免植物种类过分单一。

（3）选择的园林植物应利于球场的养护管理，尽量少选择飘絮、落叶多的树木，不要选择具有怪异气味和容易诱发病虫害的树木。

（4）选择的园林植物应适合球场不同特征区域对植物的要求，针对不同区域选择适当的园林植物。

（5）选择园林植物时，应注意不同种类植物间生长习性和生物学特性的相容性，避免不同种类植物间生长产生严重的交互影响。

（6）应针对不同的利用目的和使用功能选择与之相适宜的树种，充分发挥园林植物应有的价值。

在进行球场园林植物选择前，应对球场当地的气候条件和球场场址的土壤、水质等状况进行充分、细致的了解与分析，应对当地适生的园林植物种类全面进行了解，以便为球场园林植物选择做好充分准备。

在具体进行球场园林植物选择时，应首先考虑球场的整体风格，使所选择的园林植物与球场的风格相辅相成，充分体现球场预定的风格，然后根据园林植物在球场中所担负的各种功能属性和上述选择原则，为球场确定适宜的园林植物种类。

高尔夫球场分布的地域非常辽阔，各球场的园林树木的种类千差万别，对球场园林树木的选择没有一个固定的模式，主要是因地制宜，因球场的风格而宜。与球场的园林树木相比，适用于球场的草坪植物种类相对较少，选择起来相对容易，选择时，根据球场的不同气候条件和球场各特征区域对草坪的功能的要求进行合理地选择。关于如何选择球场的草坪草种和品种，参见作者所编著的另一部书籍《高尔夫球场建造与草坪管理》和其他相关的书籍。

## 三、球场园林树木的布置形式

球场中原有的树木多是自然式的植物群落，具有天然的植物组成和自然景观，因此，对于新栽植的树木最好的配置方式也应该是自然式的，使之具有自然天成的景观效果。园林树木布置的形式主要有以下几种。

### （一）孤植

孤植是指单一种植的独立树木，用以表现树木的个体美。在天空、水面和草地等自然景物为背景的衬托下，突出孤植树木在形体和姿态等方面的特色。孤植并不单指种植一株树木，它可能是两株或多株的同一种树木紧密种植在一起形成的一个树木单元。

孤植作为园林构图的一部分，它不应该是孤立的，应与周围的环境和景物相协调，要与周围的景物互为配景。在高尔夫球场中，在个别的球道中、果岭与发球台附近可以采用孤植的树木布置形式。为了达到孤植的效果，所选用的树木应该具有较大的树冠、奇特的姿态、丰富的线条等方面的特点，以突出它与附近树木的个体差异（图4-87）。

图4-87　孤植在果岭边的巨树

孤植在果岭边的这株巨树，雄壮宏伟，气宇轩昂，将果岭烘托得格外醒目。

在空旷的球道中孤植树木，不仅可以展现树木本身的雄姿，还可以变化打球的视觉空间，甚至增加球道打球的战略性（图4-88）。球道中孤植的树木在很多时候都具有障碍作用，会对球道的战略性产生明显的影响。在果岭附近采用孤植的方式布置树木，可以指示果岭的位置，引导球手的打球方向，还可以使果岭这个被攻击的目标更加醒目。在发球台附近孤植巨大的树木可以改善发球台附近的景观环境，也为球手等待开球时乘荫纳凉提供了场所。

适于作为孤植的树木常为观冠类树种，如元宝枫、香樟、七叶树、油松、雪松、榕树、银杏、国槐、樱花等。

图4-88　孤植在球道中间的树木

孤植在球道中间的这组雄伟的树木，使本来很宽阔的球道显得有些狭窄，它对视觉空间的分割产生了明显的作用。

### （二）对植

对植是指两组相似的树木，按一定的轴线关系，以对称或均衡的方式进行布置。在球场中，这种树木布置形式很少被采用，仅出现在球场进出场道路的入口或会所附近，球道中几乎不使用对植的树木布置形式。

### （三）列植

列植是指树木以成行的方式进行栽植，以体现整齐、单纯、景物纵深、富有气魄的景观效果。在高尔夫球场中，列植的树木布置形式采用得比较少，仅用于球场进出场道路两侧和球场场地四周，用以形成树屏，隔离球场外的不良环境。在球道中，一般不会采用这种树木布置方式（图4-89）。

## （四）丛植

从植是指两株以上同种或不同种类的树木以一定的关系予以组合布置的配置形式。丛植是比较自然的一种树木布置方式，既能体现树木的群体美，也能表现出树木的个体美。丛植是高尔夫球场中最常用的一种树木布置形式。

丛植设计应处理好树木间距和树木种类之间的关系，在丛植的树木布置形式中，合理的树组之间的间距可以使树组间形成有机的联系，使树木在空间上疏密有致，产生美学的视觉效果；树木种类的配置对于丛植的效果也有很大的影响，不同树组间阳性与阴性的搭配，不同树木形态的搭配，乔木与灌木的组合可以使丛植的树木产生出不同的景观效果（图4-90）。

丛植的形式主要有两株组合、三株组合、四株组合、五株组合以及多株组合。两株配合最好采用同一树种，以便树木的配置相互调和，但两株树木不应选择大小、体形、高度上都相同的树木，以避免在搭配上过分呆板，最好使它们在姿态、大小等方面有一定差异，以便使组合产生变化和动感。在采用三株树木组合配置时，应避免将三株（组）树木以直线布置或正三角形布置，最好采用2：1的布置形式，使中等树组距离最大或最小的树组稍远一些。另外，三株组合选用的树种最多为2种，不宜选择3种不同的树木。在采用四株组合进行树木配置时，最好选择一个树种，最多不能超过2个树种，以免产生不调和的现象，但树木在形态、大小和高度上应有一定差异。四株组合的树木布置方式可以采用1：3，2：2或2：1：1的布置形式。采用五株组合布置树木时，可以选择在树形和大小都不同的一种树木或者两种树木，采用1：4或2：3的布置方式。利用多株组合布置树木时，在树种选择上也不宜种类过多，树木的布置形式可以参考五株组合的布置方式。

图4-89　列植在球道两侧的树木

以列植方式种植在球道两侧的树木，使球道显得笔直、生硬，缺少变化，失去了树木布置的艺术性，列植方式不适于球道的树木布置。

图4-90　丛植在球道边的树木

丛植在球道边的树木在形态、大小和空间关系上都很富有艺术性，是丛植方式成功运用的范例。

在高尔夫球场中，在以树木作为球场景观点缀的情况下，常使用丛植的方式进行树木的布置，在球道的隔离带、发球台和果岭附近都可以采取丛植的方式，通过对树木在种类、形态和空间关系上的合理配置，使丛植的树木形成丰富的球场景观。

### （五）群植

群植是指树木的群体组合，利用大量树木的集中布置，表现树木的群体美。树群可以分为单树种树群和混交树种树群。单树种树群全部由单一的树种组成，混交树种树群由多树种组成，更加富有层次感，从高到低可以分为乔木层、亚乔木层、大灌木层和小灌木层等几个层次。由于不同层次之间树木高度的差异，每个层次的树木都可以暴露出来，使整体树群具有丰富的层次，产生层次分明、形态各异的优美的景观效果（图4-91）。

图4-91　群植在果岭边的树木

对不同种类、不同高度、不同形态和不同颜色的树木以群植方式予以巧妙的搭配，可以产生层次分明、色彩丰富的景观效果。

群植树木应有疏密的变化，不应布置成等边三角形或直线形式。树群内树木的组合要注意树木形态的搭配和对不同生长习性的配置，使树群中的树木从形态到生长习性都可以相容。

在高尔夫球场中，群植是常采用的一种树木布置方式，尤其在果岭的后面群植树木更是被经常使用，在果岭后方布置成群的树木，可以使果岭具有一个层次分明的背景，将果岭这个被攻击的目标衬托得更加醒目，使果岭区具有优美的景观环境供球手观赏。在以树木为主要风格的球场中，树木群植更是普遍采用的树木布置方式。在空旷的球道隔离带上，布置大量的树木，既作为球道的背景将球道烘托得更加明显，又作为球道分隔带将球道自然分隔开来（图4-92）。以群植

图4-92　群植在球道边的树木

对如此丰富的树木加以合理的群植布置，充分体现了群植树木的艺术效果。

方式布置树木时，应注意树木种类、形态、高度等方面的合理搭配，不是种类越多就越好，而是在于树木的合理选择与搭配，过于纷杂的树木种类再加上不合理的配置容易产生非常杂乱的现象，使树木群植的景观效果适得其反（图4-93）。

图4-93　配置拙劣的群植树木

尽管树木种类也很丰富，但拙劣的布置方式使树木的群植显得杂乱无章，失去了应有的艺术性。

### （六）篱植

篱植是以绿篱和条带状的方式进行树木布置的一种形式。它的布置形式比较规则，既具有观赏功能，还具有隔离功能。适于篱植的园林植物主要是灌木和小乔木。

篱植在高尔夫球场中应用得很少，常用在会所区域和道路旁边，也偶尔用于发球台附近和球道隔离带的区域。

## 四、球场园林植物配置的艺术手法

高尔夫球场中的园林植物配置应既能体现出植物个体与群体的形式美，又可以表现出植物景观的意境美，通过对园林植物的形体、线条、色彩和质地的巧妙利用，可以使园林植物景观产生出诗情画意的艺术效果。要使园林植物配置达到这种艺术效果，应遵循以下的一些植物造景的原则和艺术手法。

### （一）变化与统一

变化是高尔夫球场设计永恒的主题，它同样适用于球场的园林植物配置。在进行园林植物配置时，通过树木的树形、色彩、线条、质地及比例的变化，可以丰富园林植物所产生的景观，使景观具有多样性（图4-94）。没有变化，景观就显得平铺直叙、单调乏味。但变化也是相对的，在力求景观变化的同时，也应注意植物配置的统一性，缺乏统一性，只求变化，景观整体就会显得杂乱无章，支离破碎，从而失去美感。因此，在进行园林植物配置时，应做到和谐的统一，应使园林植物既保持它们之间的相似性，具有统一感，又应富有变化性，使景观生动活泼，即在统一中求变化，在变化中求统一。

图4-94　变化与统一

在高大的松林背景下加入几株低矮的开花小乔木，既改变了松林单调的景观，也作为松林的一个低矮的景观层次与整体景观和谐统一为一体，实现了变化与统一的完美结合。

在进行球场园林植物配置时，为了实现变化与统一的原则，在选择球场树木种类时一般常选择几个树种作为球场的主体树种，然后在主体树种之下，在球场的不同区域布置各自不同的种类的树木，以求得变化性，实现统一中的变化。

### （二）调和与对比

调和是指园林植物配置的协调性和近似性，具有调和特点的植物配置会使之产生一种协调感，产生平静、舒适和愉悦的美感。对比是指植物配置间的差异，通过植物配置的明显的对比性，使区域景观的主题更加突出，产生强烈的视觉刺激感，令人振奋和愉悦。

在球场的园林植物配置中，调和与对比也是常用的一种艺术手法，在球场的局部区域通过使用对比的植物配置手法，可以突出某个重点区域的景观效果，使之更加引人注目，产生热点鲜明的效果（图4−95、图4−96）。

图4-95　色彩的对比

通过树木色彩的强烈对比可以极大地丰富球场的景观。

图4-96　树形的对比

树木形态的强烈对比也是调和与对比艺术手法的具体体现，可以丰富球场树木布置的艺术性。

### （三）韵律与节奏

在进行树木布置时，将树木按一定关系加以有规律的变化，产生一定的韵律节奏，从而产生韵律变化上的一种美感。在球场园林植物布置中，韵律与节奏也是常用的一种艺术手法，合理地利用韵律与节奏的艺术手法，可以避免植物布局的呆板（图4-97、图4-98）。

在球场中，韵律与节奏的艺术手法不仅可以用于植物布置，也可以在球场各种各样、丰富多变的线条中予以广泛的应用。球场中的地形起伏具有丰富变化的线条，沙坑、果岭和球道轮廓线等也都具有流畅多变的线条，如果以韵律与节奏的艺术手法，对这些丰富的线条予以巧妙的设计，可以在它们之间建立有机的联系，使它们产生一定的关系，从而产生一定的韵律和节奏，为球手展示韵律和节奏极其丰富的美感（图4-99）。通过韵律与节奏的艺术手法的合理运用，可以使球场中丰富的线条曲线不再呆板、呆滞，使它们赋予活力，产生无尽的美感。

### （四）均衡与稳定

植物本身的体重、色泽和质地会给人一种轻重不同的感觉。在进行球场植物配置时，应注意植物这种重量感上的差别，力求通过植物的合理布置使球道的布局具有均衡感，产生一种和谐稳定的美感。景观配置的均衡性包括对称式均衡和不对称式均衡2种形式。不对称式均衡又称自然式均衡，在高尔夫球场中，常采用的是自然式均衡的艺术手法，很少采用对称式均衡的方式。在球场的园林植物布局中，在很多区域都可以采用均衡与稳定的艺术手法来创造美学效果，无论在球道两侧、发球台边，还是在果岭附近，都可以通过使用这

图4-97　体量的韵律

种植在果岭边的这些桧柏，通过对树木大小和空间关系的合理配置，使得原本单一的树木避免了单调性，产生了强烈的节奏感。

图4-98　韵律缺失

种植在果岭后边的这排树木显得非常呆板，缺乏韵律感，失去了艺术性。

图4-99 线条的韵律

沙坑的线条与周边的地形起伏轮廓遥相呼应，具有明显的韵律与节奏感。

种园林艺术手法使植物的布局产生很好的艺术效果，创造出和谐、平稳、稳重的景观效果（图4-100、图4-101）。

### （五）色彩和季相

园林植物在枝干、叶、花、果等方面都有着十分丰富的色彩。在进行高尔夫球场植物配置时，应注意对它们的色彩利用，使园林植物组成的球场景观形成色彩缤纷的画卷，具有丰富的艺术性。球场园林植物配置色彩的运用，既可以使用单色来点缀，产生“万绿丛中一点红”的艺术效果，也可以使用多色配合、色彩对比等手法丰富植物景观色彩的变化性（图4-102）。

另外，对园林植物色彩的配置，还要注意植物色彩在季节上的变化性，通过对植物的合理配置，充分利用植物季相的变化，使植物景观在不同的季节有不同的色彩。球场中，理想的植物季相配置可以展现“春之盎然、夏之妖艳、秋之妩媚、冬之祥和”的艺术效果。

总体说来，上述球场园林植物配置的艺术手法，主要是以美学的方式处理球场园林树木之间搭配的一些关系，其中包括树木高与低、疏与密、大与小的关系，以及树木在形态和色彩等方面的搭配关系。

## 五、球场不同区域的园林植物配置设计

对高尔夫球场的园林植物配置设计实际上是对球场各个区域进行植物配置，在遵从球场总体风格的前提下，按照园林植物配置的原则和艺术手法，将球场划分为若干个景观区域，针对球场中的每个不同的区域确定植物配置的理念，选择适宜的树木，加以合理的配置设计，从而实现球场中每个局部区域的植物配置，也就完成了整个球场的园林植物配置。

球场的园林植物配置设计是在球场造形图的基础上进行的，在造形图已经设计好的地形上，按照不同的景观区域，分别予以植物配置设计。通常，使用1:1 000或1:500的比例图进行球

图4-100　均衡

种植在发球台前方左右两侧的两颗大树，使左右球道显得比较平衡稳定，同时也使球道产生了夹景的景观效果。

图4-101　稳定

种植在果岭后方的三株大椰子树使果岭的布局显得非常稳定。

图4-102　缤纷的色彩

五颜六色的树木将果岭装点得分外妖娆，形成了一幅宛如仙境的画卷。

场的植物配置设计。在球场植物配置图中，应用不同的符号来清晰地标示植物的种类、具体的位置和树木的大小（图4－103）。在图纸上完成植物配置设计后，应按照植物的种类统计树木的数量和苗木规格，出据苗木清单。

尽管前述的园林植物配置形式和艺术手法都适用于球场各个区域的植物配置设计，但由于球场不同的特征区域的作用都不同，因此，它们对园林植物配置的要求也有一定的差别，以下就球场不同特征区域的植物配置设计予以分别介绍。

### （一）发球台区植物配置

发球台区是球手驻留时间比较长的一个区域，球手可以有较长的时间欣赏发球台区的景观，因此，应对发球台区的景观予以重点地精细布置。发球台区的植物景观配置应该考虑以下因素。

（1）为丰富发球台的景观，选择的树木在形态和花色上最好应具有丰富的变化性，在发球台附近可以布置一些花灌木、野花野草和配置一些树形比较好的乔木，给发球台创造优美的树木景观环境（图4－104）。

（2）发球台区的树木配置应考虑球手乘荫的需要，在发球台附近孤植或从植几株树冠较大、遮荫性较好的乔木，可以使球手在等待开球时休息纳凉（图4－105）。

（3）发球台区树木配置应考虑树木对打球线路的影响，不要将树木布置在阻碍打球的线路上，尤其要考虑前面发球台附近的树木布置对后面发球台开球的影响。

### （二）果岭区植物配置

果岭区也是球场中园林树木景观设计的重点区域，球手在攻击果岭目标和在果岭上推球时都可以欣赏果岭区的园林景观。果岭区的树木配置多数情况下是将树木作为景观背景，用以衬托果岭，使果岭作为攻击的目标更加引人注目。良好的树木配置，可以使果岭区形成由草地、灌木、乔木组成的多个层次的色彩缤纷的立体背景画卷，将果岭更加醒目地展现于球手面前（图4－106、图4－107）。果岭区的树木配置设计应考虑以下原则。

图4-103　球场景观与园林植物配置图

图4-104　花海中的发球台

种植在发球台边的野花是一种别样的景观，可以使球手产生在花丛中开球的感觉。

图4-105　孤树成荫

位于发球台边的这棵巨树既具有很好的观赏价值，也为球手乘凉提供了方便。

图4-106　立体的画卷

布置在果岭后面、层次丰富的群植树木为果岭创造了景观极佳的背景，将果岭烘托得格外明显。

图4-107　精巧的搭配

以丛植方式布置在果岭后方的树木与果岭周边的景观搭配得天衣无缝，也为果岭提供了很好的背景景观，极具艺术性。

（1）果岭区选择的树木种类和树木形态应利于创造与烘托果岭的背景。

（2）在距离果岭很近的区域最好不要配置生长非常低矮的灌木丛，以免影响打球。

（3）果岭区的树木配置应充分考虑果岭区的空气流通和树木遮荫对果岭的影响，避免将果岭区三面都布置密集树木，以免影响果岭区的空气流动和导致严重的遮荫，给果岭的草坪管理带来麻烦（图4–108）。

图4-108　过密的树林

如此密集的树木环绕在果岭周围，会给果岭的养护管理带来很多麻烦。

（4）果岭区内应尽量少配置落叶较多的树种，以减小过多的落叶给草坪管理带来不便。

（5）果岭区内的树木配置应考虑树木根系对果岭草坪生长的影响，应尽量少选择根系生长较浅的树种，最好选择根系生长较深的树种。

（6）进行果岭区树木布置时，应考虑球手进出果岭的通道，应留出多个可以进出果岭的线路，以免单一行走线路对果岭局部区域草坪产生严重的践踏损伤。

## （三）球道隔离带的植物配置

球道间的隔离带是球场园林树木布置的主要区域，球道隔离带间充裕的空间利于园林植物的集中布置。位于球道边的树木不仅具有景观作用，而且会对打球产生障碍作用，影响球道的打球战略，尤其位于球道中间的种植树木更是具有障碍功能和战略价值。距离球道比较远的园林树木，主要起到景观的功能，将球场装点得更加丰富多姿，更富有艺术性（图4–109）。

图4-109　曲径通幽

位于球道两侧茂密的树林为球道创造了很好的背景，使球道产生了曲径通幽的意境。

在球道外的两侧和非打球区域，合理地配置一些茅草或野花和野草，也可以创造出非常漂亮的景观效果（图4–110），野花

图4-110　野趣横生

在非打球区合理地布置野草丛和矮灌木丛也可以创造出迷人的景观效果。

和野草也是装点球道隔离带和非打球区重要的景观植物。在进行球场园林植物配置设计时，应根据球场的风格和球场场址的环境条件，确定是否使用野花和野草景观，并对它们进行合理的搭配设计。

进行球道隔离带这种大面积的植物景观配置设计时，应首先针对每个球道或区域进行景观配置立意，计划好每处景观的意境，然后根据所需要的景观意境去选择和配置适宜的树木和其他园林植物（图4－111）。对球场中每处景观区的立意，不仅要考虑景观区本身的艺术性，还要考虑景观对高尔夫运动的作用，要充分考虑球场景观对球手打球心理、打球节奏和

图4-111　形散却神聚

以丛植布置方式零散布置在球道两侧的树木，通过合理的配置同样可以产生很好的艺术效果。

打球娱乐性等多方面的影响，以确定一个适当的景观意境。

球道隔离带区的树木配置设计应考虑以下原则。

（1）具有打球战略性的树木，应选择树形较好、比较高大的乔木，使之作为打球的战略目标更加醒目突出。

（2）位于球道边缘的树木，应配置树冠较高、树冠较开放、根系生长较深的树种，以减少树木对打球的影响，减小树木对草坪生长和草坪管理的影响。

（3）不同的球道间的隔离带和不同的景观区域的树木景观配置应具有一定的变化性，以丰富球场的景观。

（4）树木的布置应具有丰富的曲线线条，尤其是球道边缘的树木，避免以直线的形式布置树木。

### （四）水面区的植物配置

水面本身就是一种很好的景观，在高尔夫球场中的水面大多都具有障碍功能，因此，球场中的水面区一般不宜配置过多的高大树木。在不影响球道打球战略的局部水边区域，可以布置一些景观植物，以丰富水面景观的变化，改变水面形体与色彩单调的平面。

无论是淡绿色的水体还是蔚蓝色的水面，它们都是一个很好的背景，是调和各种园林植物的底色，可以烘托水边植物的美丽。尤其对花色绚丽的灌木和草木花卉以及具有绚丽色彩叶片的树木更具有衬托的作用。良好的水面区植物配置设计，可以使水体与周边的园林植物组成丰富多彩的色彩构图和线条构图，为球场增添迷人的景观环境（图4-112）。

水面区的植物配置设计应考虑以下原则。

（1）水面边树木布置的位置应避开打球线路，避免树木障碍与水面障碍共同叠加作用于球手。

（2）水面区的园林植物配置应选择耐湿能力比较强的树种，如水松、小叶榕、水翁、水石樟、池杉、水杉、垂柳、旱柳、悬铃木、枫香、垂阳木、白蜡、 柽柳、海棠、香樟、紫藤、连翘、棣棠、桧柏等。

（3）水面区的园林植物配置宜选择枝条比较柔软的树木，以体现水体的柔性，便于水体与植物的有机配合，如垂柳、连翘、迎春、黄栌等。

（4）水面区的植物配置应

图4-112　草丰水美

丰富的水生植物配置可以极大地提高水面的景观价值，为球场创造更好的景观效果。

与球场水面边坡的处理形式有机结合为一体，共同创造优美的水体景观。根据水面边坡的处理方式，如自然堆石、砌石、木桩、跌水等水面边坡方式，确定比较适宜的植物种类和搭配方式。

水面区的植物配置设计有时还包括水生植物的配置设计。在水中或水边布置一些水生植物，如荷花、睡莲、浮萍、芦苇、蒲草、香蒲等，可以打破水面的平静，为水面景观增加情趣，同时可以改良水质。

水生植物配置应根据球场总体风格的要求确定其是否需要和确定水生植物的种类。具体布置时，应做到因地制宜、合理搭配、疏密有致。

# 参考文献


[ 1 ] 章采烈.中国园林艺术通论.上海：上海科学技术出版社,2004.

[ 2 ] 金学智.中国园林美学.北京：中国建筑工业出版社，2005.

[ 3 ] 曹林娣.中国园林文化.北京：中国建筑工业出版社，2005.

[ 4 ] 张吉祥.园林植物种植设计.北京：中国建筑工业出版社，2001.

[ 5 ] 苏德荣.草坪喷灌与排水工程学.北京：中国农业出版社，2004.

[ 6 ] 苏雪痕.植物造景.北京：中国林业出版社，1994.

[ 7 ] 朱建宁.情感的自然——英国传统园林艺术.昆明：云南大学出版社，1999.

[ 8 ] 江正荣，朱国梁.简明施工手册.北京：中国建筑工业出版社，1986.

[ 9 ] 梁伊任，王沛永，张维妮.园林工程.北京：气象出版社，1999.

[ 10 ] 梁树友.高尔夫球场建造与草坪管理.北京：中国农业大学出版社，1999.

[ 11 ] Dr.A.Mackenzie.Golf Architecture.London:Simpkin,Marshall,Hamilton,Kent & Co.Ltd.1920.

[ 12 ] F.W.Hawtree.The Golf Course Planning Design,Construction and Maintenance.London: E & Fn Spon.1983.

[ 13 ] ULI.Golf Course Development and Real Estate.Washington D.C.:The Urban Land Institute.1994.

[ 14 ] Robert Muir Graves and Geoffrey S.Cornish.Golf Course Design.New York:John Wiley & Son,Inc..1998.

[ 15 ] Dr.Michael Hurdzan.Golf Course Architecture.Chelsea:Sleeping Bear Press.1996.

[ 16 ] NGF.Golf Course Design and Construction.Jupiter:National Golf Foundation.1990.

[ 17 ] James Watkins.Turf Irrigation Manual.Dallas:Telsco Industries.1975.

[ 18 ] Albert Jarrett.Golf Course Irrigation and Drainage.Charleston:Reston Publishing Company Inc..1985.

[ 19 ] A.J.Glasgow and M.P.Wrigley.The History and Philosophy of Golf Course Design:The New Zealand Turf Management Journal.1990.

[ 20 ] www.asgca.org.

[21] www.usga.org.

[22] www.golfclubatlas.com.

[23] www.lengendgolf.com.

[24] www.golfcoursepics.com.

[25] www.golflegend.org.

[26] www.golfpast.com.

[27] www.worldgolf.com.

[28] www.historicgolf.com.

[29] www.golfsartgallery.com.

[30] www.donaldrosssociety.org.

[31] www.tillinghast.net.

[32] www.coltassociation.co.uk.

[33] www.golfonline.com.

[34] www.golfeurope.com.

[35] www.eigca.org.

# 后　　记

本书得以与读者见面，我首先要衷心感谢为本书的编著和出版给予极大帮助的“北京长青岭高尔夫技术开发有限责任公司”。同时，我还要感谢那些在设计和工程中予以我帮助的高尔夫同行们，感谢那些为本书编著和出版给予帮助的朋友们，感谢那些与我一起打球的球友们……

需要感谢的实在太多，感谢生活，感谢大地，赐予我灵感，赋予我设计理念。我的设计理念是：“用真诚、灵感和智慧去设计每一个球场，以不枉费自然赐予我们的每一块土地。”

作　　者

2008年8月10日于北京

**图书在版编目(CIP)数据**

高尔夫球场规划与设计/梁树龙编著.—北京:中国农业大学出版社,2009.1

ISBN 978-7-81117-624-7

Ⅰ.高… Ⅱ.梁… Ⅲ.高尔夫球运动-体育场-建筑设计 Ⅳ.TU245.1

中国版本图书馆 CIP 数据核字(2009)第 177671 号

**书　　名　高尔夫球场规划与设计**

**作　　者　梁树友　编著**

**策划编辑**　司建新　陆　强　　**责任编辑**　陈巧莲

**装帧设计**　东方黑马　　**责任校对**　陈　莹　王晓凤

**出版发行**　中国农业大学出版社

**社　　址**　北京市海淀区圆明园西路 2 号　　**邮政编码**　100193

**电　　话**　发行部 010-62731190,2620　　读者服务部 010-62732336

编辑部 010-62732617,2618　　出　版　部 010-62733440

**网　　址**　http://www.cau.edu.cn/caup　　**E-mail**　caup@public.bta.net.cn

**经　　销**　新华书店

**印　　刷**　涿州市星河印刷有限公司

**版　　次**　2009 年 1 月第 1 版　　2010 年 7 月第 2 次印刷

**规　　格**　889×1 194　　16 开本　　17 印张　　360 千字

**定　　价**　198.00 元